U0281515

# Enscape 场景设计 即时渲染教程

张凯 张炳成 编著
王军

電子工業出版社
Publishing House of Electronics Industry
北京·BEIJING

## 内 容 简 介

本书是一本全面介绍 Enscape for SketchUp 基本功能和实际应用的书，以“软件功能 + 案例详解”的方式来组织内容。我们立足实践，让读者轻松掌握 Enscape 的基本操作。本书也可以作为 Enscape 的案头手册，任何不明白的参数都可以随时查阅。

本书共 14 章，第 1 章至第 7 章主要讲述了软件的主要参数；第 8 章讲解了渲染及 SketchUp 的相关常识，第 9 章和第 10 章提供了两个室内案例，讲解室内灯光和材质的设置流程；第 11 章介绍了室外小场景的表现；第 12 章讲解室外大场景的材质及自然光设置等；第 13 章介绍了 3ds Max 模型转 SU 模型技巧及插件；第 14 章介绍了 SketchUP 高级建模技巧。

本书附赠了多媒体教学视频，录像以一套典型家装空间的装修为例，从模型检查、相机构图、布光技巧、材质调整、出图设置等5个方面细致地讲解了从思考渲染思路到执行渲染操作的整体流程。

为了方便读者学习，本书附赠了所有案例的源文件，扫描前言后面的读者服务二维码可下载。（注：案例的源文件均出于实际的真实案例，仅供读者学习使用，不得用于任何商业及其他盈利用途，违者必究！）

本书非常适合具有基本 SketchUp 操作能力的设计师作为参考书，可以作为建筑、室内、家具、展览展厅等相关专业学生的专业教材。



**图书在版编目（CIP）数据**

Enscape场景设计即时渲染教程 / 张凯, 张炳成, 王军编著. -- 北京 : 电子工业出版社, 2019.5
ISBN 978-7-121-35357-4

Ⅰ. ①E… Ⅱ. ①张… ②张… ③王… Ⅲ. ①三维动画软件－教材 Ⅳ. ①TP391.414

中国版本图书馆CIP数据核字(2018)第251248号

责任编辑：田　蕾　　特约编辑：刘红涛
印　　刷：北京天宇星印刷厂
装　　订：北京天宇星印刷厂
出版发行：电子工业出版社
　　　　　北京市海淀区万寿路 173 信箱　　邮编：100036
开　　本：787×1092　1/16　印张：14　字数：407.7 千字
版　　次：2019 年 5 月第 1 版
印　　次：2022 年 1 月第 8 次印刷
定　　价：98.00元

凡所购买电子工业出版社图书有缺损问题，请向购买书店调换。若书店售缺，请与本社发行部联系，联系及邮购电话：（010）88254888，88258888。
质量投诉请发邮件至 zlts@phei.com.cn，盗版侵权举报请发邮件至 dbqq@phei.com.cn。
本书咨询联系方式：（010）88254161 ～ 88254167 转 1897。

# 推荐序

Recommendation Preface

2017 年 3 月 3 日，我在“紫天 SketchUp 中文网”的公众号上发表了一篇推文《新即时渲染器来啦！可以扔掉 VRay 啦！》。当时这篇文章阅读量达 5982 次，这一纪录到今天都难以超越，真的是一石激起千层浪。为什么 Enscape 会掀起这么大的浪花？经过一年多的沉淀，现在我们再回头看，明显感到 Enscape 的出现带给我们的巨大改变，它的到来真正改变了整个设计的工作流程，让设计师更专注于设计，而不是软件本身。

Enscape 是由德国的一家小公司开发的，有着自己的专利技术。它并不是首款即时渲染器。我们都知道，在此之前，Lumion 已经出现很长时间了，还有 Twinmotion 和国产的 Mars 均有自己的独到之处。但是这些渲染器都没能解决好一个根本问题，就是设计过程中的渲染交互。而 Enscape 对自己的市场定位非常精准，就是为了解决设计方案阶段的痛点，因此它的目标客户主要就是方案设计师，它的所有功能开发都是在围绕方案设计师的需求而更新和迭代的。方案设计师们对渲染器的最大要求就是在模型的修改完善过程中可以不断地反馈结果。这个渲染插件可以完全内置在 SketchUp、Revit、Rhino 和 ArchiCAD 中，设计师能随时随地看到渲染成果，并且这是产品级的结果而不是预览效果。一个近百兆的 SketchUp 模型，一块 970 的 GTX 显卡，渲染也只需几秒钟。因此每一个第一次看到 Enscape 渲染的人都会情不自禁地发出惊叹。

Enscape 开启了秒速渲染的先河，并且开启了新的销售模式。它采用了租赁服务的模式，这大大降低了用户使用的门槛。横向比较一下就非常明显了，Lumion、Twinmotion、Mars 采用的都是永久版的销售模式，一套的价格都在 3 万元以上。而 Enscape 的月租版只要 400 元，年租版也就 3000 ~ 5000 元。哪怕是小工作室也用得起正版的 Enscape 服务，他们可以灵活地掌握自己在项目上使用的时间，没有项目的时候只要停掉月租就可以了，因此可以大大降低使用成本。

软件自身的更新迭代非常迅速，从 Enscape 发布 SketchUp 版本以来，几乎每周都会更新一个小版本，而每过两个月就会正式发布一个较大功能变化的迭代版本。我经常猜测 Enscape 的幕后团队是不是一群精力充沛的“疯子”，每次我向他们反馈软件问题，都可以在 24 小时内得到解答，如果问题是软件的 bug 产生的，那么在 1 ~ 2 天就会发出一个升级版本马上彻底解决。这个团队与对内和对外的交流效率之高也和 Enscape 一样快得令人匪夷所思。而 Enscape 官方的论坛是我见过的最活跃的一个官方产品论坛，从 Enscape 的 CEO 到技术开发人员，几乎每个人都在与用户交流，解答用户的问题。

让我们再回到设计本身，看看 Enscape 在哪些方面影响了我们的方案设计流程，帮助我们降低设计成本。一个项目，无论是设计院的大型建筑项目，还是装修公司的家庭装修设计项目，不管方案的制作时间多久，都存在一个和业主不断沟通、不断调整方案的过程。该过程增加了设计方的成本，这个成本除了设计人员的工资，还包括效果图的制作费用。基本上，每次与业主沟通，除了要提供图纸和模型，效果图是必不可少的。为了效果图，有些设计方自己会配备效果图制作人员，但更多的情况还是外包给效果图制作公司。由于每次汇报方案都需要提供效果图，在每次方案汇报之后下一轮汇报之前，又要重新走一遍调整方案、修改图纸、修改模型、重新制作效果图的流程。这样算下来，一个设计项目从初期设计方案到落实，花费在效果图上的成本至少占整个方案设计费的 20%。设计方案的时间越久，沟通次数越多，成本也就越高。

而 Enscape 的渲染是可以随着模型的更新随时更新的，只要添加一些配景完全可以替代交流过程中的效果图。它的沟通效果更好，因为它的成果是三维的场景，甚至可以接上 VR 头盔让客户在场景中自由地走动，能够让客户更好地理解你的设计意图。因此仅便于沟通这一特性就可以让设计公司大大节约设计成本。

而对方案设计师来说，Enscape 非常简单，易于上手，它没有任何让人头疼的参数，所有控制选项都使用简单的滑杆来代替，哪怕是没有接触过渲染器的人，在熟悉几个小时之后就可以渲染出不错的作品。Enscape 大大降低了设计人员的软件学习成本，同时也方便设计公司很快地配备渲染技术人才，统一渲染标准。

Enscape 既然是面向方案设计人员开发的渲染器，因此还有很多让设计师喜爱的功能，这里我就不再深入介绍，请大家从书中寻找答案吧。希望各位能很快用起这个渲染器，体验秒速渲染的快感。

紫天 SketchUp 中文网站长 肖万涛

# 前言
PREFACE

笔者于 2017 年接触到 Enscape 软件，当时就觉得这个软件挺有意思的。大概在 2017 年底，笔者所在的浙江数联云集团有限公司内部开始测试该软件，测试结果认为 Enscape 和 SketchUp 的结合可以很好地为设计师提供所见即所得的设计效果。与此同时，在国内各个设计网站、论坛、微信圈都开始出现了关于 Enscape 的说明介绍文案，其案例作品的文章如雨后春笋般地出现。

为此，我们响应广大会员的要求，依据最新的 Enscape 版本，推出了本书，书里的案例都是我们用心挑选的方案。当然，效果图的表现形式不止一种，我们也仅仅是抛砖引玉。希望读者在学习的过程中可以举一反三，这样才能制作出优秀的作品。

本书在写作过程中，得到了浙江数联云集团有限公司领导和各位同事的大力支持，特别是葛志荣和莫逍遥，抽出业余时间参与文章的补充和审阅，感谢支持。本书的室外建筑篇由济南舞墨艺术的朱戎墨进行编写，非常感谢。除此之外，感谢网名为“临风听海”的伙伴，他对案例模型和渲染参数进行了细致的优化。最后非常非常感谢紫天 SketchUp 中文网 (www.sublog.net) 站长肖万涛先生，本书在构思过程中参阅了肖万涛翻译的帮助文件和制作的教学视频，并且肖万涛先生还在百忙之中亲自给本书致序。

由于本人能力有限，跟大家一样都在求知的途中，希望书中描述的信息和知识能够让读者少走一点弯路，能够让读者尽快地将软件融会贯通，应用到实际的工作中，早日在工作中取得非凡的成绩。

为了解决读者在学习过程中遇到的问题。我们特别开设了 QQ 服务群 750387642。欢迎大家关注。

最后恭祝大家在学习的道路上百尺竿头，更进一步。

# 读者服务

读者在阅读本书的过程中如果遇到问题，可以关注“有艺”公众号，通过公众号与我们取得联系。此外，通过关注“有艺”公众号，您还可以获取更多的新书资讯、书单推荐、优惠活动等相关信息。

扫一扫关注“有艺”

**资源下载方法**：关注“有艺”公众号，在“有艺学堂”的“资源下载”中获取下载链接，如果遇到无法下载的情况，可以通过以下三种方式与我们取得联系。

1. 关注“有艺”公众号，通过“读者反馈”功能提交相关信息；
2. 请发邮件至 art@phei.com.cn，邮件标题命名方式：资源下载 + 书名；
3. 读者服务热线：（010）88254161~88254167 转 1897。

**投稿、团购合作**：请发邮件至 art@phei.com.cn。

# 目录
CONTENTS


第 1 章　认识 Enscape ................001

1.1 你能学到什么 ........................ 002

1.2 如何使用本书 ........................ 002

1.3 Enscape 简介 ........................ 002

1.4 Enscape for SketchUp 的特点 ........................ 003

1.4.1 速度快（实时渲染或者即时渲染）........................003

1.4.2 聚苯乙烯模式........................003

1.4.3 光能热力图效果........................003

1.4.4 景深和动态模糊........................004

1.4.5 环境大气动态调整........................004

1.4.6 环境时段动态调整........................005

1.4.7 输出 360° 全景图........................005

1.4.8 一键上传到云端........................005

1.4.9 支持 SketchUp 剖面渲染........................006

1.4.10 小地图........................007

1.5 Enscape 对于设计师的意义 ... 007

1.6 学习 Enscape 应具备的基础 .. 008

1.6.1 了解 SketchUp 的建模操作.......008

1.6.2 了解 SketchUp 的材质操作.......008

1.6.3 了解 Photoshop 软件的基本操作........................009

1.7 运行 Enscape 的计算机软、硬件要求 ........................ 009

1.7.1 运行 SketchUp 的计算机软、硬件要求........................009

1.7.2 Enscape 对显卡的最低要求......010

1.7.3 Enscape 不支持的硬件.............010

1.7.4 显卡驱动和几个要点................010

1.7.5 Enscape 对软件的要求.............010

1.7.6 Enscape 支持的软件.................010

1.7.7 Enscape 渲染软件和其他渲染软件的区别........................011

1.7.8 渲染计算的方式........................011

第 2 章　初探 Enscape ................013

2.1 Enscape 安装流程................ 014

2.1.1 正常软件形式的安装................014

2.1.2 插件方式的安装........................015

2.2 Enscape 软件安装的常见问题........................ 015

2.3 Enscape 注册页面................ 016

2.4 Enscape 的打开方式............ 016

2.5 Enscape 主工具栏................ 017

2.6 Enscape 输出工具栏............ 018

2.7 Enscape 快捷键 .................. 019

第 3 章　Enscape 材质系统..........021

3.1 物体材质的特征及分类 ........... 022

3.2 打开材质编辑器（Enscape Materials）........ 025

3.3 Enscape 的材质编辑方式 ...... 025

3.3.1 标准默认材质的设置方法........025

3.3.2 标准材质........................026

3.3.3 特殊材质........................027

3.4 材质编辑器中的参数介绍........ 028

3.4.1 Type（类型）........................028

3.4.2 Albedo（漫反射）....................030

3.4.3 Self Illumination（自发光）......031

3.4.4 Transparency（透明度）...........031

3.4.5 Bump（凹凸贴图）...................032

3.4.6 Reflections（反射）..................033

3.5 常见材料——木纹材质 ........... 036
3.5.1 亮光木纹 ........ 036
3.5.2 亚光木纹 ........ 037
3.6 常见材料——不锈钢材质 ........ 038
3.6.1 镜面不锈钢 ........ 038
3.6.2 拉丝不锈钢 ........ 039
3.7 玻璃材质 ........ 040
3.8 窗帘布与窗纱的效果表现 ........ 042
3.8.1 窗帘布 ........ 043
3.8.2 窗纱 ........ 044

第 4 章 Enscape 灯光系统 .......... 047

4.1 室内设计布光思路及灯光讲解 ........ 048
4.2 室内灯光的布置原则 ........ 049
4.2.1 哪里有光，哪里打光 ........ 050
4.2.2 舍多求少，主次分明 ........ 050
4.2.3 布光的顺序 ........ 050
4.2.4 布光注意事项 ........ 050
4.3 室内灯光使用技巧 ........ 050
4.4 Enscape 人工光源的使用及技巧 ........ 051
4.4.1 Enscape 灯光照明系统介绍 ...... 051
4.4.2 Enscape 点光源 ........ 051
4.4.3 Enscape 聚光灯 / 射灯光源 ...... 053
4.5 光域网效果 ........ 054
4.6 其他光源及光源氛围的营造 ..... 055

第 5 章 Enscape 音源和代理物体 ........ 057

5.1 音源 ........ 058
5.2 代理对象 ........ 059

第 6 章 Enscape 的全局设置选项详解 ........ 061

6.1 General（常规）选项卡 ........ 063
6.1.1 PaperModel Mode（纸模模式） ........ 063
6.1.2 Polystyrol Mode（聚苯乙烯模式） ........ 064
6.1.3 Architectural Two-Point Perspective（建筑两点透视） ........ 064
6.1.4 Light View（光照度模式） ....... 064
6.1.5 Depth of Field（景深） ........ 064
6.1.6 Auto Exposure（自动曝光） ..... 065
6.1.7 Field of view（视角范围） ........ 065
6.1.8 Motion Blur（运动模糊） ........ 065
6.1.9 Rendering Quality（渲染质量） ........ 065
6.1.10 Automatic Resolution（动态分辨率） ........ 065
6.2 Image（图像）选项卡 ........ 066
6.2.1 Auto Contrast（自动对比度） ..066
6.2.2 Saturation（饱和度） ........ 066
6.2.3 Color Temperature（色温） ...... 067
6.2.4 Bloom（柔光） ........ 067
6.2.5 Ambient Brightness（环境光）.067
6.2.6 Lens Flare（镜头光斑） ........ 067
6.2.7 Vignette（暗角） ........ 068
6.2.8 Chromatic Aberration（色差）..068
6.3 Atmosphere（大气）选项卡 .. 069
6.3.1 Load Skybox From File（载入环境文件） ........ 069
6.3.2 Horizon（远景和地平线） ....... 070
6.3.3 Fog（雾） ........ 071
6.3.4 Clouds（云） ........ 071
6.3.5 Sky orb brightness（天体亮度） ........ 075
6.3.6 Moon Size（月亮尺寸） ........ 075
6.4 Capture（输出）选项卡 ........ 076
6.4.1 Resolution（分辨率） ........ 076
6.4.2 Screenshot（图像） ........ 077
6.4.3 Video（视频） ........ 078
6.4.4 Panorama（全景） ........ 078
6.5 Input（输入）选项卡 ........ 078
6.6 Advanced（进阶）选项卡 ..... 079

6.7 Customization（自定义）选项卡 ..... 080

## 第 7 章 Enscape 成果输出 ..... 083

7.1 静帧效果图输出 ..... 084
7.2 全景效果图输出、私有云存储及分享 ..... 084
7.2.1 简易快速输出 ..... 084
7.2.2 云存储和保存图片 ..... 084
7.2.3 二维码分享 ..... 085
7.3 EXE 可执行文件输出 ..... 085
7.4 动画视频 ..... 086
7.4.1 关键帧定义 ..... 086
7.4.2 关键帧动画工具栏 ..... 086
7.4.3 视频路径的简单操作 ..... 087
7.4.4 输出视频文件 ..... 089

## 第 8 章 渲染及 SketchUp 的相关常识 ..... 091

8.1 渲染对 3D 模型的要求 ..... 092
8.1.1 模型库 ..... 094
8.1.2 本地模型库链接到 SketchUp 软件 ..... 095
8.1.3 图层管理 ..... 096
8.2 场景页面的构图 ..... 099
8.3 材质对渲染的影响 ..... 102
8.3.1 提取已有材质复制到新模型 ..... 103
8.3.2 材质填充 ..... 103

## 第 9 章 室内案例——前台接待区建模流程讲解 ..... 105

9.1 模型轻量化 ..... 106
9.2 前台接待区建模流程及注意事项 ..... 107
9.2.1 整理 AutoCAD 文件 ..... 107
9.2.2 将 AutoCAD 文件导入 SketchUp ..... 108
9.2.3 SketchUp 封面 ..... 110
9.2.4 创建主体模型 ..... 111
9.2.5 异形沙发建模 ..... 113
9.3 渲染工作 ..... 116
9.3.1 渲染准备——模型检查 ..... 117
9.3.2 渲染设置——灯光 ..... 117
9.3.3 渲染设置——材质 ..... 119
9.3.4 成果输出 ..... 124

## 第 10 章 室内案例——SPA 浴室案例 ..... 127

10.1 渲染主题 ..... 128
10.2 渲染准备——模型检查 ..... 128
10.3 渲染设置——灯光 ..... 130
10.4 渲染设置——材质 ..... 136
10.4.1 设置墙面的大理石材质 ..... 136
10.4.2 设置主景观花盆材质 ..... 136
10.4.3 玻璃隔断材质设置 ..... 137
10.4.4 化妆镜材质设置 ..... 139
10.4.5 台上面盆和黄铜龙头材质设置 ..... 139
10.4.6 SPA 圆形浴缸及水材质设置 ..... 140
10.4.7 背景墙面参数设置 ..... 141
10.4.8 马赛克地面参数设置 ..... 142
10.5 渲染测试并出图 ..... 142

## 第 11 章 室外案例——室外小场景表现 ..... 145

11.1 案例概述 ..... 146
11.2 模型的初步调整：相机与取景比例设置 ..... 146
11.3 环境与基础光线的搭建 ..... 148
11.4 室内灯光设置 ..... 149
11.5 材质的设置 ..... 154
11.5.1 水面材质的调整 ..... 154
11.5.2 玻璃材质的调整 ..... 155
11.5.3 墙面混凝土材质的调整 ..... 155
11.5.4 地面材质的调整 ..... 156
11.5.5 金属材质的调整 ..... 157

11.5.6 家具材质的调整......158
11.5.7 导入代理物件丰富场景......159
11.5.8 细节调整及出图......159
11.6 使用 Photoshop 进行后期处理......160

第 12 章 室外案例——室外大场景渲染案例......165

12.1 案例概述......166
12.2 模型检查......166
12.2.1 模型数量与质量的控制......166
12.2.2 配景准备......168
12.3 重点材质调节......168
12.3.1 建筑主体木材材质设置......168
12.3.2 墙面白乳胶漆材质设置......169
12.3.3 地面石板材质设置......170
12.3.4 石子和沙砾材质设置......172
12.3.5 玻璃、牌匾和瓦材质设置......174
12.4 自然光设置......176
12.5 代理模型丰富场景......177
12.5.1 草地的制作......177
12.5.2 载入景观、树木素材......179
12.6 输出图像......182
12.7 使用 Photoshop 进行后期处理......182

第 13 章 将 3ds Max 模型转为 SketchUp 模型的技巧及插件说明......189

13.1 转模说明......190
13.2 转模流程概述......191
13.3 转模流程分项说明及操作......191
13.3.1 在 3ds Max 中调整优化......191
13.3.2 减面......193
13.3.3 导出生成 .skp 文件......196
13.3.4 检查及优化生成的 SketchUp 模型......196

第 14 章 SketchUp 高级建模技巧......199

14.1 封面插件使用技巧......200
14.2 室内 Poly 建模技法......202
14.2.1 Poly 建模操作流程......204
14.2.2 附赠案例的正确打开方式......206

第 1 章

# 认识 Enscape

## 1.1 你能学到什么

作为一名设计师，效果图是自己制作还是由助理帮忙制作？或者交由效果图公司制作？从给出设计资料到拿到效果图，需要多长时间？如果效果图需要修改，还需要多长时间？

打开本书附赠的案例文件，然后用 5 分钟按照流程简单地操作一下，就能直接输出效果图，而且是全景图。

当然，要想使效果图的效果更好一点，建议从头了解 Enscape 软件，本书将对 Enscape 各方面的内容进行全面解析。

本书使用 SketchUp 2018 + Enscape 2.3，从实用角度出发，循序渐进地进行讲解，争取“只以最简单的语言，把最有用的告诉大家”。

## 1.2 如何使用本书

本书主要分为 3 部分，第一部分是软件基础命令的介绍，是由浙江数联云集团有限公司场景研发中心的张炳成总监编写的。本部分详细地编译说明了 Enscape 的每一个按钮、每一个参数的用法，如用户界面、工具栏和设置面板等。若在工作或学习过程中对某个命令不了解，还可以单独查询。第二部分是案例流程讲解，由 SketchUp 自学网站长王军编写。本部分主要讲解设计师从拿到 .skp 文件到渲染的流程。先根据案例的设计特点思考渲染主题，然后再检查模型、添加灯光、设置材质参数并进行渲染测试，最后整体调整全局参数，进行正式的图像输出。第三部分是赠送的一些案例文件和将 3ds Max 模型转为 SketchUp 模型的流程。

## 1.3 Enscape 简介

Enscape™ 是专门为建筑、规划、景观及室内设计师打造的虚拟现实（VR）和实时渲染软件。只需启动 Enscape，SketchUp 中的所有更改都可以在 Enscape 里实时看到逼真的渲染效果。无须记忆各种参数，只要简单地调节就可以进行傻瓜式的渲染。为了适应不同的设计场景，可以选择发送二维码向客户展示你的项目，也可以选择创建独立的 .exe 文件，让客户或同事在类 Enscape 程序中演示你的项目。

新版 Enscape 支持 Revit、SketchUp、Rhino 和 ArchiCAD 软件，已经成为 Foster + Partners 和 Kohn Pedersen Fox（KPF）等公司的全球项目的标准应用。

## 1.4 Enscape for SketchUp 的特点

### 1.4.1 速度快（实时渲染或者即时渲染）

Enscape 与 VRay 不同的是，VRay 仅能提供即时反馈，渲染出来的图不是最终结果，而 Enscape 则是完全即时输出结果。

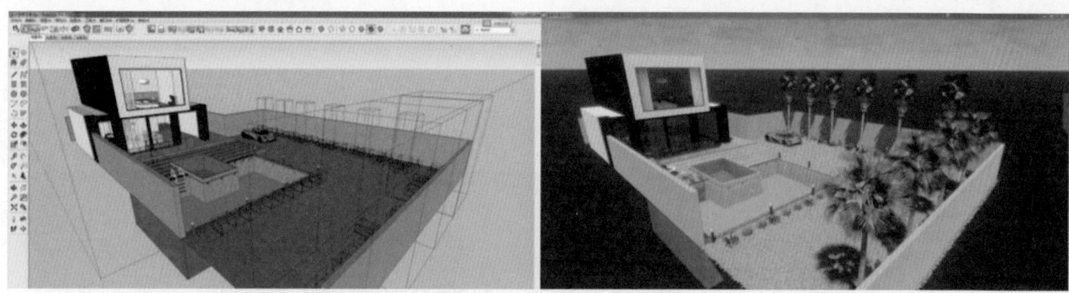

### 1.4.2 聚苯乙烯模式

这种渲染效果看起来非常近似人们常见的聚苯乙烯塑料制作的真实模型，是建筑师非常喜爱的类型，可以很好地进行体块推敲。

### 1.4.3 光能热力图效果

Enscape for SketchUp 可以对建筑光照热力进行辅助分析。

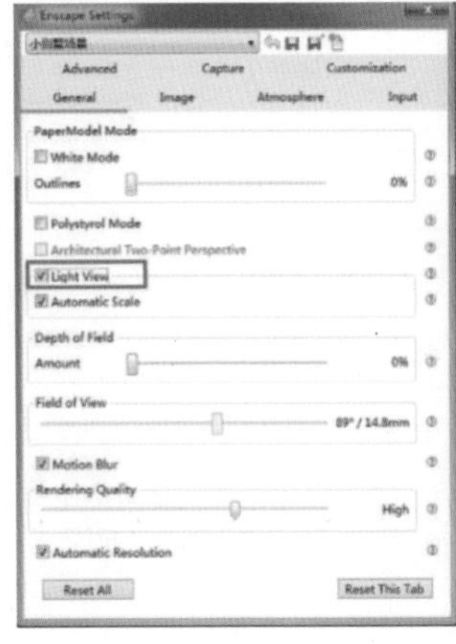
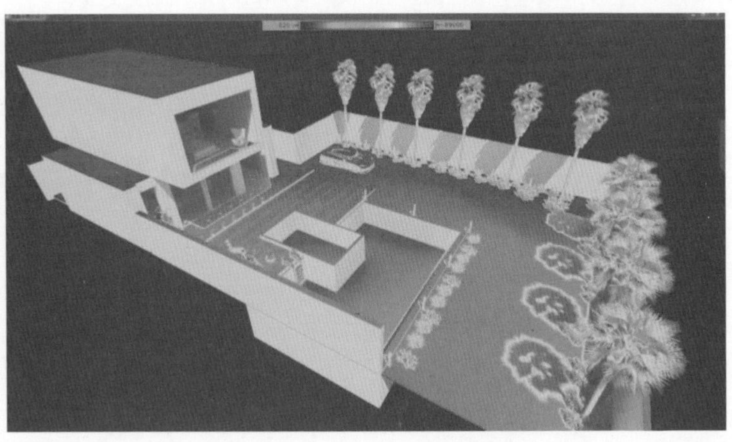

## 1.4.4 景深和动态模糊

景深和动态模糊效果也是即时的，非常快，可以使输出的图片更接近摄影的手法。

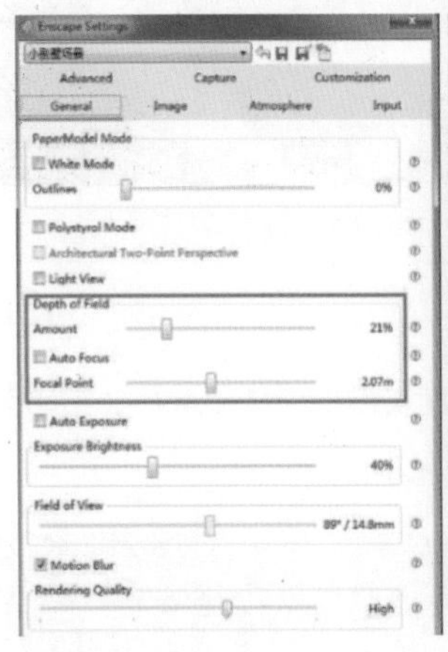

## 1.4.5 环境大气动态调整

天空、云、雾等环境大气动态都可以通过相关的参数滑块非常方便地进行快速调整。

## 1.4.6 环境时段动态调整

在 Enscape 中，通过单击鼠标右键就可以调节当前的时间段，白天可以看到太阳，夜晚可以看到月亮和星星。

## 1.4.7 输出 360° 全景图

在 Enscape 中，可以一键渲染全景图或用 VR 眼镜观看的分屏全景图，渲染好的内容可随时通过全景浏览器查看。

## 1.4.8 一键上传到云端

把完成后的项目上传到云端后，可以生成一个二维码，使用手机扫码就能通过手机的浏览器看到项目的全景效果。

## 1.4.9 支持 SketchUp 剖面渲染

如果想在 Enscape 中看到建筑的剖切效果，可以直接在 SketchUp 里使用“剖切工具”。Enscape 可以同步更新剖切后的 SketchUp 模型渲染效果。

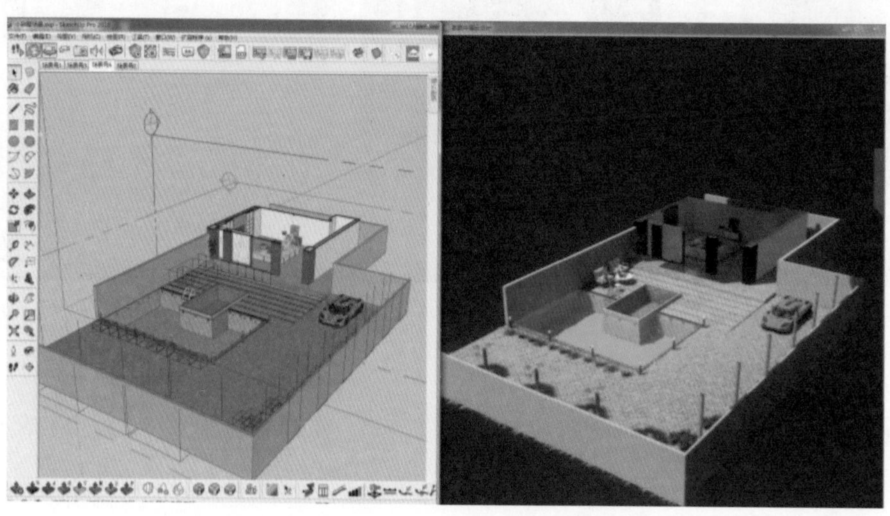

### 1.4.10 小地图

按下 M 键可以开启小地图，这对于大型场景来说非常有用，使用户可以随时了解自己在平面上的位置。

## 1.5 Enscape 对于设计师的意义

Enscape 大大降低了设计师的渲染成本、时间成本、学习成本和沟通成本。在满足客户对效果图要求的前提下，为设计师节省了 95% 以上的时间，让设计师将更多的精力投入到设计作品的创意表达与雕琢上。

| 对比项 | VRay for SketchUp | Enscape for SketchUp |
| --- | --- | --- |
| 实时渲染（1920×1080） | 1 小时 | 5 秒 |
| 出图时间（4096×2160） | 3 小时 | 10 秒 |
| 动画渲染（4k，10s，25fps） | 750 小时 | 0.42 小时 |
| 3D 全景漫游 | 无 | 有 |
| 导出可执行独立文件 | 无 | 有 |
| VR 模式 | 无 | 有 |

下面展示了实例测试案例效果图。

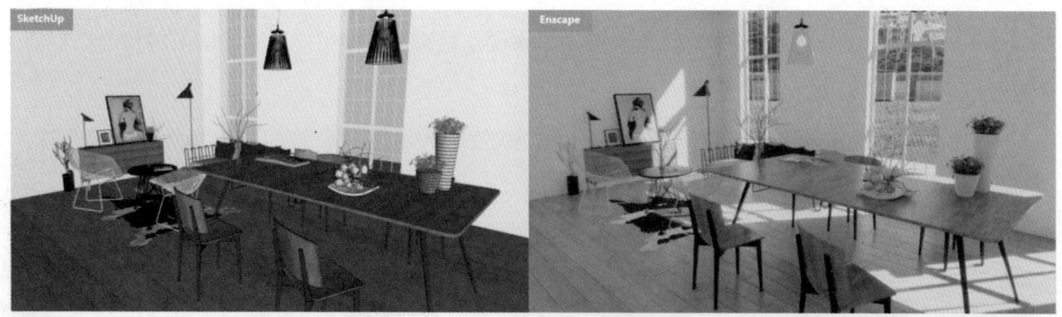

## 1.6 学习 Enscape 应具备的基础

### 1.6.1 了解 SketchUp 的建模操作

如果你想成为一名掌握从建模到渲染成图技术的全能设计师，应该掌握 SketchUp 的建模方法，并且能够独立地完成建模工作。

如果你只是从事渲染工作，也应对 SketchUp 的基本操作有一定的了解。这样才能更好、更有效率地完成渲染作品。

### 1.6.2 了解 SketchUp 的材质操作

了解并熟练掌握 SketchUp 的材质及贴图控制的方法，虽然 Enscape 有自己的材质编辑器，但需要与 SketchUp 材质相结合。

### 1.6.3 了解 Photoshop 软件的基本操作

要想用好 Enscape，最好有一定的 Photoshop 基础，因为材质中用到的贴图文件，有时需要在使用前通过 Photoshop 进行处理，效果会更好；对渲染完成的作品，若使用 Photoshop 进行最后的加工，也可以给作品加分。

当然，www.sketchupbbs.com 场景社区论坛和 www.sketchupvray.com 自学网上也有很多免费教程，可以帮助你提高操作水平。

## 1.7 运行 Enscape 的计算机软、硬件要求

计算机的硬件有很多，比如中央处理器（CPU）、内存（RAM）、显卡等。下面分别对这几个硬件进行介绍。

CPU：即中央处理器，由专为串行任务而优化的几个核心组成。处理器核心数类似于汽车发动机中气缸的个数：气缸越多，发动机就越强大，汽车开得就越快；计算机中处理器越多，渲染就会越快地完成。从理论上来说，增加相同个数的处理器能缩减一半的渲染时间，比如用 1 个处理器需要渲染 60 分钟，那么使用 2 个处理器就只需要 30 分钟，使用 4 个处理器就只需要 15 分钟。所以，如果希望计算机主要用于渲染，选择一个性能良好的 CPU 是很有必要的。

事实上，不管计算机有多少个处理器，SketchUp 都只会使用一个核心处理器来完成建模操作（这一点和 CAD 是一样的），因为建模软件无法预测你的下一步建模操作是什么，所以无法通过并行管理来提高效率。若想要提高建模效率，就要选择高速率的 CPU，这一点和渲染软件有本质的不同。

RAM：计算机的内存一般是以千兆字节（GB）为单位衡量的，比如 4GB~16GB 内存的计算机在市场上已经非常普遍。如果用于渲染，建议选择内存大一点的计算机，因为内存不足会导致渲染崩溃或失败。

显卡：显卡对早期的渲染软件并没有什么影响，也就是说渲染与显卡无关。后来随着 GPU 的发展，现在很多渲染软件开始借助显卡的性能，甚至有些渲染器主要利用显卡来渲染。这是因为 GPU 是专用的图形处理器，是由数以千计的更小、更高效的核心组成的大规模并行架构，这些核心专为同时处理多任务而设计。因此，在并行处理特定数据的时候，GPU 比 CPU 高效得多。所以在开启 GPU 渲染加速后，可以提升图形加载速度，降低 CPU 处理器的负担，使系统运行更加流畅，但同时也会更加耗电。Enscape 渲染软件就是非常注重显卡性能的渲染器。

Enscape 是依托 SketchUp 软件上的插件运行的，所以只要可以正常地使用 SketchUp，也就可以加载 Enscape 了。但若要更好地使用 Enscape，那就要特别注意显卡的配置。

### 1.7.1 运行 SketchUp 的计算机软、硬件要求

需要互联网连接来安装和授权 SketchUp 并使用某些功能。

- Microsoft®Internet Explorer 9.0 或更高版本。

- SketchUp Pro 需要 .NET Framework 4.5.2 版。
- SketchUp 需要 64 位版本的 Windows 系统（Windows 10、Windows 8、Windows 7）。

推荐的硬件：

- 2+ GHz 及以上的处理器。
- 8GB+ RAM 内存。
- 700MB 以上的可用硬盘空间。
- 具有 1GB 或更高内存的 3D 级显卡，并且支持硬件加速。请确保视频卡驱动程序支持 OpenGL 3.0 或更高版本并且是最新的。SketchUp 的性能在很大程度上取决于显卡驱动程序及其支持 OpenGL 3.0 或更高版本的能力，不建议在 SketchUp 中使用 Intel 的集成显卡。
- 三键滚轮鼠标。

最低硬件：

- 1 GHz 及以上的处理器。
- 4GB RAM 内存。
- 16GB 以上的总硬盘空间，500MB 以上的可用硬盘空间。
- 三键滚轮鼠标。
- 具有 512MB 内存或更高内存的 3D 级显卡，并且支持硬件加速。请确保视频卡驱动程序支持 OpenGL 3.0 或更高版本并且是最新的。

## 1.7.2 Enscape 对显卡的最低要求

Enscape 需要一个 NVIDIA 或 AMD 图形芯片 (OpenGL 4.2 兼容)，至少 2GB 内存：

- NVIDIA GeForce GTX 460/Quadro 2000 级别以上。
- AMD Radeon HD 6800 系列 / FirePro W5000 级别以上。

## 1.7.3 Enscape 不支持的硬件

- Radeon 6000 移动 GPUs。
- 英特尔板载 GPUs（常见于市场上的轻薄笔记本所使用的集成显卡）。

## 1.7.4 显卡驱动和几个要点

在安装 Enscape 软件之前，请检查是否安装了最新版本的驱动程序，以确保兼容性和性能。

Enscape 目前只支持一个 GPU 显卡，所以多 GPU 显卡并不能加快软件的运行速度。对于专业的 GPUs 显卡（如 NVIDIA Quadro)，也没有特别的性能优势，所以不建议使用昂贵的专业显卡。如果想使用 Enscape 虚拟现实和大型项目，选择最快的游戏显卡就可以了。一方面是容易买到，且售后服务也方便，另一方面，对于大多数人来说，也是可以负担得起的。

实时渲染和虚拟现实的最佳结果通常可以使用最新的显卡（如 AMD Radeon Pro WX 系列或 Nvidia GeForce GTX 10 系列）来实现。

## 1.7.5 Enscape 对软件的要求

要想正常地运行 Enscape 软件，需要 64 位的 Windows 7 SP1 或更高。不支持 Mac OS 系统，若需要在 Mac 硬件上运行 Enscape，可以通过 Bootcamp 在 Mac 计算机上安装 Windows 系统。

## 1.7.6 Enscape 支持的软件

- Revit 2015、Revit 2016、Revit 2017、Revit 2018 和 Revit 2019（注：

不支持 Revit LT 系统）。

- SketchUp Make & Pro 2016、SketchUp Make & Pro2017 和 SketchUp Make & Pro2018。
- Rhino 5.0 64bit 和 Rhino6.0 WIP。

目前已知有两个 Revit 插件和 Enscape 有冲突：Colorizer 和 Techviz。为了避免软件不兼容的问题，请在使用 Enscape 之前卸载它们。

- ArchiCAD (21, 22)。
- 虚拟机 /VDI。

如果在 VDI 系统上鼠标输入有问题，请尝试激活 VMware Horizon 客户端中的“启用相对鼠标”选项（选项→启用相对鼠标）。不过，此选项在 WebClient 中不可用。

### 1.7.7 Enscape 渲染软件和其他渲染软件的区别

渲染软件通常分两类：集成渲染程序（IRP）是安装于 SketchUp 中并与 SketchUp 相互协作的第三方插件（Enscape 就是集成渲染器）。它们具有一些增强功能，能为用户提供巨大的便利，甚至可以直接渲染出照片级图像。集成渲染器的菜单与设置都可以在 SketchUp 界面中访问并进行操作。这样的好处非常明显，就是无须再学习很多新的工具和方法，从而可以提高操作效率，大大减少了用户的学习时间，并降低了学习难度。

除了集成渲染程序（IRP），还有一类是工作室渲染程序（SRP）。这类渲染器不像 IRP 一样是内嵌在 SketchUp 里面的，而是单独的一个程序。安装以后与 SketchUp 没有直接的联系（比如，安装 Thea Render 渲染器后就会在桌面上生成工作室渲染程序）。必须先将 SketchUp 模型导出，再把模型导入到工作室渲染器才能进行渲染。工作室渲染器的功能更强大，渲染的图像质量更好，绝大部分专业渲染艺术家用的都是工作室渲染器。但是 SRP 往往很难学习和精通，特别是对新手来说难度更大。

随着技术的发展，这两种渲染软件也在互相学习，取长补短，读者可以根据自己的需求进行选择。

本书所讲述的 Enscape 渲染器，对于设计师来说，是一款相对好学、好用的 IRP 软件。因为虽然 IRP 渲染软件非常多，但工作流程基本大同小异，所以 Enscape 渲染器的工作流程同样适用于其他 IRP 渲染器的工作流程。

### 1.7.8 渲染计算的方式

随着技术的发展，渲染的方式并不是唯一的，就目前来说，主要有 3 种方式：一是用自己的计算机进行渲染，二是通过局域网络渲染，三是云渲染。

用自己计算机渲染很好理解，那么局域网络渲染是指什么呢？网络渲染就是用多台计算机来进行一项渲染任务，通常称为联机渲染。联机渲染有一个好处，就是通过网络把多个计算机的 CPU 性能联合起来使用，这样就可以获得强大的处理能力。通常在一个公司内部会把所有渲染计算机进行联网渲染计算。

云渲染是将要渲染的模型打包，发送到提供云计算服务的云平台（俗称渲染农场）上，因为云平台的计算机处理能力是非常巨大的，所以渲染速度非常快。目前，国内的一些公司已经在提供这样的云渲染服务，用户可以通过客户端上传自己的模型，这些公司利用自己的渲染农场生成效果图，渲染完成后用户可以下载或者客户端自动进行下载保存。

而 Enscape 渲染器目前只能依靠自身的计算机性能进行渲染计算，而不能用局域网或者云渲染进行计算。

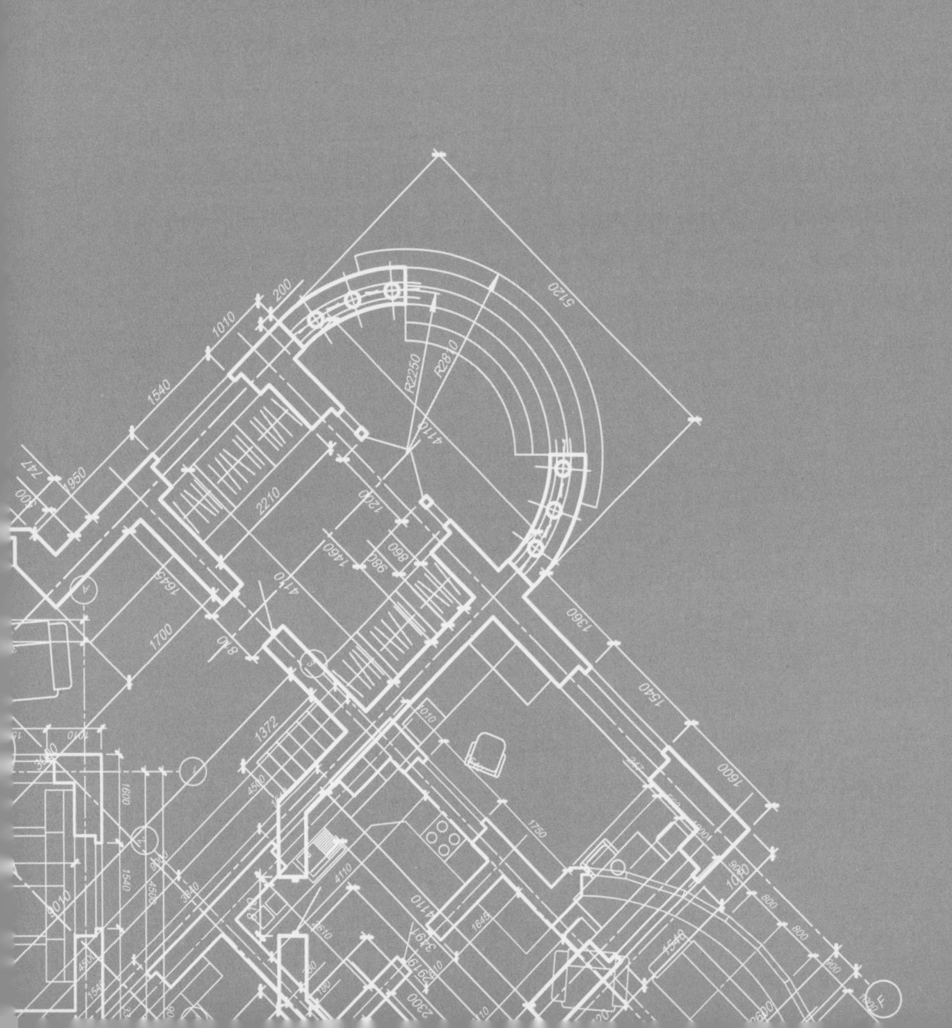

第 2 章

# 初探 Enscape

# 2.1 Enscape 安装流程

## 2.1.1 正常软件形式的安装

首先，需要下载最新版本的安装文件，建议从下面的网站下载，较为安全。

- Enscape 官网网址：https://enscape3d.com/preview。
- 场景设计官网：www.sketchupbbs.com。
- 紫天 SketchUp 中文网：http://www.sublog.net。

将下载的安装包保存好以后，就可以双击安装文件，进行安装了。

第一个界面是选择该软件可供所有用户使用，还是供自己使用。若是自己的计算机，这项选择就无所谓了。不同的选择，其选项下面会显示安装不同的文件夹。单击 Next（下一步）按钮。

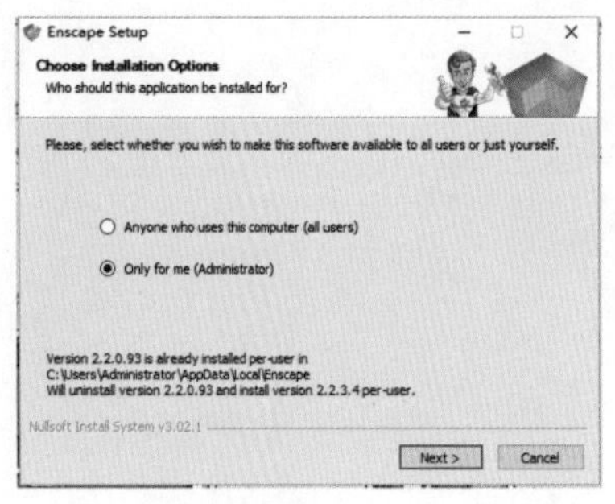


这个界面显示软件许可协议，是一份严肃的法律文件，必须同意才可以继续安装，单击 I Agree（我同意）按钮。

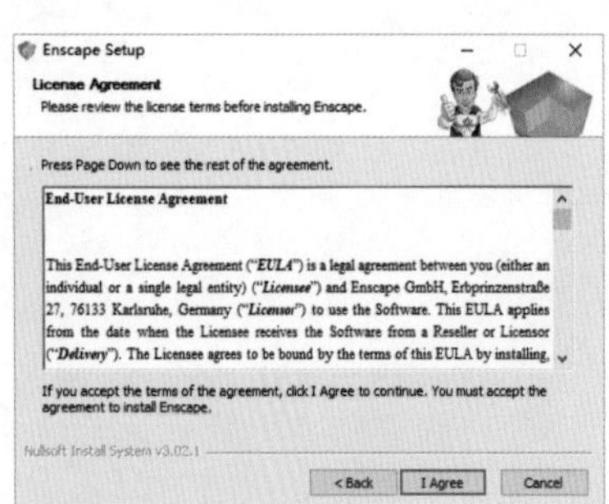


在此界面可以根据自己使用的软件来安装对应的 Enscape，可以根据需要选择一个或者多个选项。这里选择的是 SketchUp-Plugin 复选框。

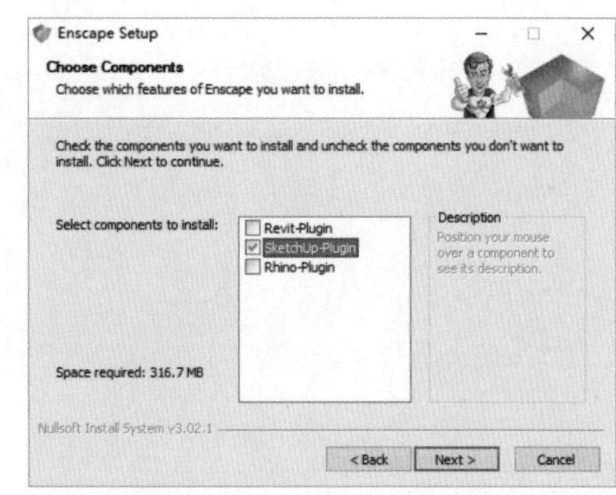


在此界面选择软件的安装位置，可以自己选择合适的位置进行安装。但建议选择默认的安装位置，然后单击 Install（安装）按钮进行安装。

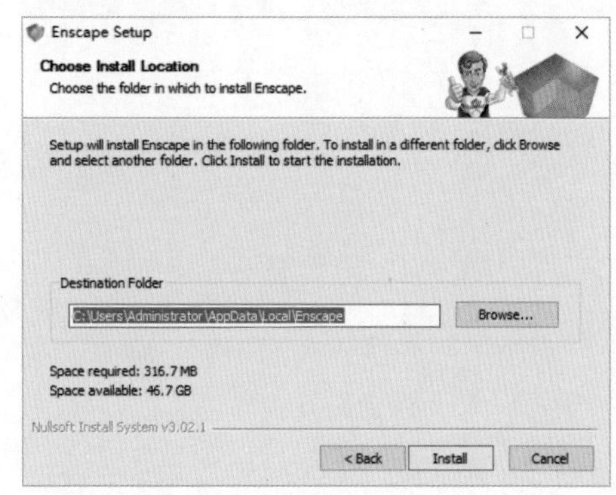


根据计算机的配置不同，安装进度有快有慢，结束后单击 Close（关闭）按钮，就完成了 Enscape 的安装。

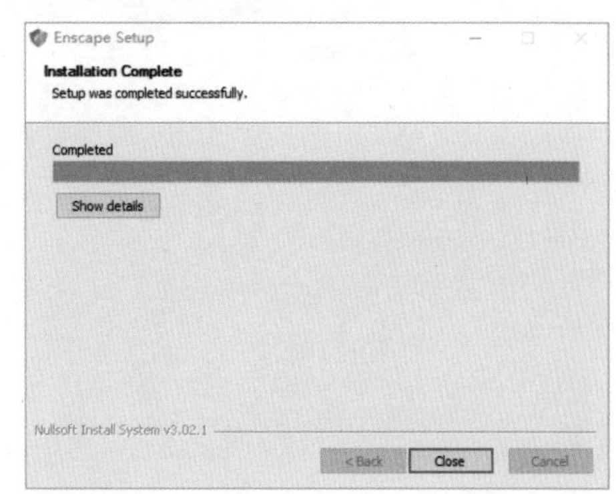

### 2.1.2 插件方式的安装

这个方式是通过 SketchUp 官方的扩展插件商店下载安装的。过程有点麻烦，不推荐这个方式。主要原因是：对网速的要求较高，因为 SketchUp 的官方插件商店服务器在国外，国内登录运行不稳定；要注册并登录 SketchUp 的会员账号；安装到最后还要登录 Enscape 官网填写申请表格，时效比较低。

不管用什么方式，将 Enscape 安装完毕后，使用 SketchUp 中“视图”菜单中的命令打开“工具栏”对话框，选择 Enscape 和 Enscape Capturing 两个复选框，即可打开 Enscape 的工具栏。

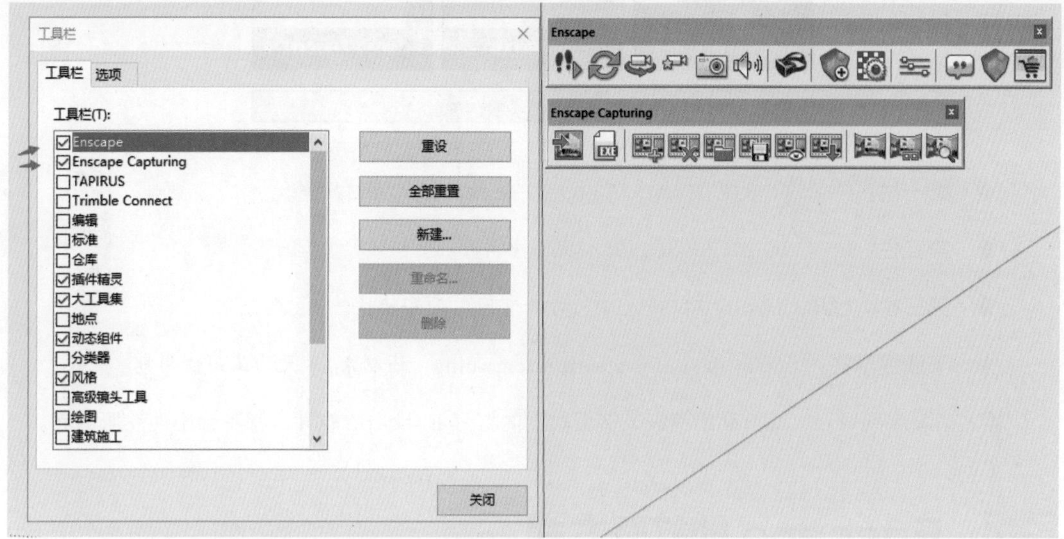


## 2.2 Enscape 软件安装的常见问题

- 如果之前安装过 Enscape，需要先卸载之前的版本，再安装新的版本。
- 推荐使用默认的安装路径（避免中文路径）。
- 如果提示缺少相关系统组件，可以进行系统修复或者自行下载系统组件并安装，然后重启计算机，再重新安装 Enscape。
- 建议把计算机显卡的驱动更新到最新版本，否则也有可能造成安装不上的结果。
- 如果软件始终安装不成功，就需要重装系统，再安装 SketchUp 和 Enscape 软件。

## 2.3 Enscape 注册页面

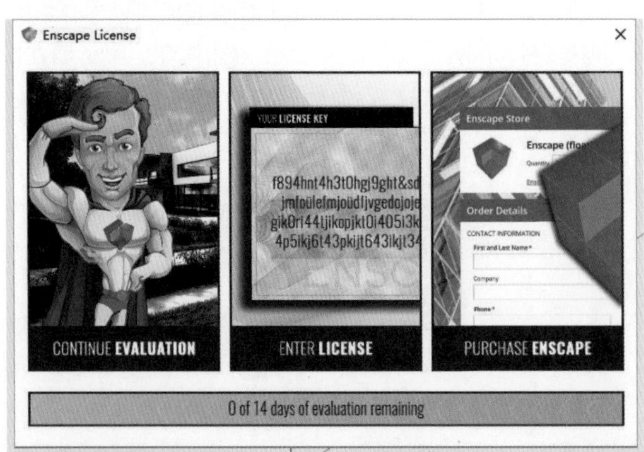


- 第一栏：CONTINUE EVALUATION，继续进行试用期操作。
- 第二栏：ENTER LICENSE，输入软件序列号。
- 第三栏：PURCHASE ENSCAPE，打开官网，购买软件。
- 下面提示栏：0 of 14 days of evaluation remaining，还剩余 14 天的试用使用期。

输入正版序列号后，此页面即消失。在授权期内打开 Enscape 软件，都不会出现注册页面。

## 2.4 Enscape 的打开方式

方法一：直接单击 Start Enscape（启动）按钮，即可打开 Enscape 渲染窗口。

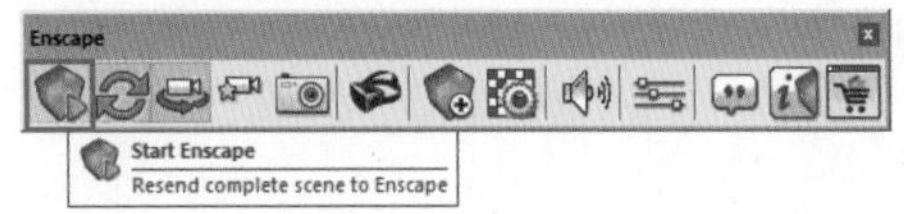


方法二：打开 SketchUp 的“扩展程序”菜单，选择 Enscape → Start Enscape 命令。

注意：有时候安装完 Enscape 后找不到 Enscape 的工具栏。为了方便地使用 Enscape 软件，可以打开 SketchUp 的“视图”菜单，再选择“工具栏”命令，选中与 Enscape 相关的选项，然后把 Enscape 工具栏拖动到合适的位置即可。

# 2.5 Enscape 主工具栏

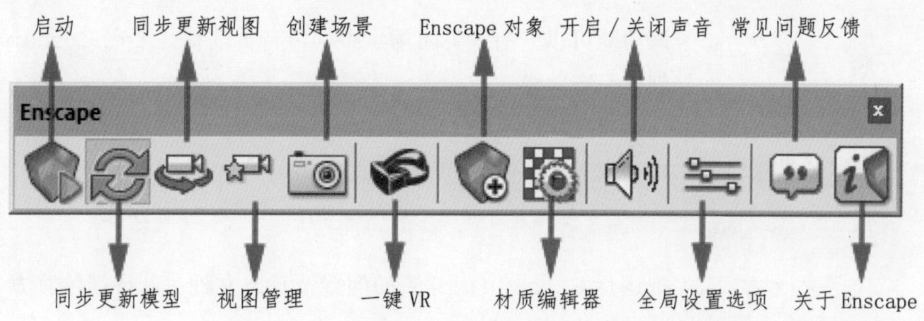


| | | |
|---|---|---|
| | 启动 | 单击该按钮，打开 Enscape 渲染窗口，激活 Enscape Capturing 输出工具栏中的按钮 |
| | 同步更新模型 | 当此按钮被激活时，在 SketchUp 里对模型所做的改动都会实时在 Enscape 窗口中同步更新 |
| | 同步更新视图 | 当此按钮被激活时，会让 SketchUp 的窗口视图与 Enscape 的窗口视图保持同步 |
| | 视图管理 | 单击此按钮，Enscape 就会列出显示 SketchUp 的所有场景名称的对话框。这时可以直接单击列表中的场景名称直接切换到该场景视图。<br>单击场景名称后面的相机按钮，Enscape 窗口则显示该场景视图；<br>单击相机后面的太阳按钮，Enscape 窗口则显示模型时间；<br>单击最下方的 Export screenshots of all your favorite locations 按钮，可以一次性批量渲染所有黄色星标的场景视图，更加节省设计师的渲染时间 |
| | 创建场景 | 将 Enscape 的当前视角保存为 SketchUp 的场景页面 |
| | 一键 VR | 可以将 Enscape 中显示的内容一键同步到 VR 设备中，目前支持的设备包括 HTC VIVE、Oculus Rift 和 Windows Mixed Reality 虚拟现实设备 |
| | Enscape 对象 | 创建 Enscape 的特殊物体，包含灯光、声音和代理对象 |

| | | |
|---|---|---|
| | 材质编辑器 | 打开 Enscape 的材质编辑面板 |
| | 开启 / 关闭声音 | 该功能可以开启 / 关闭场景中的声音，前提是要在 Enscape 场景中创建声音对象 |
| | 全局设置选项 | 打开 Enscape 的全局设置选项面板 |
| | 常见问题反馈 | 把运行 Enscape 时遇到的问题及日志文件一起反馈给官方 |
| | 关于 Enscape | 提交 Enscape 注册信息或连接到 Enscape 在线商店进行购买，设置 Enscape 更新提醒 |

## 2.6 Enscape 输出工具栏

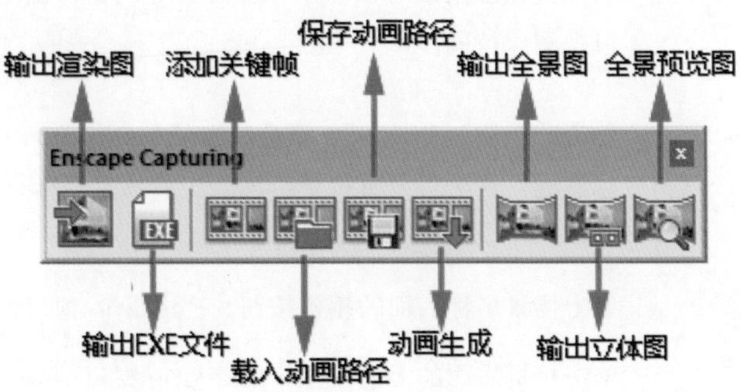


| | | |
|---|---|---|
| | 输出渲染图 | 将当前视角保存为一张图片，分辨率最高到 4k。保存格式可以是：PNG、JPG、EXR、TGA |
| | 输出 EXE 文件 | 可以把当前的 Enscape 场景输出为一个可以独立运行的 EXE 文件，方便分享给其他人，即使对方没有安装 Enscape 也可以照常运行，EXE 文件也支持 VR 显示 |
| | 添加关键帧 | 打开 Enscape 视频编辑面板。在视频编辑面板中可以添加关键帧、删除关键帧和预览动画 |
| | 载入动画路径 | 打开之前保存的动画路径文件，动画路径文件为 XML 格式 |
| | 保存动画路径 | 将当前场景中制作的动画路径保存为文件，文件为 XML 格式 |

| | | |
|---|---|---|
| | 动画生成 | 正式对当前设定的动画进行渲染，渲染时间较长，可以通过 Esc 键随时中断渲染 |
| | 输出全景图 | 渲染输出一张 360° 全景图，可以非常方便地分享给其他人 |
| | 输出立体图 | 渲染一张立体全景图，用于专门设备的浏览，如谷歌的 Cardboard |
| | 全景缩览图 | 用于预览、管理及分享 Enscape 生成的全景图 |

## 2.7 Enscape 快捷键

（1）移动模式，有以下两种。

- Move（移动模式）：按 W、A、S、D 键分别控制视图的前、后、左、右移动。
- Fly Up/Down（上下飞行模式）：按 E、Q 键分别控制视图的上升或下降。

（2）Fast （加速）：快捷键为 Shift 键，可与移动键组合，加快速度。

（3）Faster（加倍加速）：快捷键为 Ctrl 键，可与移动键组合，加快速度。

（4）Toggle Fly/Walk（切换飞行 / 行走模式）：快捷键为 Space（空格键）。

- 在“行走模式”下会开启物理碰撞功能，无法穿透墙体或障碍物。
- 在“飞行模式”下不会受任何对象的阻碍。
- 只有在“飞行模式”下才能使用 E、Q 键控制上升 / 下降。

（5）Show/Hide Map：快捷键为 M 键，打开小地图，利用鼠标滚轮可以对小地图进行缩放，双击小地图上的某个点可以快速移动到该平面位置。

（6）Video Editor：快捷键为 K 键，打开视频编辑面板。

（7）Hide instructions：快捷键为 H 键，隐藏快捷键面板。

（8）Look Around：即查看，用鼠标左键控制视角方向，类似固定位置的摄像头转动 360° 的效果。按下鼠标右键是将模型对象以鼠标点为中心进行旋转，但鼠标必须先停留在某一模型对象上，否则无效；按下鼠标中键可以平移视图，前后滚动可以控制视图的前进 / 后退；双击鼠标左键可以直接飞到单击对象旁，该功能有利于大场景项目的快速移动。

（9）Orbit+Time of Day：同时按住 Shift 键与鼠标右键，向左或向右移动鼠标，可以调节一天的时间变化，屏幕右下方会显示出具体时间，并且太阳、云层、月亮、星辰等都会随着时间的变化而变化。

（10）以上操作必须在 Enscape 渲染窗口执行。

# 第 3 章

# Enscape 材质系统

# 3.1 物体材质的特征及分类

在我们的生活中，身边所有的物体给我们的感受是多种多样、千差万别的。它们形态各异——粗糙、光滑、靓丽、暗淡。我们之所以看到任何物体都能很快地辨别出来，是因为我们在长期的生活中，通过视觉、味觉、听觉、嗅觉等感受了解到了这些物体的物理特性和外观特征。

观察下图，经综合分析可以得出：辨别一个真实的物体就是认识到了它基于物理属性的外观特征。这些特征通常表现为：色彩或纹理的反射、粗糙度、透明度等。当把这些特征应用于软件模拟以后，就会让其物体材质表现得真实有感。

所以在做效果图模拟现实物体材质的时候，不仅要学习 Enscape 中材质的调节方法，还要深入地了解物体材质的本质，要把物体材质表面的各种属性（色彩、纹理、光滑度、透明度、反射率、折射率、发光度等）通过各种参数的相互配合，做出真实的效果。

为了能够简化分析物体材质，这里重点解释以下 3 个重点参数值。

- 材料表面状态的粗糙凹凸值：展现材料表面的色泽质感，大体分为无凹凸、光滑、粗糙。
- 反射度：取决于表面是否能够清晰地反射出周边的环境，大体分为无反射、模糊反射、清晰反射和镜面反射。
- 透明度：人们平常所见的可以透光的物质的透明程度，大体分透明、透光、不透光。

基于此可以大致把物体分为以下 4 大类。

### 1. 第一类

第一类是不反光、不透明、表面粗糙的材质，如纸张、厚实的布料、亚光的木头等。

### 2. 第二类

第二类是反光、不透明、表面光滑的材质，如大理石、陶瓷制品、亮光木材、亚光金属制品等。

### 3. 第三类

第三类是既反光又透明、表面光滑的材质，如玻璃、水、水晶、半透明塑料制品等。

### 4. 第四类

第四类是不反光但透光、表面粗糙的材质，如窗纱、半透明灯罩等。

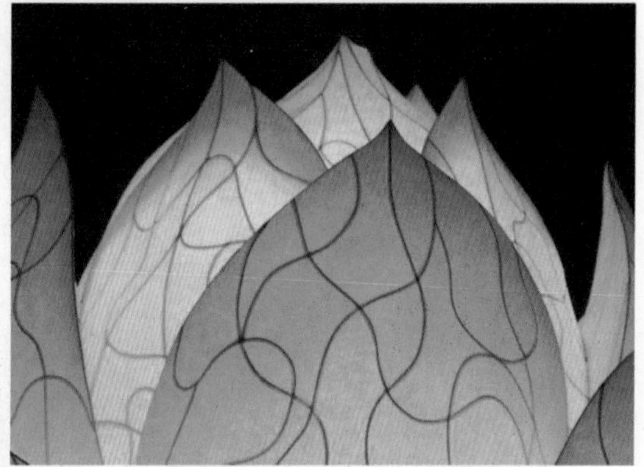

如下图所示为室内不同材质表现效果案例。

如下图所示为室外不同材质表现效果案例。

# 3.2 打开材质编辑器（Enscape Materials）

单击“材质编辑器”按钮（Enscape Materials），如下图所示。

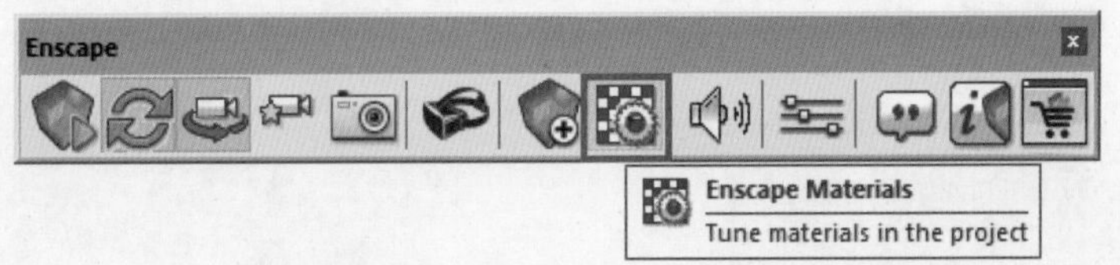


当 SketchUp 模型中没有任何材质的时候（不包括默认颜色），会弹出如下图所示的对话框，提示用户需要选择一个材质（颜色）才能编辑。

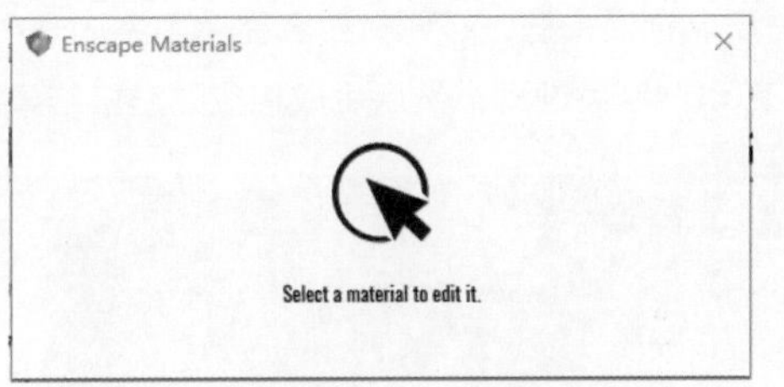


正常情况下，会弹出如下图所示的对话框。

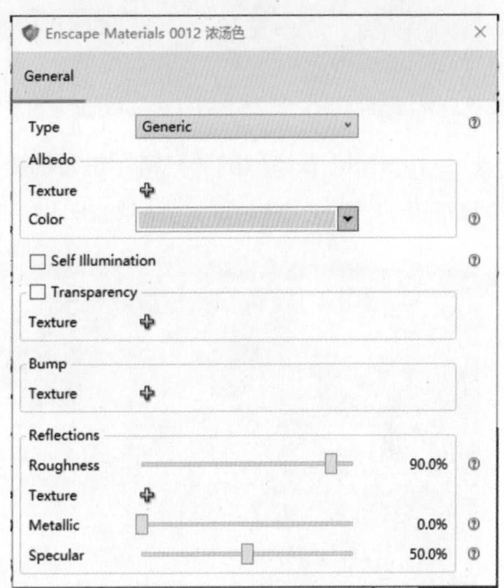


# 3.3 Enscape 的材质编辑方式

第一种：标准的默认材质。在 2.1.2 版本以前，只能通过添加关键词的方式，来识别系统中的材质属性，这个方法实用、快捷。

第二种：自由调节材质属性。通过对材质属性的理解，直接在材质编辑器中调节相应的属性参数，或者基于第一种方法，对重点材质的属性进行重点调节。这种方式精确、效果好，但效率低。

## 3.3.1 标准默认材质的设置方法

Enscape 默认一套构思非常巧妙的标准材质，和 SketchUp 的操作配合十分紧密，只要编辑 SketchUp 材质的名称，在材质名称中输入特定的英文关键词，Enscape 就可以渲染出与关键词相对应的材质效果。

对于全球大多数英文用户来说，SketchUp 本身就是使用英文名来命名材质的，所以在使用过程中就会发现大部分材质都已经无须设置，Enscape 渲染器直接默认识别了。

对于中文用户来说，则需要记住这些关键词对应的英文。在 SketchUp 的材质名称上加上英文的关键词，进行材质重命名，也可得到相应的效果。若短时间内记不住那么多单词，可以直接复制 3.3.2 和 3.3.3 两节中的关键词即可。具体操作如下图所示。

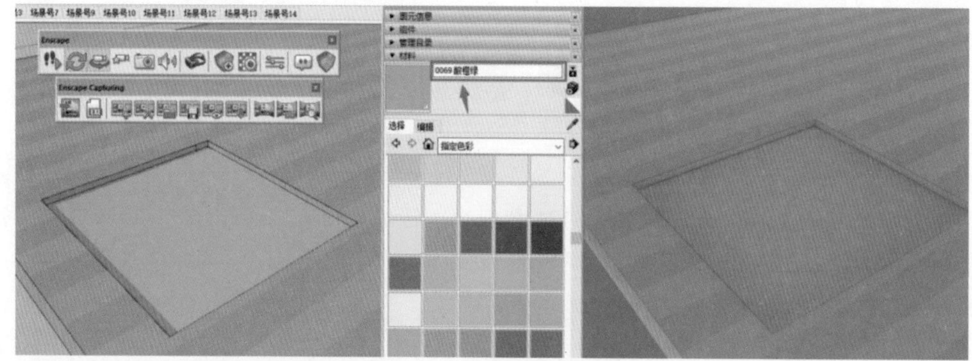

打开 SketchUp 模型的“材料”设置面板，找到材质名称文本框，在原材质名称后面添加一个后缀“grass”（草），然后按 Enter 键确认，Enscape 即可识别关键词，然后生成相应的渲染结果。

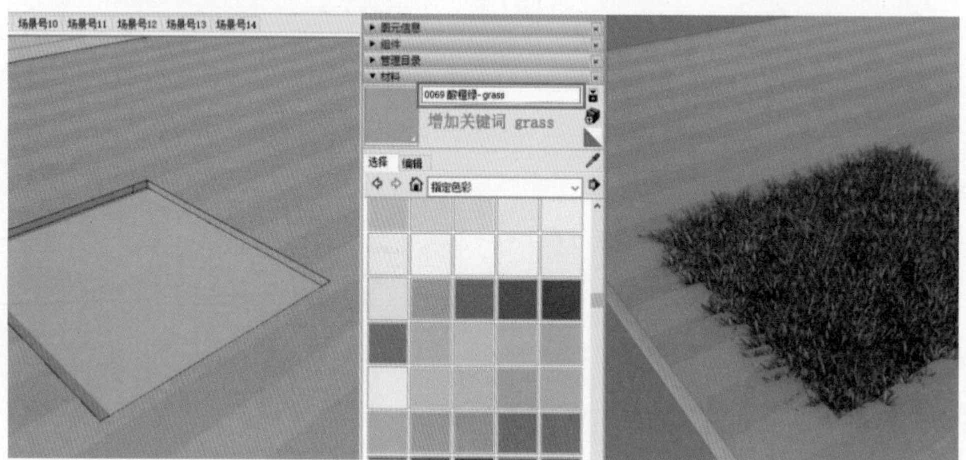


Enscape 的材质关键词，按照类型一般分成两类：一类是标准材质，一类是特殊材质，下面介绍详细说明及关键词的注释。

## 3.3.2 标准材质

标准材质主要通过表面粗糙度和折 / 反射率来影响材质的效果，具体关键词如下表所示。

标准材质关键词

| 关键词 | 效果 | 关键词 | 效果 |
| --- | --- | --- | --- |
| Glass（玻璃）、Glazing（釉面） |  | Chrome（铝合金）、Mirror（镜子） |  |

| 关键词 | 效果 | 关键词 | 效果 |
|---|---|---|---|
| Seel（钢）、Copper（铁）、Metal（金属）、Aluminium（铝） | 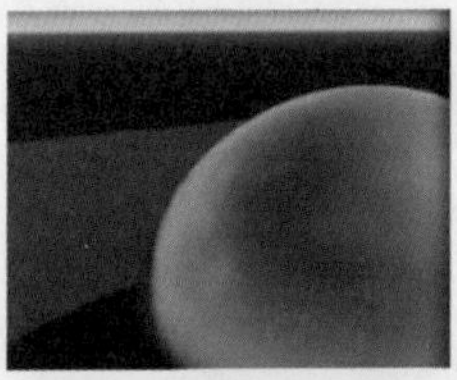 | Carpaint（车漆）、Polished（抛光）、Acryl（亚克力） | 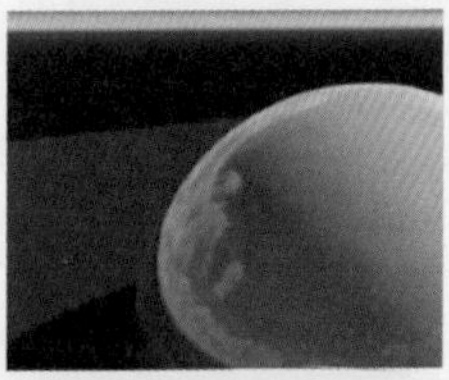 |
| Ceramic（烤瓷） | 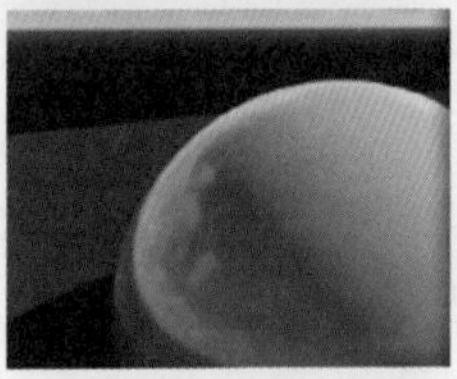 | Plastic（塑料） |  |
| Fabric（布料）、Cloth（衣物） |  | | |

## 3.3.3 特殊材质

特殊材质的关键词及解释如下表所示。

特殊材质的关键词

| 关键词 | 图示 | 解释 |
|---|---|---|
| Water（水）<br>Ocean（海）<br>River（河） |  | 可以展现类似水体的液态对象，在动态观察或者VR下，水面呈流动状态。水的效果纹理小一点，水四周平整；海的水纹大一点，四周会随机出现大的沙滩效果；河的水纹大小介于两者之间 |
| Vegetation(植物)<br>Foliage（枝叶）<br>Leaf（叶子） |  | 表现植物对象的半透明质感（只适合单面） |

| 关键词 | 图示 | 解释 |
| --- | --- | --- |
| Emissive（自发光） | | 物体对象可发光，光的颜色基于物体自身的材质颜色 |
| Grass（草） | | 直接渲染出三维的草地，支持贴图，草的颜色会自动对应贴图所在表面位置的颜色 |

## 3.4 材质编辑器中的参数介绍

熟悉其他渲染软件的人都知道，关于材质编辑的参数较多，相互之间的关系复杂。而 Enscape 软件的材质编辑，相对来说就非常简单、容易，几乎一看就明白。

Enscape 的材质编辑器有 6 个组成部分：Type（类型）、Albedo（漫反射）、Self Illumination（自发光）、Transparency（透明度）、Bump（凹凸）、Reflections（反射）。下面一一说明。

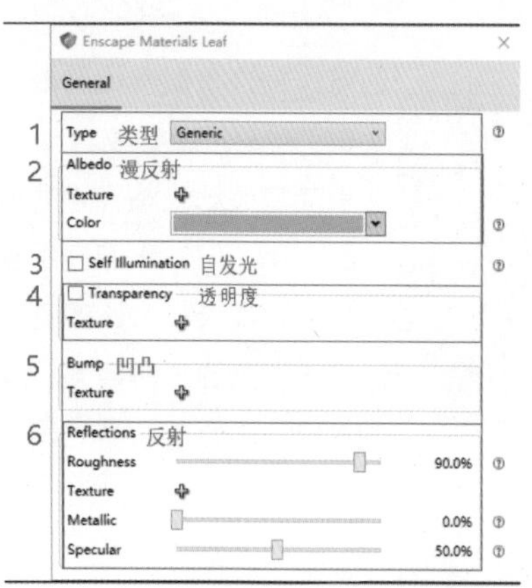


### 3.4.1 Type（类型）

Enscape 的默认材质为 Generic（通用）。若模型材质是特殊材质，则在 Type（类型）下拉列表中做出相应的选择，包括 Grass（草）、Water（水）和 Foliage（枝叶）。

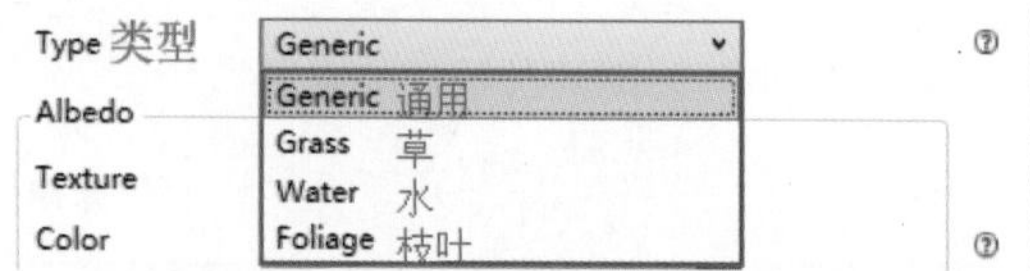


其中，Grass（草）和 Foliage（枝叶）的设置方式和 Generic（通用）的材质设置方式一样，后面会一一介绍。这里先单独说一下 Water（水）材质的设置方法。这也是 2.3 版本新增加的功能：Wind Settings（风的设置）和 Wave Settings（波浪设置），结合使用这两个参数，可以模拟从海水、河水到湖水的不同波浪样式，极大地增强了水面的质感。

具体来说，风有两个参数：Intensity（强度）和 Direction Angle（方向）；波浪也有两个参数：Height（波浪高度）和 Scale（波浪缓急）。最后还有一个 Caustics Intensity（光线焦散值）参数，不过这个参数用得较少。

当波浪高度和波浪缓急值较低时，水面平静，类似无人游泳池的效果。

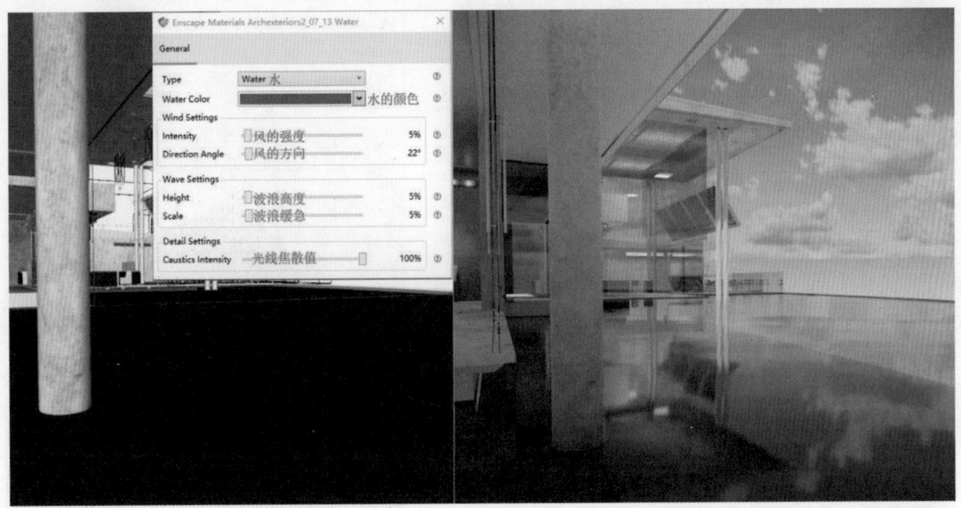


当波浪高度和波浪缓急参数值为中等数值时，水面有平缓的波浪效果，类似湖面的效果。

当波浪高度和波浪缓急参数值较高时，水面波浪明显复杂，类似河水或者海水的效果。

### 3.4.2 Albedo（漫反射）

漫反射（又称反照率）就是指一束平行光投射在物体粗糙的表面上，光线向四面八方反射的现象，主要表现物体表面的质感。

在 Albedo（漫反射）选项区域，初始设置是没有Texture(纹理贴图)的。这里的Color(颜色）就是模型物体的本体色。

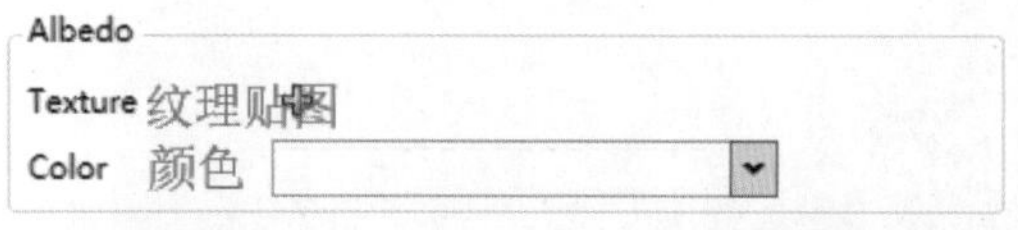


如果在 SketchUp 中已经给模型赋予了材质贴图，那么 Texture（纹理贴图）就会直接显示贴图文件名。若该材质图片内有通道图层，则会出现 Mask（遮罩）选项。

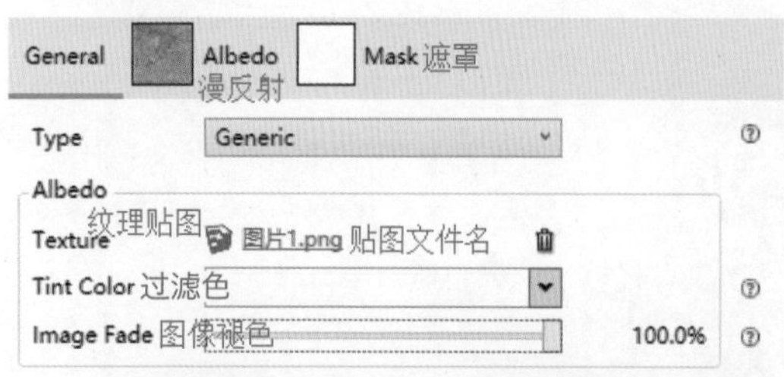

Tint Color（过滤色）的作用相当于在当前的纹理上再叠加一层颜色。

Image Fade（图像褪色）的作用就是控制纹理贴图的不透明度。当不透明度小于100%时，滑动条下方会自动出现 Color（底色）选项，在其下拉列表中选择一个底色时，图片不透明度越低，其底色就越清晰、明显。

单击贴图文件名即可打开贴图高级设置对话框。

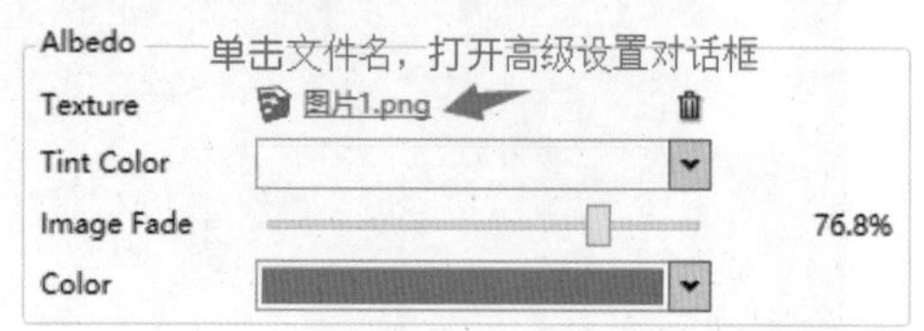

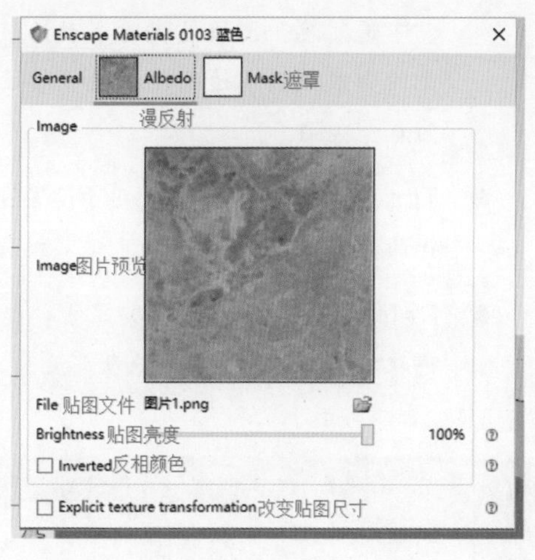


- Brightness：用于控制贴图的显示亮度，100% 为正常，值越小越黑。
- Inverted：选中此复选框后贴图会显示为反相颜色。
- Explicit texture transformation：这个选项可以强制改变贴图的大小及尺寸。此参数和 SketchUp 材质面板上的纹理尺寸会同时修改。

## 3.4.3 Self Illumination（自发光）

在最初的 Enscape 版本里只能通过关键字来设置自发光，并且光源的亮度是无法调整的。而现在的版本（2.2.3 以后）更新了这一功能，就像 VRay 一样，我们可以让任何材质变成自发光体，并可以调节它的亮度和灯光的颜色，这个功能常用于室内照明的灯带制作。之前制作灯带需要阵列灯光，并且需要多次调整。现在只需一个矩形块，然后附上自发光材质即可，操作简单，效果好。

## 3.4.4 Transparency（透明度）

这个参数主要用于控制物体的透光量，选中此复选框后就会形成透明效果，常用于玻璃及玻璃器皿的表现。注意：自发光和透明两个复选框不能同时选中。

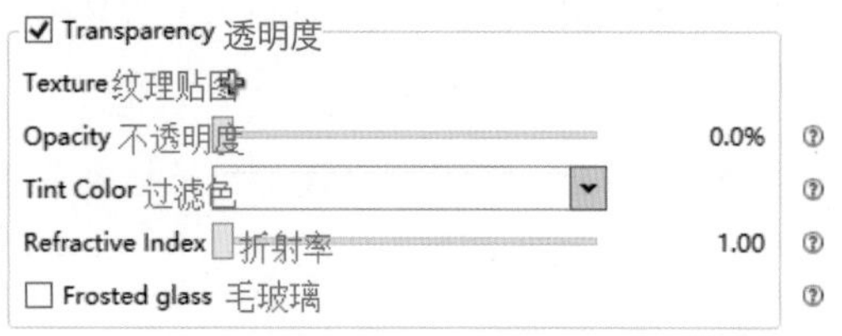


- **Opacity（不透明度）**：这个参数主要用于区别玻璃的类别，该参数调节滑块和 SketchUp 材质编辑面板中的“不透明度”滑块是实时联动的。常见的白玻璃的不透明度一般直接设置为 0。
- **Tint Color（过滤色）**：用于设置透过光的颜色，常用于调制有色玻璃效果。
- **Refractive index（折射率）**：折射感觉加强，增加玻璃质地及厚度感。

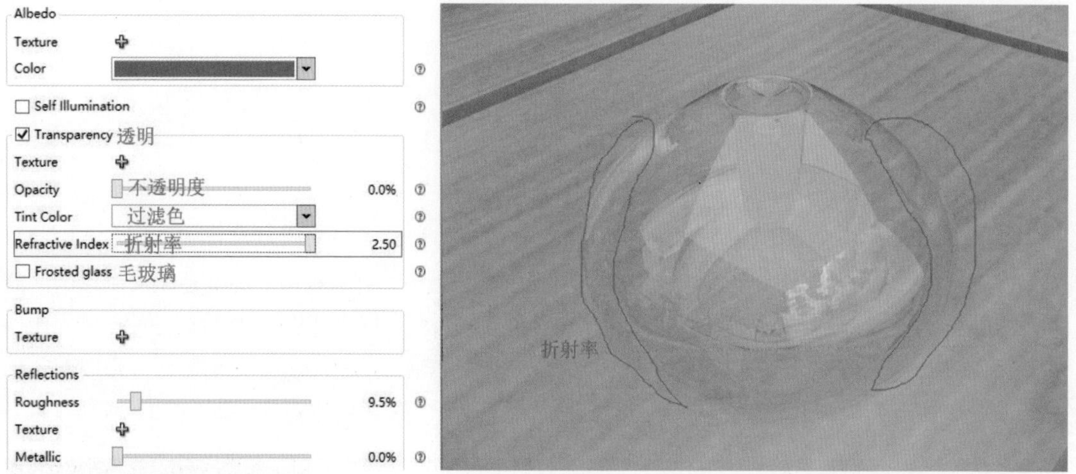


- **Frosted glass（毛玻璃）**：这个参数主要是基于材料粗糙度制作模糊效果，一般来说，建筑设计师经常用到此参数。

## 3.4.5 Bump（凹凸贴图）

皮革 / 木纹等材质加上凹凸效果后质感会更加明显，看起来更真实。单击“+”可以添加贴图文件作为凹凸纹理。单击 Use Albedo，则 Enscape 会自动复制漫反射的纹理贴图作为凹凸纹理，一步到位，非常方便。

当添加凹凸纹理后，系统会出现一个 Amount（数量）滑块。将滑块向右滑动，则出现正向的凹凸效果；将滑块向左滑动，则出现反向的凹凸效果。数值越大，凹凸效果越强烈。

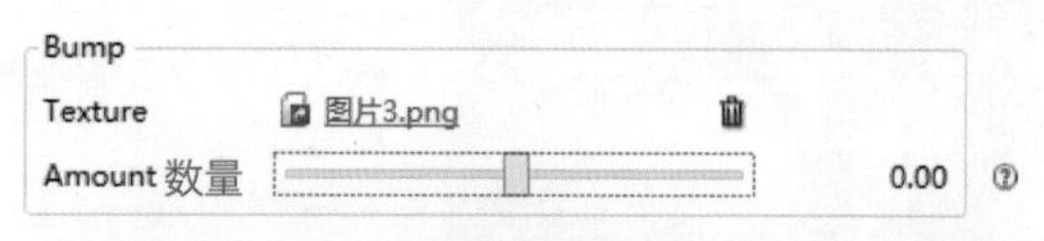

未加凹凸效果

### 3.4.6 Reflections（反射）

Reflections 反射
Roughness 粗糙度 100.0%
Texture 贴图纹理 Use Albedo
Metallic 金属高光 0.0%
Specular 镜面反射 50.0%

- Roughness（粗糙度）：调整此参数值可以即时看到效果。数值越小，材质表面越平滑，反光效果越强；反之，数值越大，材质表面越模糊，光线越柔和。

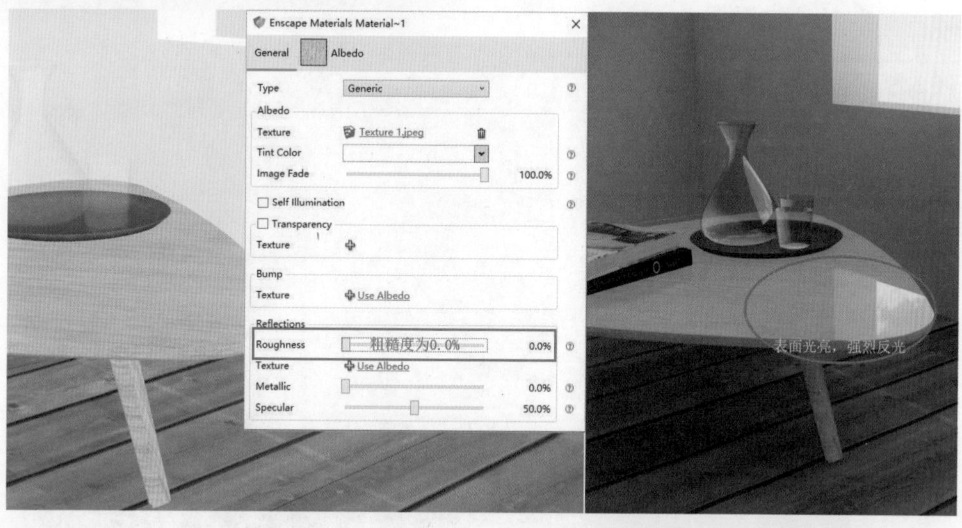


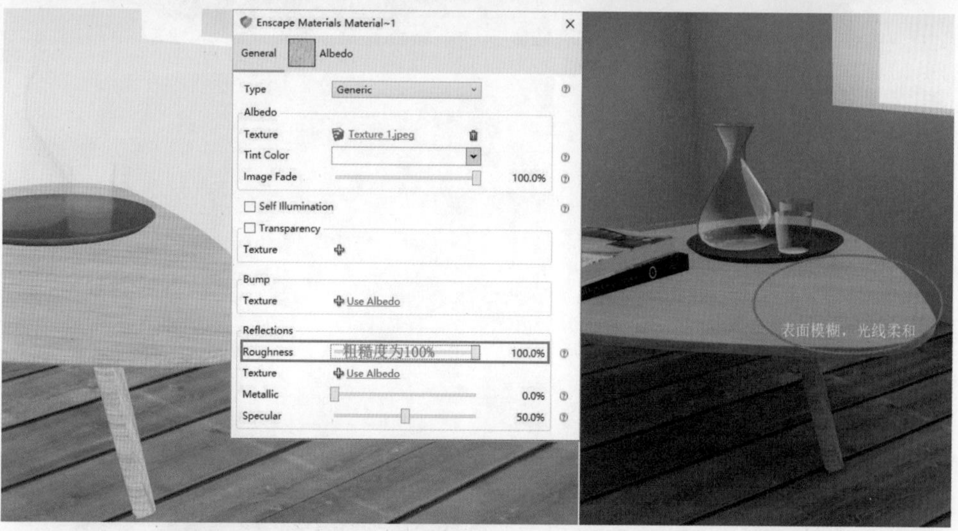


- Metallic（金属高光）：这个参数可以简单地表现金属的高光质感。配合Roughness（粗糙度）参数，也能表现出不同的质感，其实也不限于金属材质。

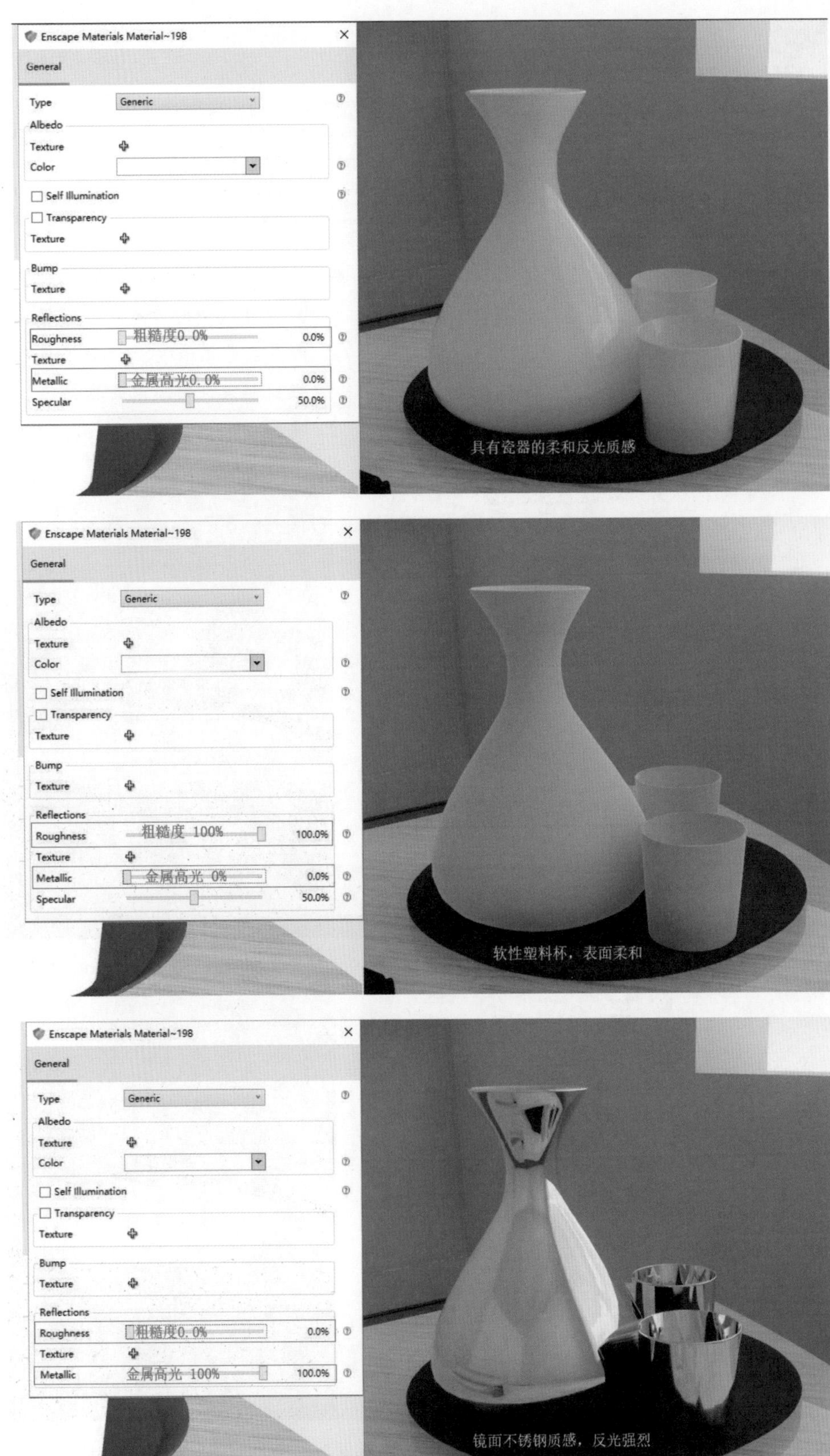
Enscape Materials Material~198
General
Type
Generic
Albedo
Texture
Color
Self Illumination
Transparency
Texture
Bump
Texture
Reflections
Roughness
粗糙度0.0%
0.0%
Texture
Metallic
金属高光0.0%
0.0%
Specular
50.0%
具有瓷器的柔和反光质感
Enscape Materials Material~198
General
Type
Generic
Albedo
Texture
Color
Self Illumination
Transparency
Texture
Bump
Texture
Reflections
Roughness
粗糙度 100%
100.0%
Texture
Metallic
金属高光 0%
0.0%
Specular
50.0%
软性塑料杯，表面柔和
Enscape Materials Material~198
General
Type
Generic
Albedo
Texture
Color
Self Illumination
Transparency
Texture
Bump
Texture
Reflections
Roughness
粗糙度0.0%
0.0%
Texture
Metallic
金属高光 100%
100.0%
镜面不锈钢质感，反光强烈

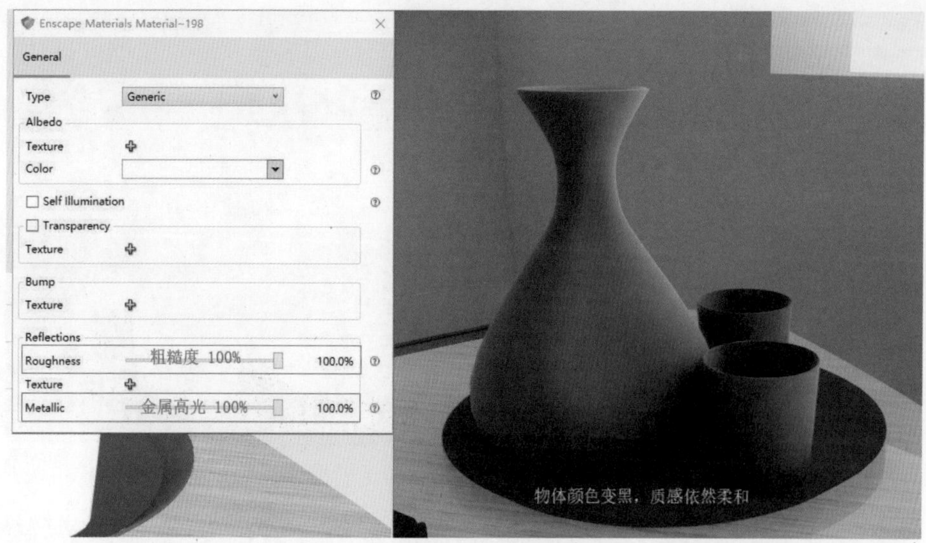


- Specular（镜面反射）：物体表面对光的反射强度。建议大多数情况下将该值设为50%，陶瓷类为70%，不透明液体（牛奶）和普通塑料的最低值为30%。

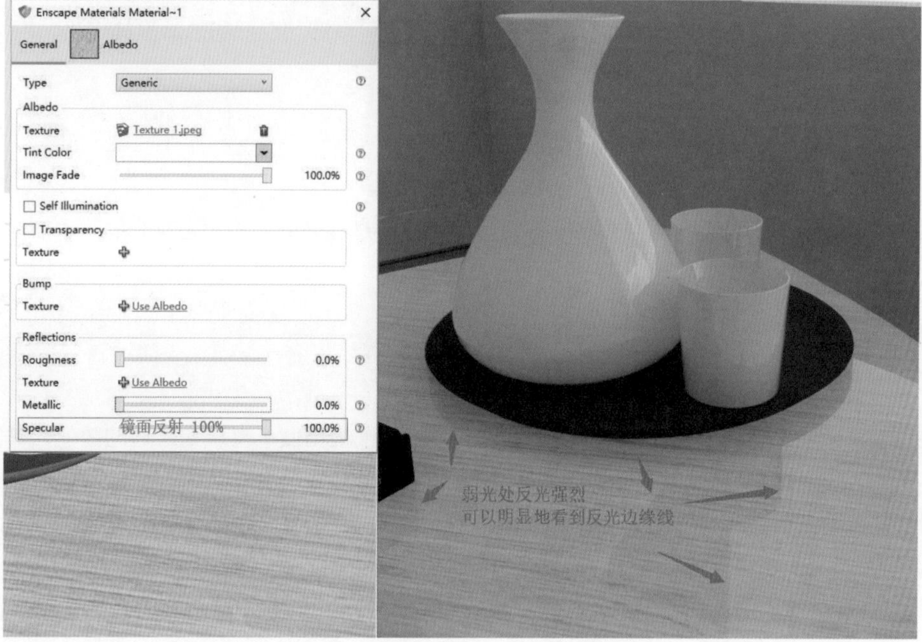

这 3 个参数非常有用，绝大多数材质都会用到，读者可多练习以熟练地掌握其用法。

# 3.5 常见材料——木纹材质

在我们的生活中，木纹饰面大致可以分为两类：一类是亚光的，一类是亮光的。本节对这两类进行说明。

## 3.5.1 亮光木纹

亮光木纹的效果很容易设置，只要调整 Roughness（粗糙度）滑块到合适的数值，其余均可保持不变。因为粗糙度越低，反射越清晰；粗糙度越高，反射越模糊。

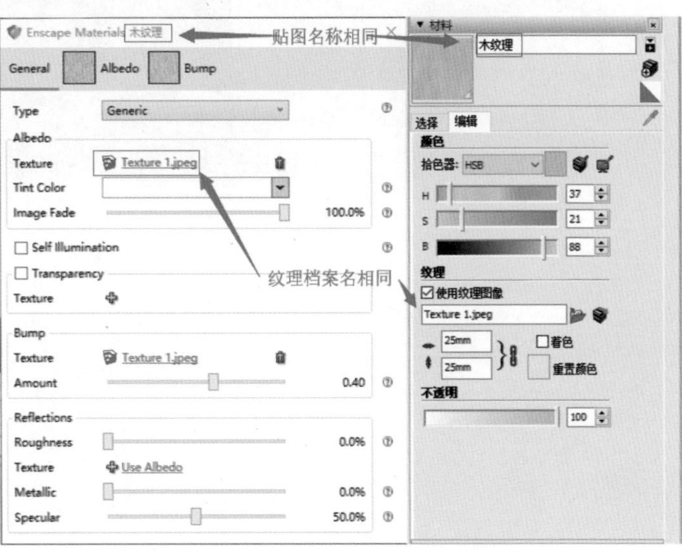


步骤 1 打开案例文件“木纹理案例 .skp”，该文件已经在茶几上贴好木纹材质。在 SketchUp 里用“吸管工具”吸取材质，在 SketchUp 材质编辑面板中查看贴图名称为“木纹理”。

步骤 2 打开 Enscape Materials 面板，检查是否是同一个“木纹理”的名称。若名称不对，请在 SketchUp 中用“吸管工具”重新吸取材质。然后拖动 Roughness（粗糙度）滑块，数值越小越光亮。调整的结果会在右侧同步更新。

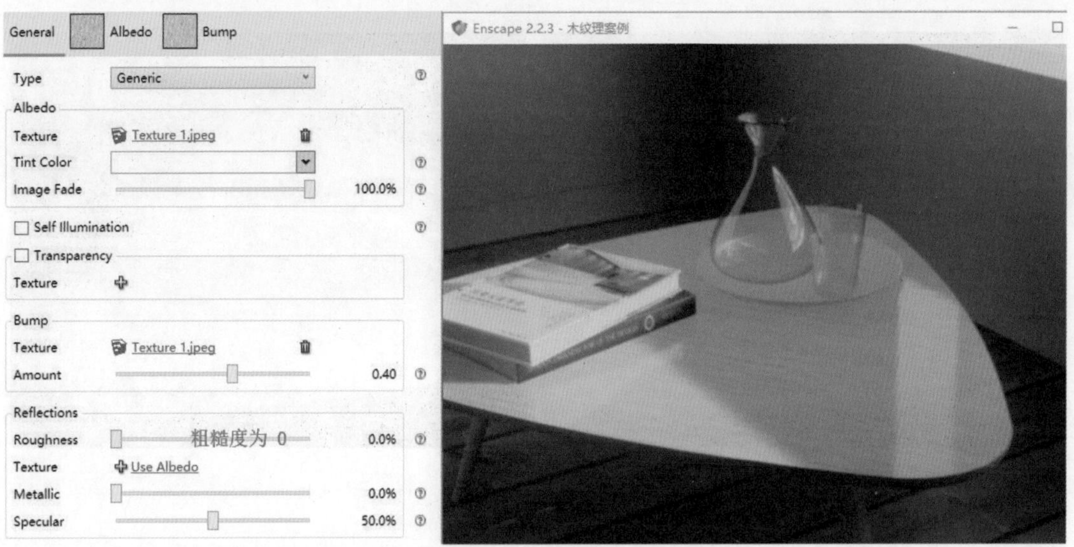


通过这个小案例，可以发现设置的过程其实是非常简单的，它的操作难度远低于 VFS 和 3ds Max 的渲染插件，没有太多参数需要设置，只需把 Roughness（粗糙度）滑块拖动到合适的位置即可。

## 3.5.2 亚光木纹

在设置亚光木纹之前，我们对比一下亚光和亮光材质的质感。亚光木纹与亮光木纹相比，除了有着明显的光感，更有一些细细的柔和的粗糙感。所以，我们除了要增加粗糙度，还需要在凹凸贴图上添加贴图，让效果更明显。

总结：通过这两个木纹材质的设置，可以发现 Enscape 材质的调整难度系数远小于其他渲染插件及软件。对于地板而言，我们只需调整它的反射度和粗糙度即可。

最终效果对比如下图所示。

## 3.6 常见材料——不锈钢材质

不锈钢材质在日常生活中应用广泛。常见的不锈钢产品主要有两种效果：镜面不锈钢和拉丝不锈钢。学习不锈钢材质的调整也是比较重要的。

下面通过“不锈钢 .skp”案例来学习不锈钢材质的设置。

### 3.6.1 镜面不锈钢

在 Enscape Materials 6 面板中，把 Roughness（粗糙度）调节到 0.0%，把 Metallic（金属高光）调节到 70%~80%（若将其调到 100.0%，反光会失真，可以自己通过调节案例效果体验一下），然后把 Specular（镜面反射）调到 100%，就可以看到镜面不锈钢的效果了。

## 3.6.2 拉丝不锈钢

拉丝不锈钢与镜面不锈钢最大的区别就是有拉丝的质感。具体来说，就是不锈钢表面有同方向性的微弱凹凸，且镜面效果没有那么强烈，甚至感觉有模糊的漫反射，针对它的这些特点进行调整，就比较简单了。

步骤1 把Roughness(粗糙度)调整为30%~50%，使反光效果减弱，不锈钢表面就会变成亚光的效果。

步骤2 单击Albedo（漫反射）选项区域Texture右侧的加号，添加漫反射贴图“拉丝不锈钢.jpg”。由于本材质贴图有明显的明暗渐变，所以还需单击面板顶端的Albedo（漫反射）贴图选项，然后在贴图尺寸大小设置区域，把贴图纹理的Width（宽度）改为5、Height（高度）改为1。这样可以规避贴图纹理渐变的负面效果。

步骤3 在Bump（凸凹）贴图选项区域，单击Texture凹凸纹理后面的Use Albedo，直接复制一份和漫反射相同的贴图文件，然后再单击面板顶端的Bump（凹凸）贴图选项，把贴图的宽、高尺寸均改为0.005。效果就从亚光不锈钢变为拉丝不锈钢了。

## 3.7 玻璃材质

随着人们生活水平的日益提高，居住条件逐步改善，人们对新居的装修要求也越来越高，居室中装饰的艺术化、个性化和实用性成为了人们向往和追求的目标。玻璃的艺术装饰以其剔透明亮的空间表现力，早已成为整个装修装饰领域中不可缺少，甚至已成为主导的重要内容，备受装修者的青睐，因此，玻璃的表现效果就具有十分重要的现实意义。

玻璃材质设置流程如下：

步骤 1 打开案例文件“玻璃材质.skp”。文件中有 3 个杯子，为模型直接填充白色。不同颜色的杯子名称不同，分别是白色 1、白色 2、白色 3。

步骤 2 打开 SketchUp 材质编辑面板，首先用“吸管工具”选择 1 号杯子的材质。然后在 Enscape Materials 白色\面板中，选中 Transparency（透明度）复选框，这个参数主要控制物体的透光量，然后把 Opacity（不透明度）设置为 0，模型会变成透明效果，即变为透明杯子。然后为 2 号和 3 号杯子分别设置相同的参数。

步骤 3 通过上面的操作，杯子变透明了。但仔细观察，就会发现这种透明跟真实玻璃又有明显的区别，没有质感。接下来我们为 3 个杯子分别设置不同的参数。然后观察效果，看看在不同的设置下，其玻璃质感会有什么变化。

步骤 4 1 号杯子的参数保持不变。

步骤 5 为 2 号杯子设置 Refractive Index（折射率），并添加一些 Tint Color（过滤色）。

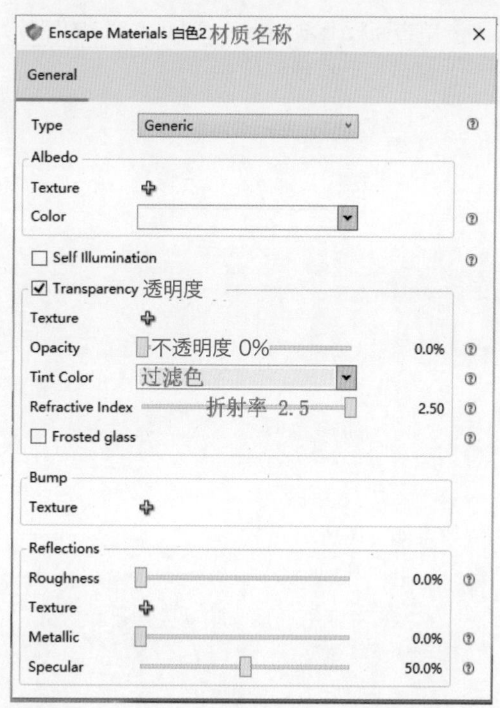


步骤 6 为 3 号杯子设置 Refractive Index（折射），添加 Tint Color（过滤色），选中 Frosted glass（毛玻璃）复选框。最重要的是增加了 Bump（凹凸）贴图，并且提高了 Amount（数量）参数值。

步骤 7 单击面板上方Bump（凹凸纹理）的图片，修改凹凸纹理的尺寸。

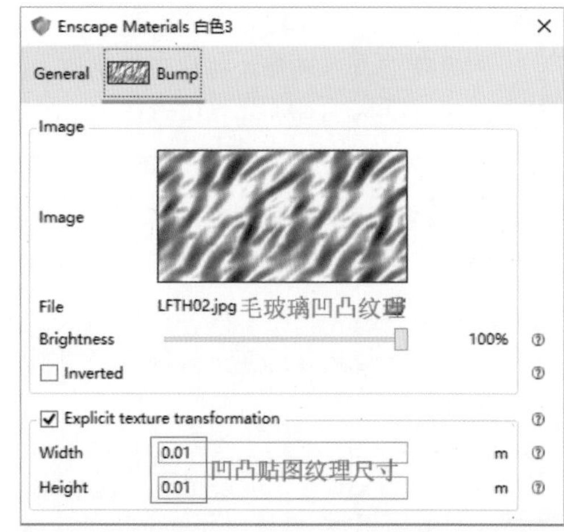


最终效果如下图所示。

## 3.8 窗帘布与窗纱的效果表现

窗帘布与窗纱是现代装修中十分常见的家纺制品，有的注重功能性，有的注重装饰性，正如大家所见，如今单独使用窗帘的家庭很少，一般配合窗纱的比较多，对于窗纱来说，它不仅具有装饰效果，还有保护隐私、调节室内光线、遮挡蚊虫及透风的效果，所以在表现层面，窗帘布与窗纱就是一个重要的项目。

### 3.8.1 窗帘布

窗帘布质感分析：在日常生活中，窗帘布的面料大多是纯棉、麻、涤纶、真丝，也可集中原料混织而成，具有隔热、调节光线甚至防紫外线等功能。而窗帘布的质感就是不透光、不反光也不透明（丝质稍有点反光效果）。

根据我们对物体材质的分类方法，这些窗帘布本身属于织物类，会伴随较强的粗糙感。加上不反光、不透明的材质属性，基本上对于如何处理这类材质就很清楚了。

下面介绍具体的材质编辑流程。

步骤 1 打开案例文件“窗帘布.skp”，在 Enscape 的渲染窗口可以发现，窗帘布的质感已显现，但是还不够，因为布料上没有凹凸的棉麻质感的厚重。

步骤 2 本案例的吊带帘头是具有微弱的丝光感觉的布料。只要把 Roughness（粗糙度）调整到 100%，把 Specular（镜面反射）值调整到 100% 左右即可。

步骤 3 窗帘布参数设置：在 SketchUp 中用“吸管工具”选择窗帘布。然后在 Enscape 的材质编辑面板中，添加 Bump（凹凸）贴图，单击 Bump 后面的加号✚，添加专门制作的法线贴图“窗帘布.jpg”；然后把 Amount（数量）设置为 2 左右，把 Roughness（粗糙度）调整到 100%；把 Specular（镜面反射）值调整到 30% 左右；

步骤 4 在 Bump（凹凸）贴图选项设置界面，把凹凸纹理尺寸改为 0.01。

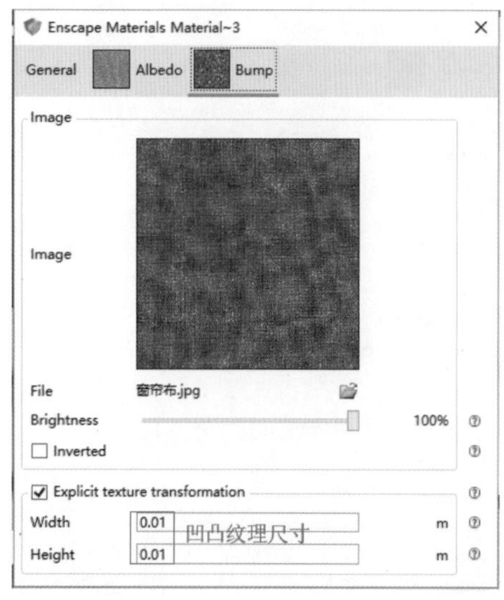


## 3.8.2 窗纱

与窗帘布相伴的窗纱不仅给居室增添了柔和、温馨、浪漫的氛围，而且还有采光柔和、透气通风的特性，它可调节你的心情，给人一种若隐若现的朦胧感。窗纱的面料大体可分为涤纶、仿真丝、麻或混纺织物等。根据其工艺可分为印花、绣花、提花、色织、染色等。

窗纱本身也是属于织物类，会有柔软的感觉，且具有透光的材质属性，所以表现出它的透光效果，以及柔软的质地即可。

参数设置流程：

步骤 1 打开刚刚的案例文件“窗帘布 .skp”，在 SketchUp 里用“吸管工具”选中窗纱材质，然后打开 Enscape 材质编辑面板。

步骤 2 选中 Transparency（透明度）复选框，单击 Texture（纹理）贴图右侧的加号，选择书中附赠的“窗纱透贴 .jpg”。这里特别要注意的是，必须单击 Transparency（透明度）选项里的贴图加号，其他选项是出不来朦胧效果的。

步骤 3 设置透明纹理的尺寸大小。直接单击图片，进入到 Mask（遮罩）贴图设置界面，选中 Explicit texture transformantion 复选框后，设置贴图尺寸的大小。不同的尺寸会有截然不同的效果。

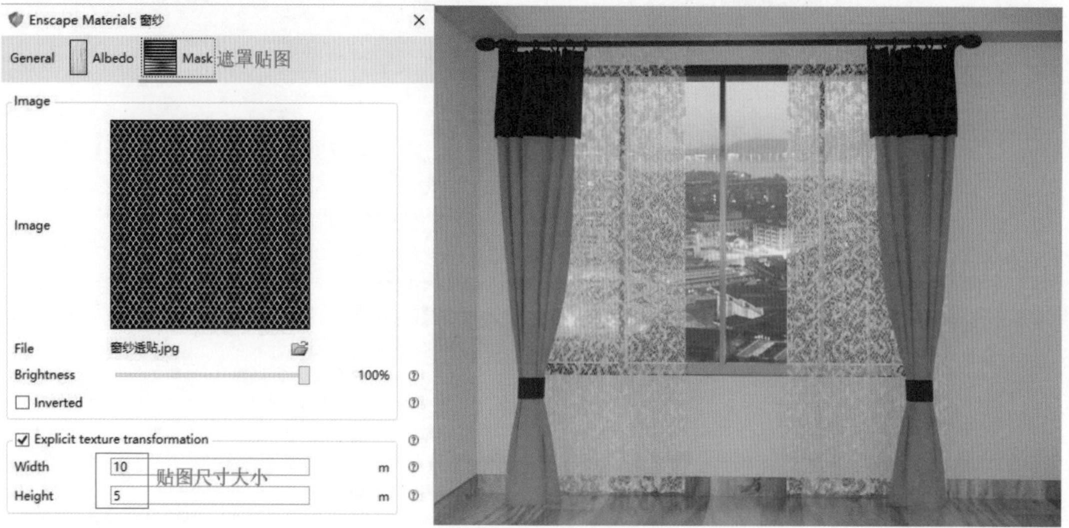

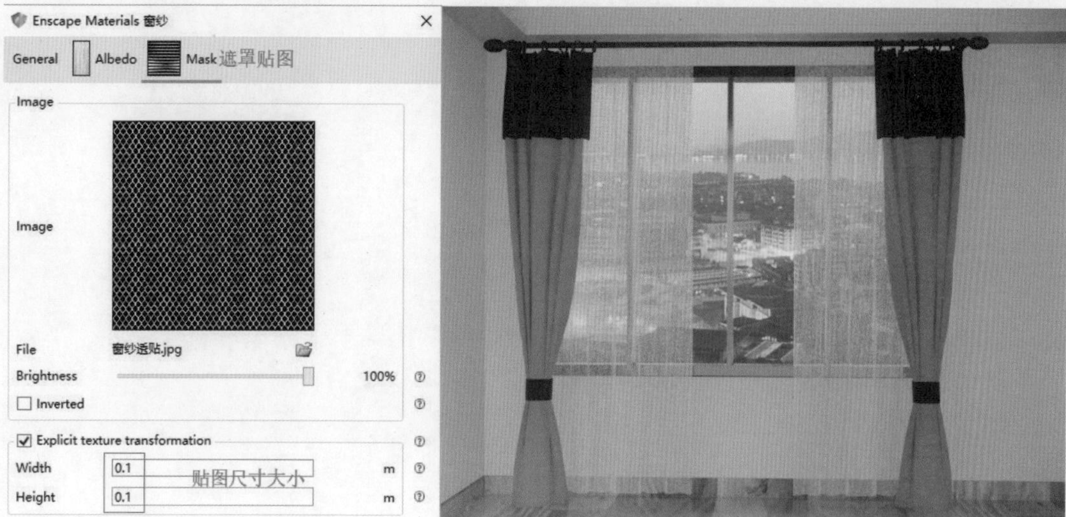
Enscape Materials 窗纱
General
Albedo
Mask 遮罩贴图
Image
Image
File
窗纱透贴.jpg
Brightness
100%
Inverted
Explicit texture transformation
Width
0.1
m
Height
0.1
m
贴图尺寸大小

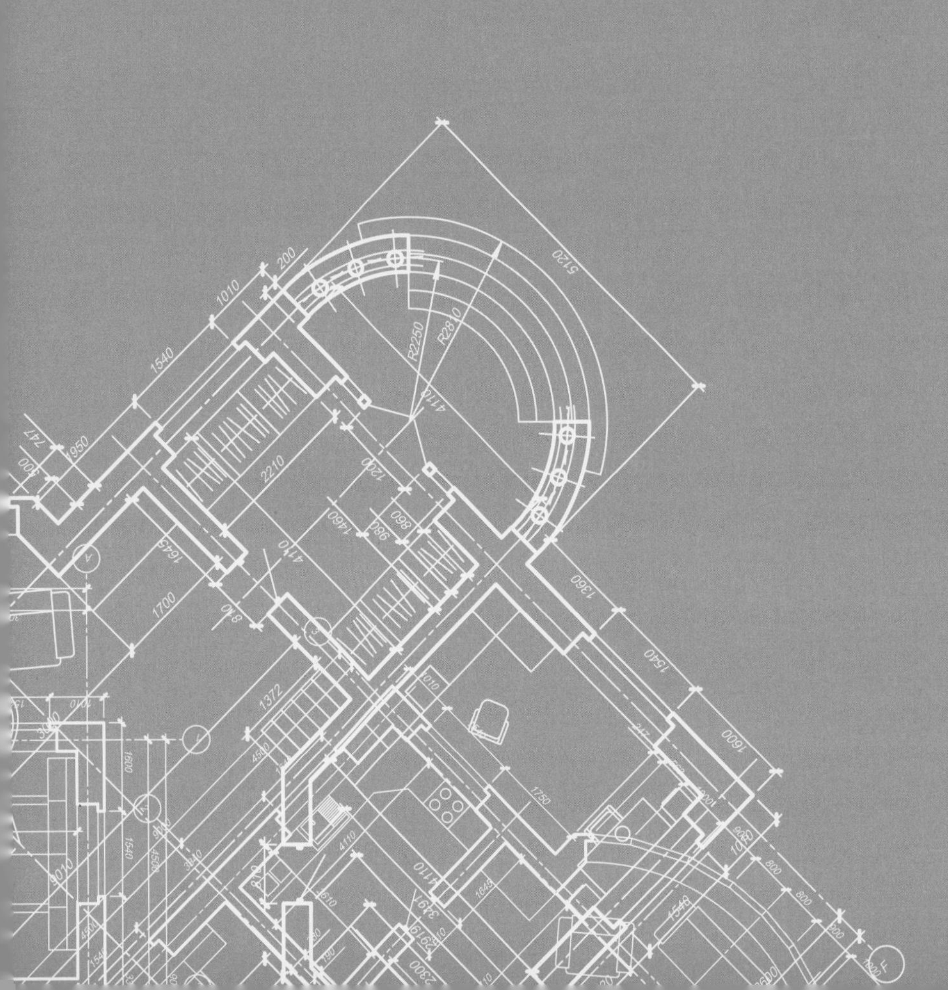

# 第 4 章

# Enscape 灯光系统

# 4.1 室内设计布光思路及灯光讲解

在摄影行业有个著名而经典的布光理论——“三点照明”，又称为区域照明，一般用于较小范围的场景照明。分别为主体光、辅助光（补光）与背景光（轮廓光）。对于室内效果图或者室内摄影来说，都可以在这个理论上进行实践。

**主体光：**主体光通常用来照亮场景中的主要对象和周围区域，并且负责给主体对象投影。主要的明暗关系由主体光决定，包括投影的方向。主体光根据需要常用几盏聚光灯来共同完成。

**辅助光：**辅助光又称为补光。用聚光灯照射扇形反射面，以形成一种均匀的、非直射性的柔和光源，用它来填充阴影区域，以及被主体光遗漏的场景区域，调和明暗区域的反差，同时能形成景深与层次，而且这种广泛均匀布光的特性使它为场景打了一层底色，定义了场景的基调。由于要达到柔和照明的效果，通常辅助光的亮度只有主体光的50%~80%。

**背景光：**背景光的作用是增加背景的亮度，从而衬托主体，并使主体对象与背景相分离。一般使用泛光灯，亮度宜暗，不可太亮。

以“SPA 浴室项目案例”为例，主要也分为 3 部分。

主体光有 12 盏聚光灯。

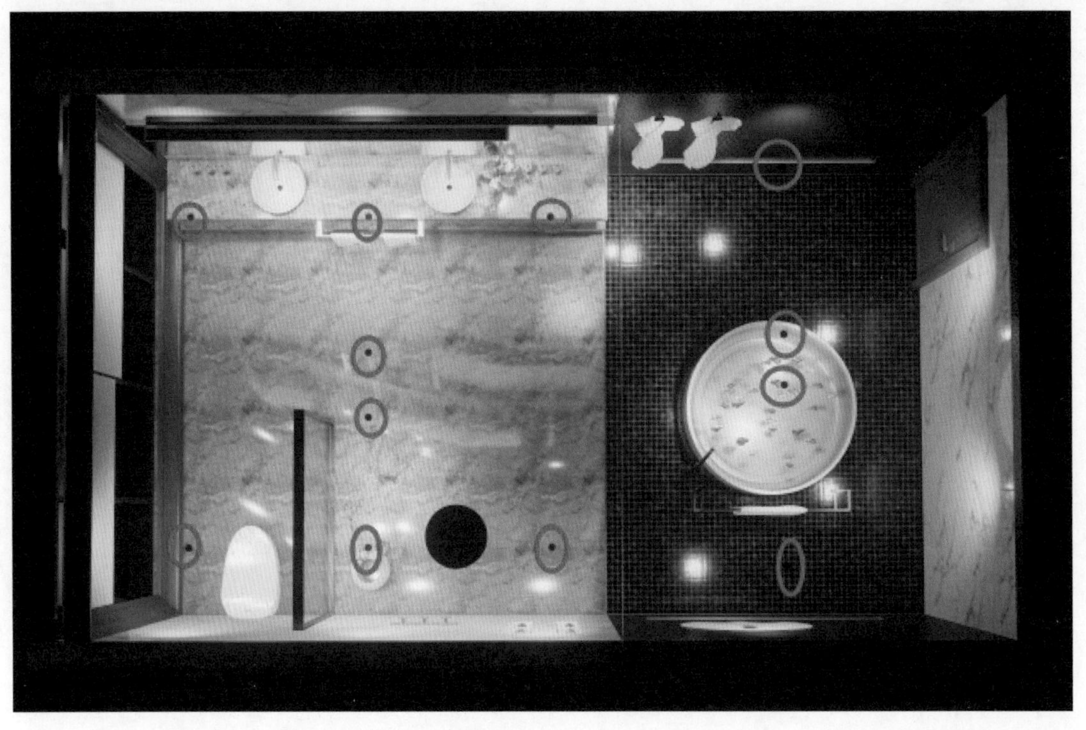

辅助光是各个空间结构的暗藏灯带（材质自发光）。

背景光由窗外的一张城市照片作为自发光光影。

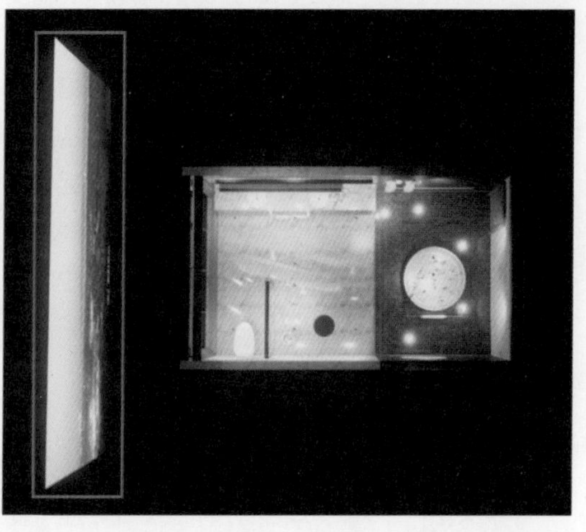

最终由天花板上的聚光灯（射灯）照亮全场，由墙面构造里的暗藏灯带作为辅助光点缀空间，窗外的背景光和室内光线形成对比，营造了清爽的室内空间氛围。

## 4.2 室内灯光的布置原则

一张好的效果图，灯光效果最为重要。在灯光参数、强度、颜色都设置正确的情况下，效果依然可能很差，主要原因可能就是灯光的位置出现了问题。灯光的布置原则主要分为以下几点：

### 4.2.1 哪里有光，哪里打光

“哪里有光”，这里的“光”指的是现实场景的光线；“哪里打光”，这里的“光”指的是软件中的光源设置。室内光线基本由太阳光与人工光提供。阳光一般从透明的材质中穿透照进室内，如玻璃。在效果图的制作过程中，要明确将来现实场景里的灯具类型与照明形式，并要了解灯具的位置，然后在对应的位置打上相应的灯光。如果制作室外效果，那么只需要模拟阳光或添加 HDRI 环境照明即可。

### 4.2.2 舍多求少，主次分明

在现实的室内空间中，为了取得良好的照明效果，一般会以 1m 为间距设置一盏射灯。而在制作效果图的过程中，在遵循“哪里有光，哪里打光”原则的同时，要注意舍多求少，对于效果图的制作，人工灯光无须每米都设置射灯，这样会使得灯光没有重点，颜色被射灯的暖色占据，使得效果图冷暖失衡。要想使效果图精致美观，需要考虑利用灯光效果营造主次，把灯光照射在想要表达的主要位置。

### 4.2.3 布光的顺序

（1）先确定主体光的位置与强度。

（2）确定辅助光的强度与角度。

（3）分配背景光与装饰光。

这样产生的布光效果应该能达到主次分明、互相补充的作用。

### 4.2.4 布光注意事项

（1）灯光宜精不宜多。过多的灯光会使工作变得杂乱无章，显示与渲染速度也会受到影响，切忌随手布光，可有可无的灯光坚决不保留。

（2）灯光要体现出场景的明暗分布，要有层次，切不可所有灯光一概处理。

（3）布光时应该遵循由主体到局部、由简到繁的过程。

对于灯光效果的形成，应该先调整角度确定主格调，再调节灯光衰减等特性，以增强现实感。最后调整灯光的颜色并进行细致的修改。

## 4.3 室内灯光使用技巧

在颜色方面，要注意冷暖对比。从外面照射进来的光为冷光，颜色一般为天蓝色或蔚蓝色，夜间为深蓝色或蓝紫色；室内光域网类型的灯光一般为暖黄色，从而与室外的光形成冷暖对比，这样才有很好的效果。如果只用一种光源色彩，渲染出来的画面就显得不真实，物体轮廓也不清晰。

在布置灯光的时候，应先以 Enscape 默认的光源为主。Enscape 灯光照明系统比 VRay、CR 等其他软件简单得多，不需要逐个调试以照亮空间，保持默认就能达到比较好的效果。而光域网类型的光度学灯光则具有洗墙、烘托气氛的作用。在模拟光达不到效果的时候，可以使用补光，颜色多为接近白色的冷色。

# 4.4 Enscape 人工光源的使用及技巧

## 4.4.1 Enscape 灯光照明系统介绍

点光源、聚光灯、线光源、面光源、圆形光源，以及之前讲述的材质自发光，构成了整个 Enscape 灯光照明系统，主要用来实现场景的照明，打亮环境。除此之外，还可以展示艺术性及画面的美感。Enscape 还具备独特、高效的全局照明功能，直接照亮项目，使项目更加逼真。这在很大程度上帮助初学者减少了打光不够亮或者局部曝光的问题，可以快速地添加人工光烘托出效果。

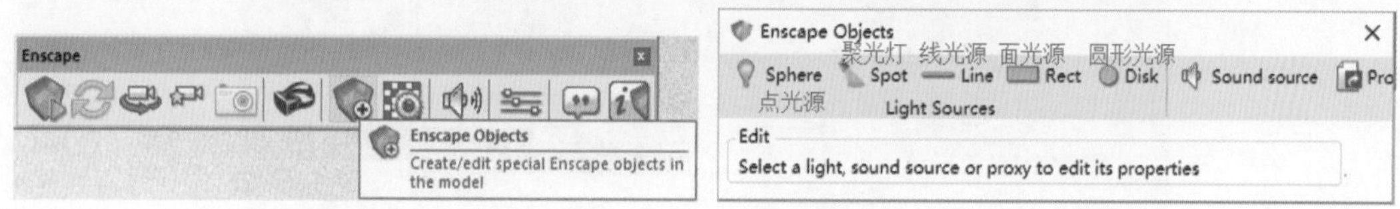


## 4.4.2 Enscape 点光源

Enscape 的点光源跟 VRay、Corona、Mentery 等渲染器的球形光源的性质类似，相当于泛光灯，常用作台灯或者局部光源等。操作过程如下：

步骤 1 单击面板中的 Sphere（点 / 球）光源按钮。在场景中设置灯光的位置单击，再在对应的轴中拉开距离，最后确认创建灯光。使用 Enscape 创建的灯光跟使用其他软件稍有不同——均固定直径。不过光源模型的大小与光的强度无关。

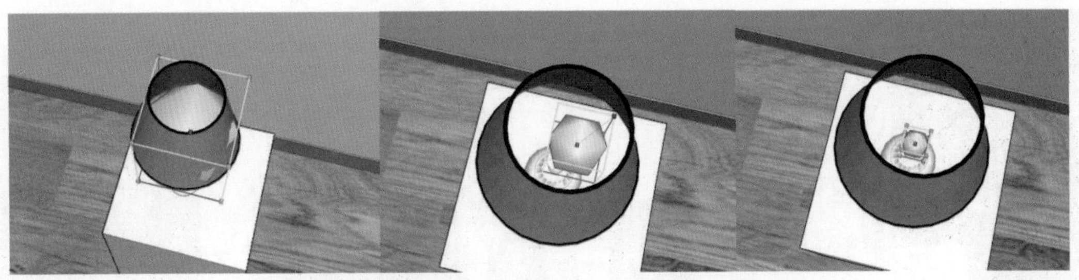

提示：如果光源模型大小不合适，可以在SketchUp中单击"缩放"按钮，然后按住Ctrl键，找到顶点，按下鼠标左键拖动缩放点完成缩放。

步骤 2 完成光源大小的调整后，单击选中的光源，就会打开灯光设置面板。

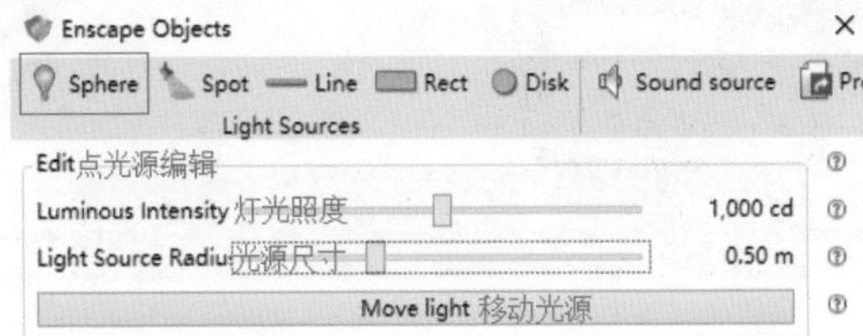


步骤 3 在Edit（编辑）选项区域，利用Luminous Intensity（灯光照度）可以调整灯光在空间场景中的亮度及照射面积。拖动Light Source Radiu（光源尺寸）滑块可以调整光源照射面积的大小。

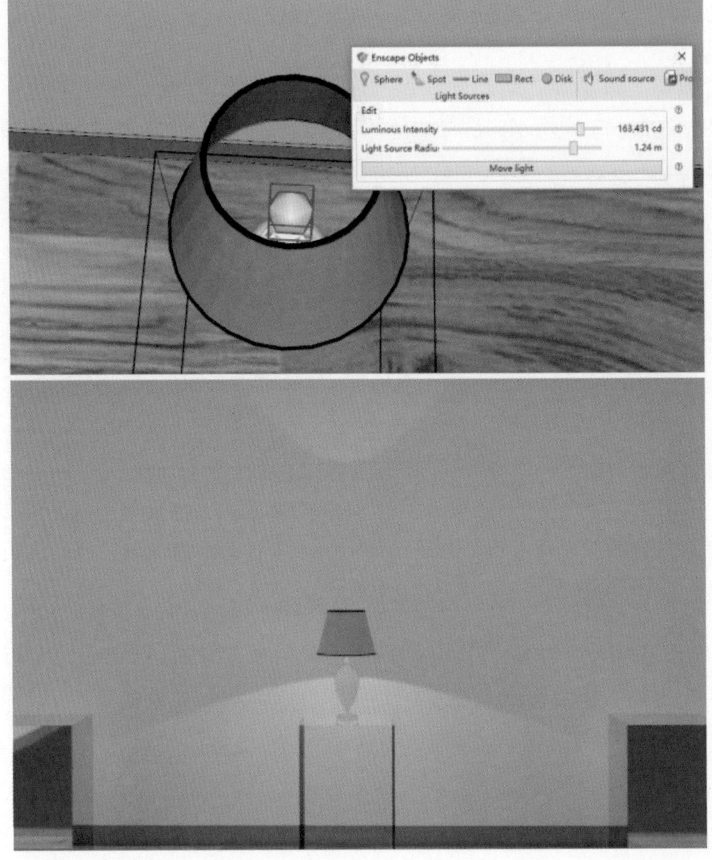

步骤 4 单击 Move light（移动光源）按钮之后，单击光源中间的小红点，就可以随意拖动光源了，把光源移动到场景中的任意位置，同时在交互窗口中会即时显示光影效果。若在 SketchUp 中单击 Move（移动）按钮，然后直接移动光源，交互窗口中是不会显示光线的实时移动效果的。

## 4.4.3 Enscape 聚光灯 / 射灯光源

聚光灯是效果图制作中是非常常见和重要的灯光之一，变换不同的角度或组合，其效果也是千变万化的，光线直接照射到需要强调的家具器物上，突出主观审美，可以达到重点突出、层次丰富的效果。既对整体照明起主导作用，又可以局部采光烘托气氛。

聚光灯常用于室内的天花射灯。而天花射灯需要分两段设置，一个是射灯灯框内的自发光部分，另一个是聚光灯的光源部分。这两部分都要设置相对应的材质属性。

例如，案例中的射灯框用金属色，中间的发光点具有自发光属性。

创建完灯座的自发光之后，添加聚光灯的光源。单击 Spot 按钮，在场景中创建聚光灯。

接着调整灯光角度和发光亮度。先单击圆锥形的光源模型，然后在 Edit（编辑）选项区域显示控制光源的 Luminous Intensity（发光亮度）和控制光束角度 Beam Angle（光束角）选项，可以拖动滑块进行设置。

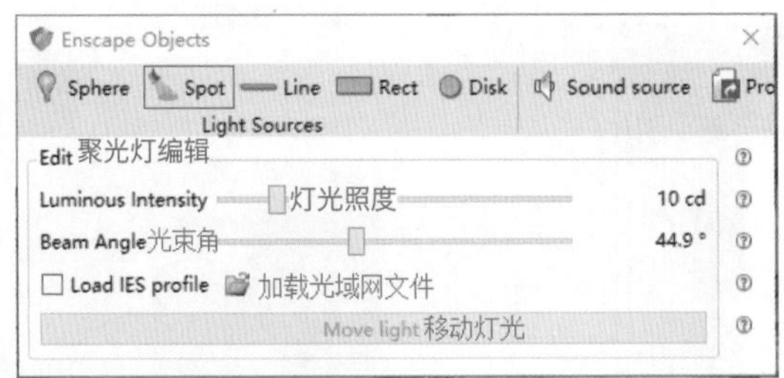


## 4.5 光域网效果

选中聚光灯，再选中 Load IES profile（加载光域网文件）复选框。单击光域网文件夹图标，打开所选择的光域网文件，即可预览光域网模拟示意效果，可以发现原灯光的圆锥模型变为片状圆锥的形状。

说明：IES 光域网是以数字形式把分布在三维空间上的光源亮度存储在文件里的一种格式。是美国照明工程协会（Illuminating Engineering Society）配置的标准数据文件。IES 只能用于聚光灯。设计师在制图过程中可以根据空间场景氛围的需要，选择加载合适的光域网文件。通常大型灯具制造商的网站上也会发布自己的 IES 灯光配置文件。

本书的附件里也提供了下图中对应的光域网文件素材，供设计师选用。不同的光域网效果如下图所示。

## 4.6 其他光源及光源氛围的营造

Enscape 的其他光源包括线光源、面光源、圆形光源。从字面意思就能理解其应用，布光方式跟点光源和聚光灯是一样的，可以直接参考前面的内容。

Enscape 中默认的光源均为白色光源，但是在制作效果图的过程中会追求空间光线氛围。除了室外光源，人工光源需要布置为暖光，与室外环境光形成冷暖对比，营造较好的空间气氛。具体操作其实很简单，就是给光源赋予相应的颜色。

选中场景中的光源模型，双击进入组件中，如下图所示。

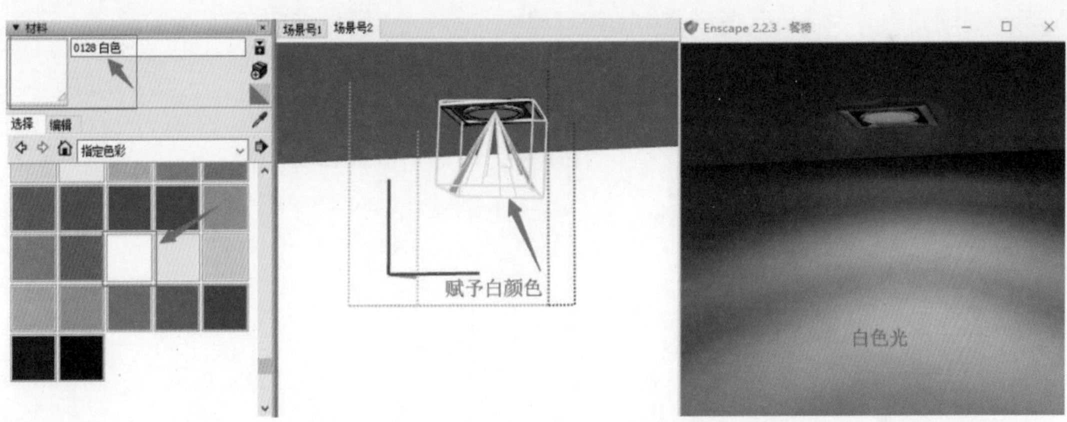


在“材料”面板中选择淡黄色，将其赋予灯光，如下图所示。

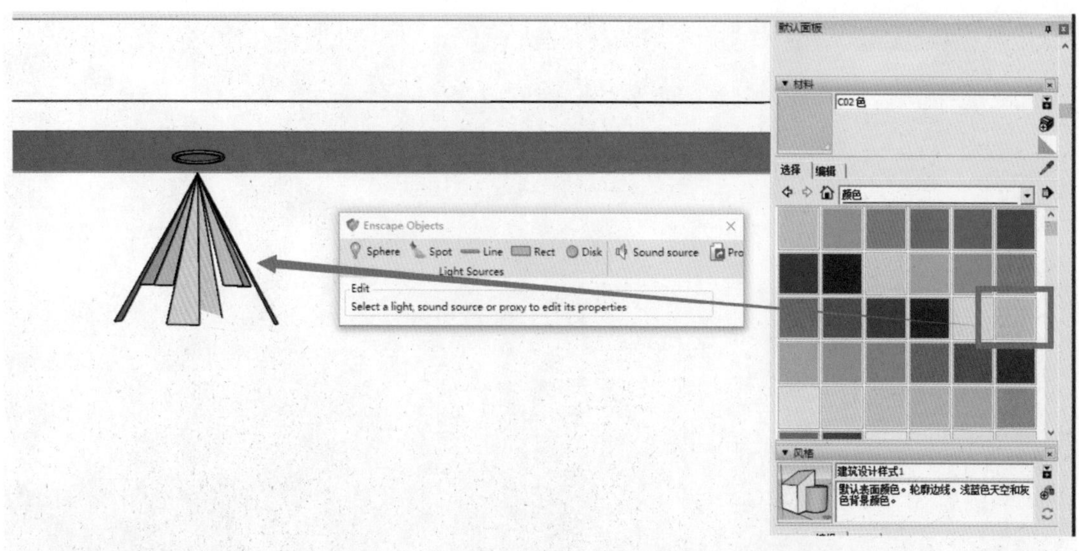


此时即可显示黄色的暖光源了，如下图所示。

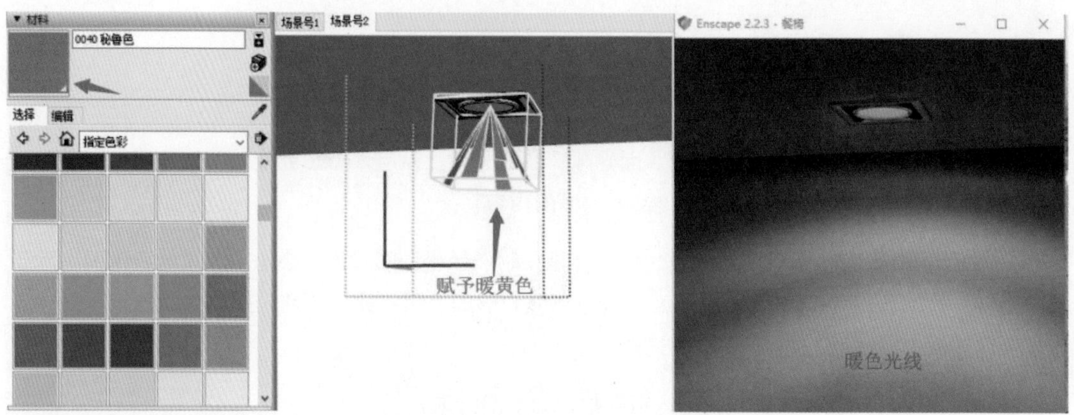


提示：在场景制作中，可以把场景中的射灯都放在同一个图层，可以用开关图层的方式模拟开关灯具的操作。有多个相同光源的时候采用组件的方式，统一关联进行调试，避免逐个更换光源而浪费时间，从而提高工作效率。

第 5 章

# Enscape 音源和代理物体

## 5.1 音源

声音可以带来超越感官的体验。在虚拟 3D 场景的世界里，模型所处的环境背景音乐 / 声音也是必不可少的一部分。通过自定义声音文件，可以让场景更加真实，使人有身临其境的感觉。或者在制作过程中，制作者录入自己对作品的介绍及讲解，可以让对方更清楚地理解和欣赏方案。

打开 Enscape Objects 控制面板，单击 Sound source（音源）按钮。

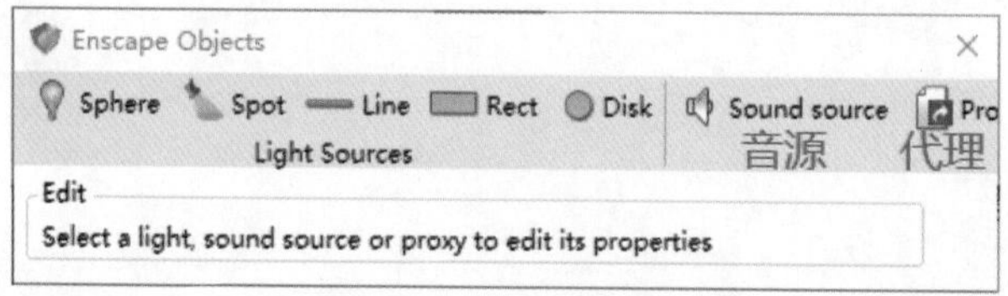


从外部为场景添加背景音乐，添加音源文件的方法与添加点光源一样，即通过二次单击来确定，第一次单击确定位置，第二次单击确定高度，然后选择要添加的音乐，如下图所示。

要控制音源，先在 SketchUp 里选择空间中的喇叭模型，显示 Sound source（音源）下的 Edit（编辑）选项区域。

- Volume（音量）：控制声音的音量。
- Full Volume（完全音量）：默认以喇叭位置为中心，在半径为 1m 的红色圆形区域内。在这个区域内声音的音量无衰减，为完全音量大小。
- Zero Volume（渐弱音量）：默认以喇叭位置为中心，在半径为 20m 的绿色圆形区域内。在这个区域内声音的音量会比较小，超出绿色圆形区域就听不到声音了。
- Sound filel（音源文件）：可以添加音源文件，格式有★.wav、★.mp3、★.ogg、★.flac、★.aiff、★.au、★.raw。

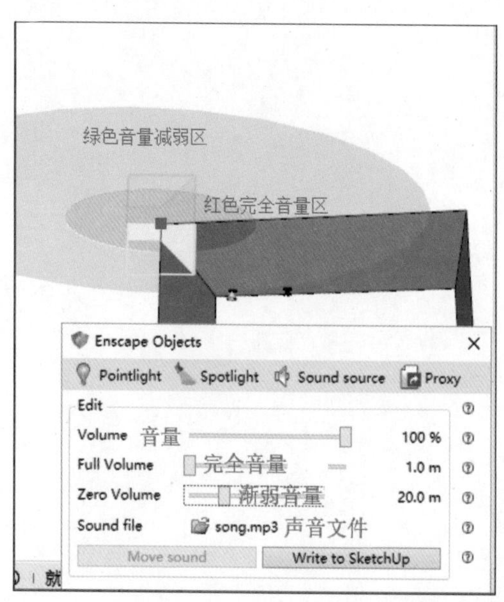

注意：

1. 添加的音源文件名称与保存的路径不要出现中文字符，否则添加后将无法正常播放。同时，渲染窗口中会出现一个带红色感叹号的小喇叭图标。
2. Enscape 主工具栏上的音源按钮可以控制背景音乐的开启 / 关闭，如果添加音源文件后没有声音，可能是这个地方没有开启，或者查看是否关闭了计算机系统音量。

## 5.2 代理对象

Enscape 代理系统相比别的软件更加直接、简单，直接加载组件即可，具体操作如下：

首先，打开 Enscape Objects 工具面板，单击 Proxy（代理）按钮。

此时，弹出系统文件夹，选择本地硬盘上的 .skp 文件，单击“打开”按钮即可。这个代理模型可以是任何 SketchUp 模型，包括但不限于花草、饰品、人物、车辆、家具，甚至是相邻的空间模型。比如，这里指定一套装饰品模型，指定之后场景中仅仅显示了一个组件的外框。我们把它放置在模型场景中的适当位置。在 SketchUp 中，仅看到一个矩形线框。但在 Enscape 中则显示了正确的模型。

Enscape 中的代理最大的优点是解决了 SketchUp 打不开大文件、运行卡顿、渲染慢等问题。使用代理之后再保存文件，被代理物体并不会占用现有 SketchUp 的任何模型量，所以现有文件依旧很小。使用这样的方式，就不怕渲染那些复杂的花草树木，以及室内复杂的家具模型了。

提示：代理模型的文件名和路径不要有中文字符，中文字符有可能会引起代理失败。

# 第 6 章

# Enscape 的全局设置选项详解

Enscape 的全局设置总体上比较简单，不像 VRay 那么复杂。绝大多数功能都是通过滑块来控制调整的，在调整过程中无须输入任何参数。调整参数后，Enscape 会即时反馈。这样的人性化设计，对使用者来说简单了很多。

首先，在 Enscape 主工具栏上，单击 Settings（设置）按钮。

此时，弹出 Enscape Settings（设置）对话框。在该对话框中，根据选项划分出了 7 个选项卡：Advanced（进阶）、Capture（输出）、Customization（自定义）、General（常规）、Image（图像）、Atmosphere（天气）、Input（输入）。Enscape 官方根据各选项卡的使用频率人性化地做了排序，将不常用的放在后面，而将常用的放在前面。

在对话框中，除了以上选项卡外，还有 4 个按钮，用于新建、保存和恢复已经设置好的整体参数，方便下次使用。这样也有利于图纸标准化，保证渲染效果的风格统一。若需要共享其他人的参数，可以直接把参数文件复制到：C:\Users\Administrator\Documents\Enscape\Settings，这样就会在自定义参数设置里面找到刚刚复制到参数了。

4 个按钮分别为：（恢复到保存 / 默认设置）、（保存设置）、（保存为新设置）、（创建新的默认设置）。

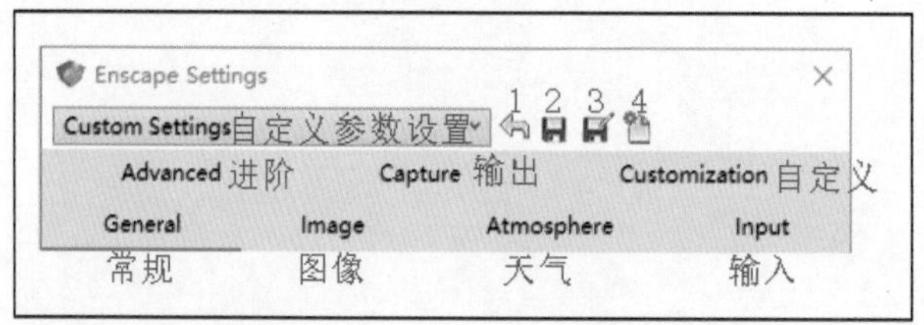


在 Custom Settings（自定义参数设置）下拉列表中，有“铅笔”（用于编辑参数文件名）和“垃圾桶”（用于删除已经设置好的参数）两个按钮。

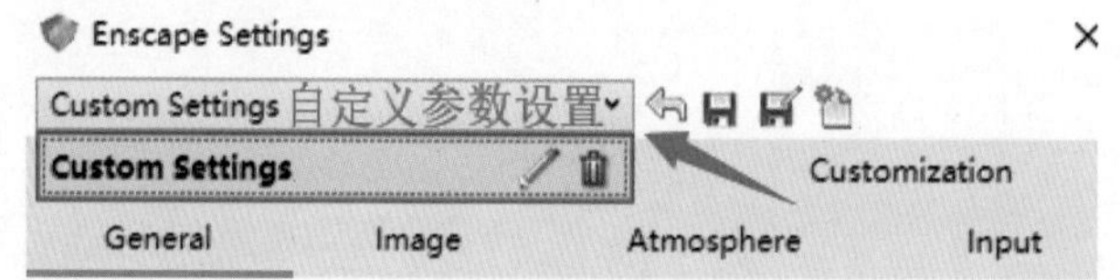


在所有选项卡的右下角都有 Reset This Tab 按钮，可以将该面板的参数恢复为默认。单击 General（常规）选项卡左下角的 Rest All 按钮，可将全部自定义选项恢复到默认设置。所有选项右侧都有一个 图标，把鼠标指针放在该图标上，可以弹出英文版的说明文字。

**提示：在全局设置中，拖动任意滑块进行设置时，只要双击滑块，即可恢复到该选项的默认位置。**

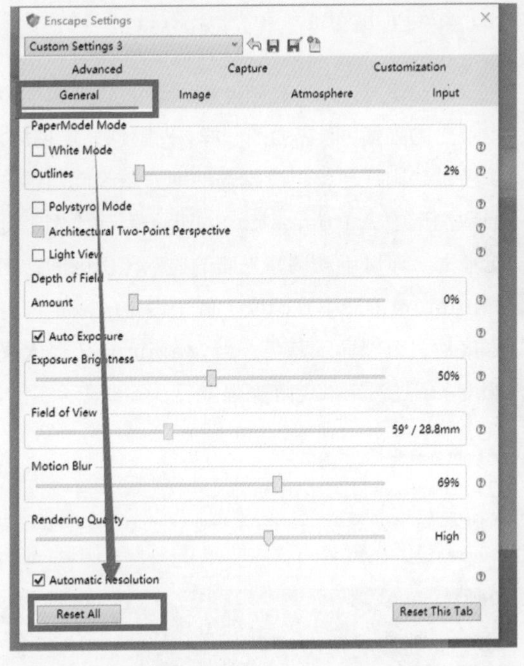


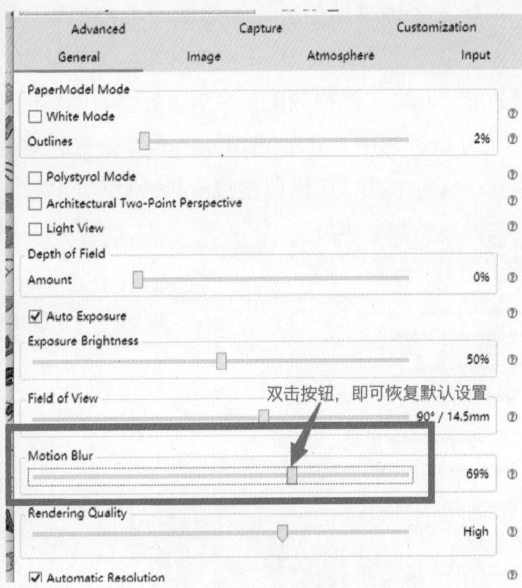


## 6.1 General（常规）选项卡

General（常规）选项卡界面如下图所示。

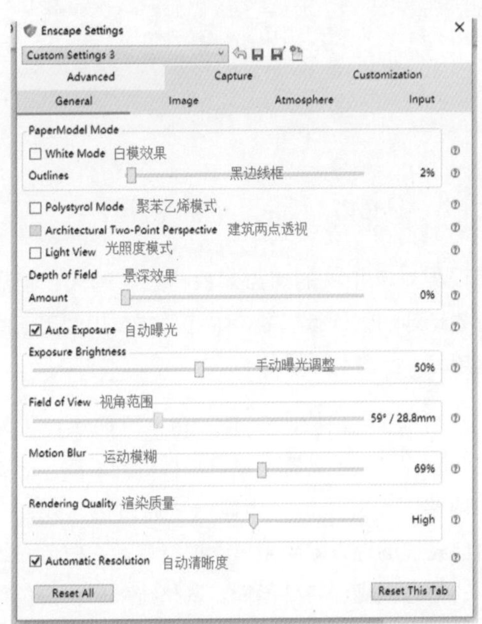


### 6.1.1 PaperModel Mode（纸模模式）

PaperModel Mode（纸模模式）俗称白模渲染模式。选中 White Mode（白色模型）复选框后，所有模型对象均以白色材质显示。调整 Outlines 滑块会以黑色线条显示对象的外框边线。该数值越大，线条越粗，也有点像铅笔画效果，适合概念表现。

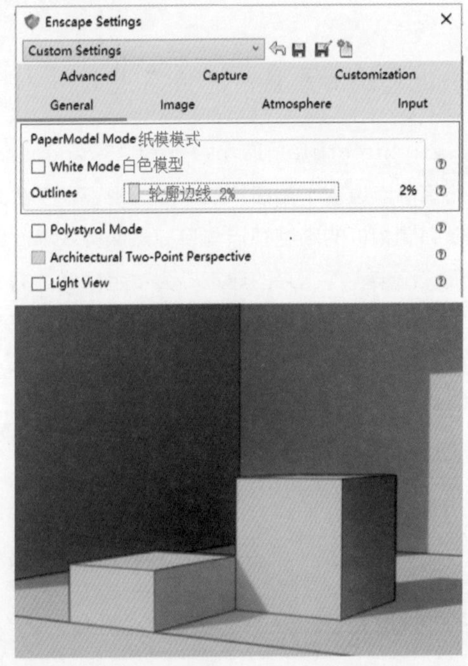

### 6.1.2 Polystyrol Mode(聚苯乙烯模式)

聚苯乙烯是模型公司常用的一种模型制作原料，采用这种模式渲染出来的效果接近真实模型效果。相较于纸模效果，在阴影处会有塑料的反光效果。选中 Polystyrol Mode（聚苯乙烯模式）复选框后，可以调整塑料的透明度。该模式同样适合概念表现。

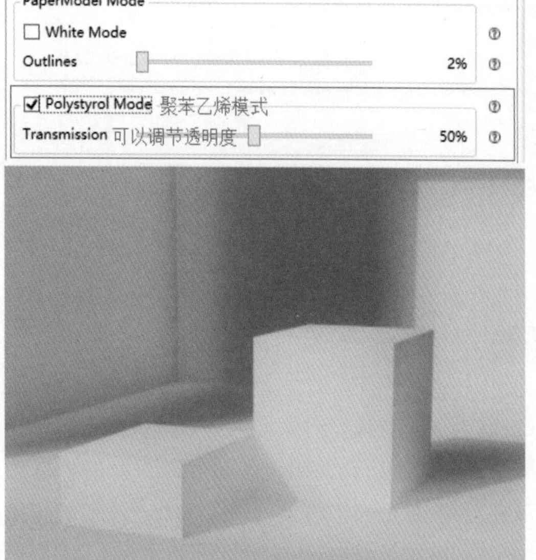


### 6.1.3 Architectural Two-Point Perspective（建筑两点透视）

Architectural Two-Point Perspective（建筑两点透视）是建筑的常规透视表现手法，可以强制相机的高度视点与目标点保持水平。以此模式渲染表现出来的建筑不会发生倾斜。需要注意的是，当激活同步更新视图时，该复选框将不能够被选中。

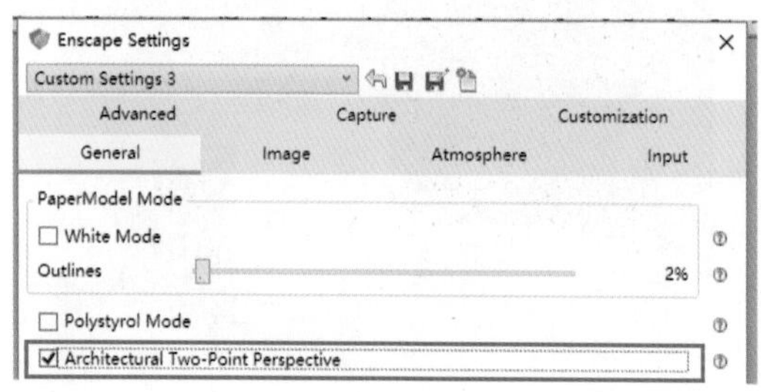


### 6.1.4 Light View（光照度模式）

Light View（光照度模式）的渲染效果会呈现光的强弱，像热力图一样，光照越充足越热，颜色越趋向红色，越冷越弱的地方越趋向蓝色。当取消选中 Automoatic Scale（自动比例）复选框时，可以手动调整光照的显示比例区间；当 Minimum（最小光照度）低于设定的额定灯光强度后，全部显示蓝色；当 Maximun（最大光照度）超过设定额定灯光强度后，全部显示红色。

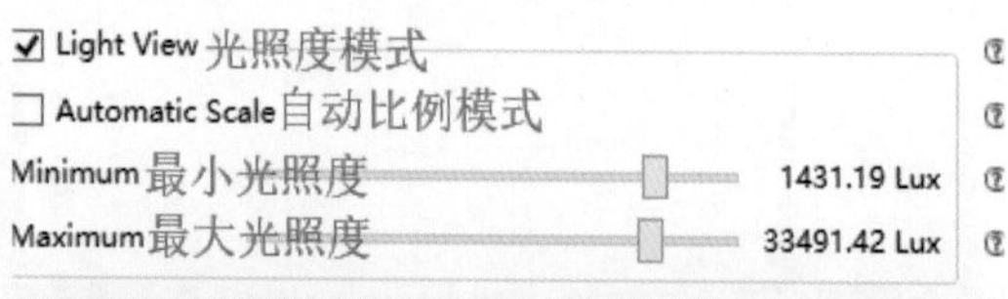

### 6.1.5 Depth of Field（景深）

相对于相机的焦点对象，景深越大，距离对象越远的物体越模糊。本选项在 VR 使用期间禁用。

当取消选中 Auto Focus（自动焦点）复选框时，可以手动调整焦点与相机的距离。当手动调整时，Enscape 会显示一道白色光线，在白色光线的地方就会聚焦，模型清晰，白色光线外的地方模糊，模型模糊。调整结束后，白色光线自动消失。

这种表现手法常用于建筑漫游动画中，可以很好地引导观众的视线。

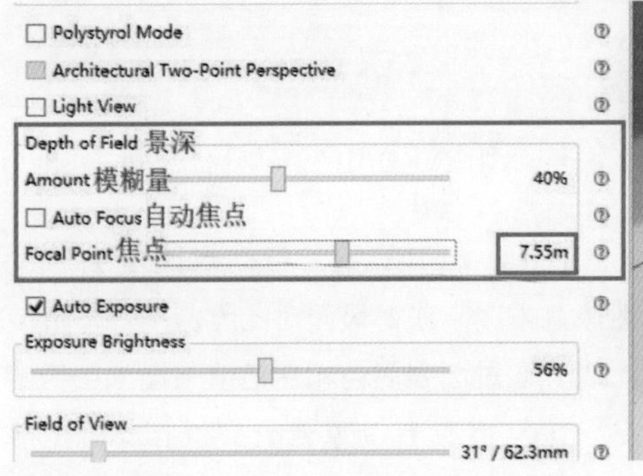

## 6.1.6 Auto Exposure（自动曝光）

Auto Exposure（自动曝光）会根据当前所处的环境来调节画面的明暗，这种效果很像人眼中瞳孔的自动调节功能，可以自适应环境的光量变化。在制作效果图的过程中，这是一个非常实用的功能，建议开启。Exposure Brightness（曝光亮度）用于调节整个画面的明亮效果，建议保持滑块在中间位置即可。

## 6.1.7 Field of View（视角范围）

Field of View（视角范围）可以调节相机的广角。具体而言就是调整相机水平视角的角度和焦距，这对应于尺寸为 43mm 的 3:2 的数码单反相机（DSLR）传感器。

注意：当同步更新视图按钮被激活以后，此功能不能被选中，VR 模式下也会被自动屏蔽。

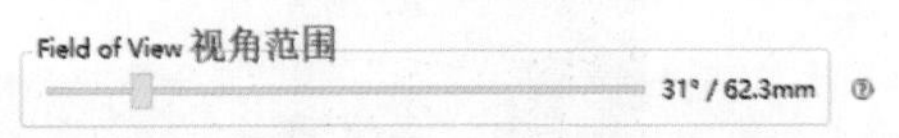


## 6.1.8 Motion Blur（运动模糊）

Motion Blur（运动模糊）模拟相机快速运动时对象在镜头前产生的模糊效果。该模式在 VR 模式下会自动被屏蔽，在制作动画效果时也建议关闭该选项。

Motion Blur 运动模糊

## 6.1.9 Rendering Quality（渲染质量）

Rendering Quality（渲染质量）跟别的渲染器是一样的，越高的渲染质量意味着渲染时间越长，建议在平时的使用过程中，采用中等级别，最后成图时更换高精度级别。

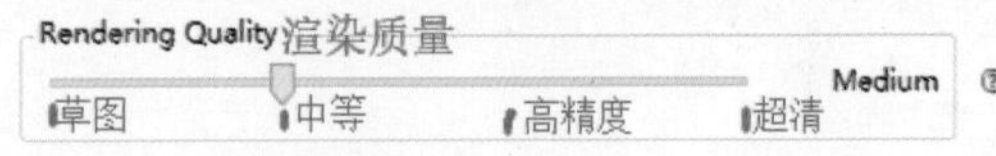


## 6.1.10 Automatic Resolution（动态分辨率）

Automatic Resolution（动态分辨率）可以根据当前显卡的性能自动调节屏幕的显示分辨率，以保证运行没有停顿感。如果取消选中此复选框，Enscape 会使用 Windows 的分辨率。这个选项对正式渲染图片、视频、全景、动画等都没有影响。

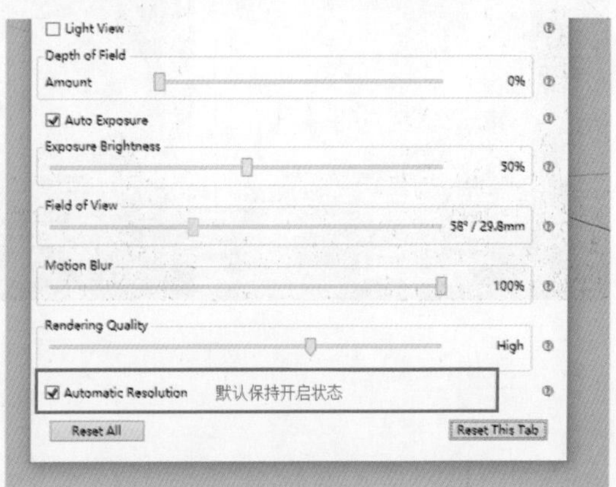

# 6.2 Image（图像）选项卡

传统的效果图都是“三分渲染七分修”。所谓“七分修”就是指渲染出来的成品图多多少少都会有瑕疵，而修图重新渲染的时间成本太高，所以大多都要在 Photoshop 上修改，以得到一张好的效果图。由于 Enscape 是实时渲染的，可以一边调整参数一边查看效果。再加上这个便捷的校色调整工具面板，设计师基本上不需要再把图导入 Photoshop 进行后期处理。这一功能减少了设计师的工作量，提高了设计师的工作效率，可以把时间多花在设计本身上。

Advanced　Capture　Customization
General　Image　Atmosphere　Input
Auto Contrast 自动对比度
Contrast 100%
Saturation 饱和度 100%
Color Temperature 色温 9297K
Bloom 柔光 0%
Ambient Brightness 环境光 100%
Lens Flare 镜头光斑 50%
Vignette 暗角强度 100%
Chromatic Aberration 色差 0%
Reset This Tab

## 6.2.1 Auto Contrast（自动对比度）

Auto Contrast（自动对比度）通过调整图像直方图来获得最佳对比度范围。Contras(对比度）通过增强黑色和白色值来增强图像的对比度。正常情况下设置 Auto Contrast（自动对比度）即可。当自动对比度效果不好或者有特别要求时，可以手动调整对比度。

Auto Contrast 自动对比度
Contrast 对比度 100%

## 6.2.2 Saturation（饱和度）

通过调整饱和度，可以调整画面色彩的纯度。纯度越高，画面效果越鲜明；纯度越低，画面效果则越黯淡。

饱和度为0%　饱和度为100%　饱和度为200%

### 6.2.3 Color Temperature（色温）

Color Temperature（色温）的取值范围为 1500K~15000K。通常情况下，色温值越低表示越“红”，色温值越高表示越“蓝”。

### 6.2.4 Bloom（柔光）

Bloom（柔光）就是把明亮的物体在光线的亮度之间做柔和处理（在 VR 模式禁用此选项）。

### 6.2.5 Ambient Brightness（环境光）

Ambient Brightness（环境光）用于模拟光线的漫反射效果，以提升整体环境的背光亮度。这个参数平时用得不多。

### 6.2.6 Lens Flare（镜头光斑）

Lens Flare（镜头光斑）只有在面向高强度光源时才明显，如下页图所示。

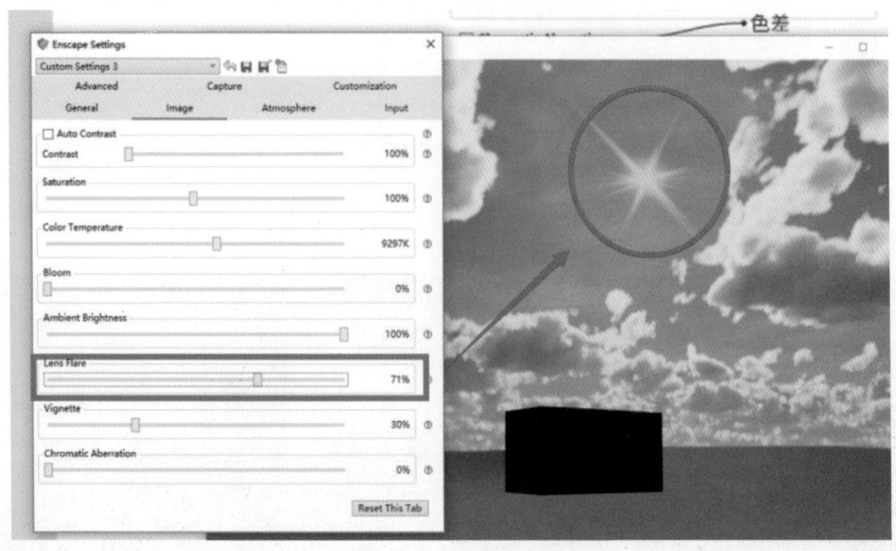


## 6.2.7 Vignette（暗角）

Vignette（暗角）模式呈现效果图时，四个边角呈现暗色，如下图所示。

## 6.2.8 Chromatic Aberration（色差）

Chromatic Aberration（色差）用来模拟图片对比强烈的边缘上出现的异常颜色线条，摄影上称作色差，选中 Chromatic Aberration（色差）复选框会导致图片略微模糊，降低图像锐度。

# 6.3 Atmosphere（大气）选项卡

Enscape 有自己的一套大气层及周边环境系统，通过它可以模拟出太阳、月亮、云、雾及地平线远景效果。在该选项卡中，可以简单、快速地模拟出场景周边真实的大气环境，让渲染效果变得更为真实。

Enscape Settings
Custom Settings
Advanced Capture Customization
General Image Atmosphere Input
大气面板
Load Skybox From File 加载 HDRI 环境文件载入①
White Background 白色背景
Horizon 远景和地平线 ②
Preset Town
Rotation 0%
Fog 雾 ③
Atmosphere 0%
Clouds 云 ④
Density 50%
Variety 100%
Cirrus Amount 50%
Contrails 2
Longitude 5000m
Latitude 5000m
Sky orb brightness 天体亮度 ⑤
Sun 100%
Stars and Moon 100%
Moon Size 月亮尺寸 ⑥ 100%
Reset This Tab

## 6.3.1 Load Skybox From File（载入环境文件）

这个功能很像 Keyshot 软件，它的光照可以通过加载一张全景图片或者 HDRI 大亮度范围高清图片来表现。它可以替换 Enscape 默认的天空、云及远景。选中此复选框后，Enscape 自身效果消失，显示出这张背景贴图，可以通过拖动 Rotation（旋转角度）滑块来控制旋转角度。利用这个功能提高了渲染的真实度，特别是在玻璃制品或者高光金属等饰品上，表现得尤为突出。

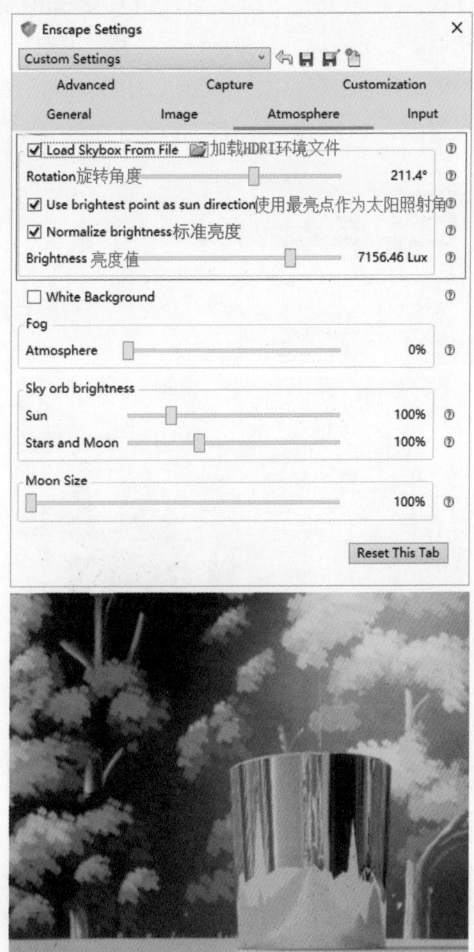


- **Use brightest point as sun direction（使用最亮点作为太阳照射角）**：该功能只有在加载环境文件后才会出现，如果取消选中该复选框，仍然可以在 Enscape 中调整时间和改变太阳的照射角度，选中该复选框后就只能完全按照 HDRI 的日照显示，且光线不再随着时间的变化而变化。
- **Normalize brightness（标准亮度）**：选中该复选框后，则默认使用 HDRI 环境贴图的标准照明系统来照亮整个场景，该参数滑块用于调整照明的亮度。

## 6.3.2 Horizon（远景和地平线）

在做环境表现的时候经常使用 Horizon（远景和地平线）参数，主要是让背景显得虚幻有物不空旷，让背景更丰富，消除远景的地平线，并且对整体亮度没有影响。官方预设了 7 种背景。

默认背景

树林

施工工地

城镇

城市

白色体块

白色地面

- **White Background（纯白背景）**：选中此复选框后，地面和天空都将不显示，但不影响光照和物体的整体反射效果。

纯白背景

## 6.3.3 Fog（雾）

Fog（雾）选项区域的 Atmosphere（空气浓度）滑块可以控制雾的浓度，逆光尤为明显。默认参数是 20%。

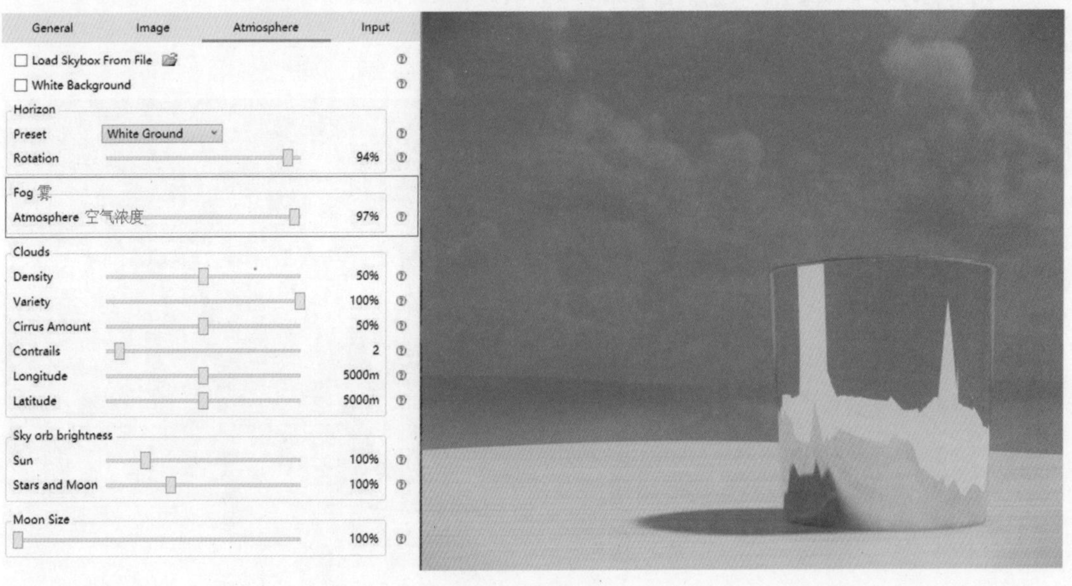


## 6.3.4 Clouds（云）

在 Enscape 的效果表现中，云并不仅仅是个动态画面而已，它会对光照射效果产生影响。云会随时间的变化而发生改变。

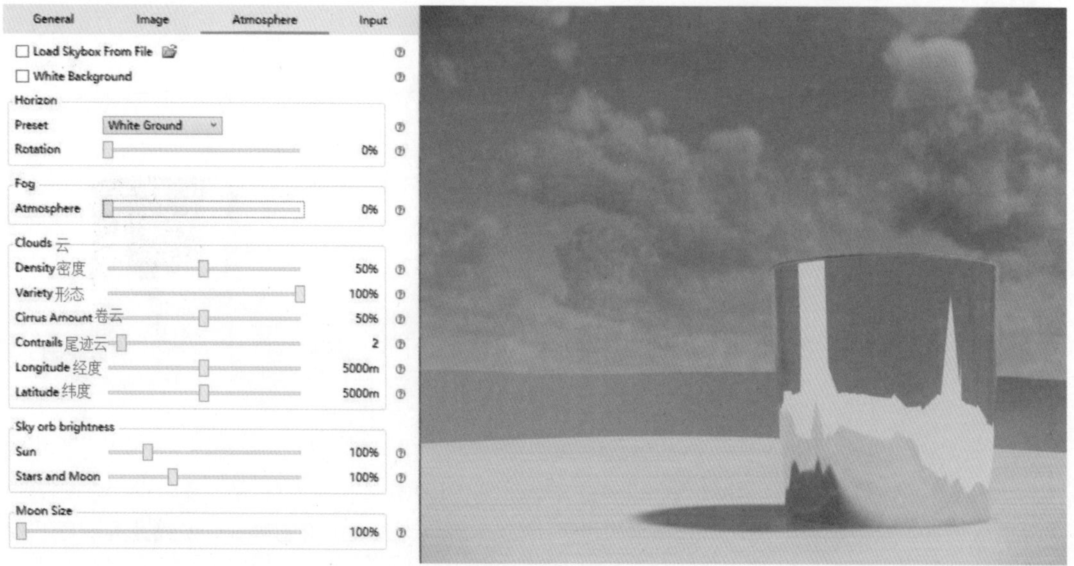


- **Density（密度）**：控制云的密集程度，默认密度为 50%。

当云密度为 0% 时，万里无云，阳光和阴影都很强烈。

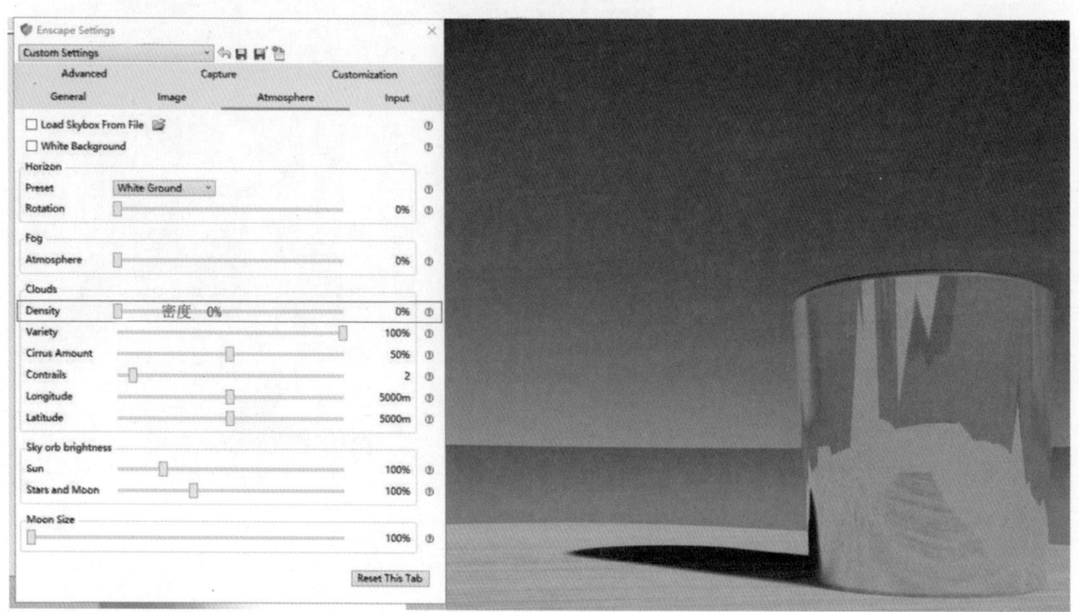


当云密度为 100% 时，虽然不是乌云密布，但阳光暗了很多，地面阴影也非常微弱。

- Variety（形态）：即云朵的样式，用于控制云在天空中的形状，默认值是 100%。如下图所示是云密度为 100%、形态为 0% 时的云朵样式。

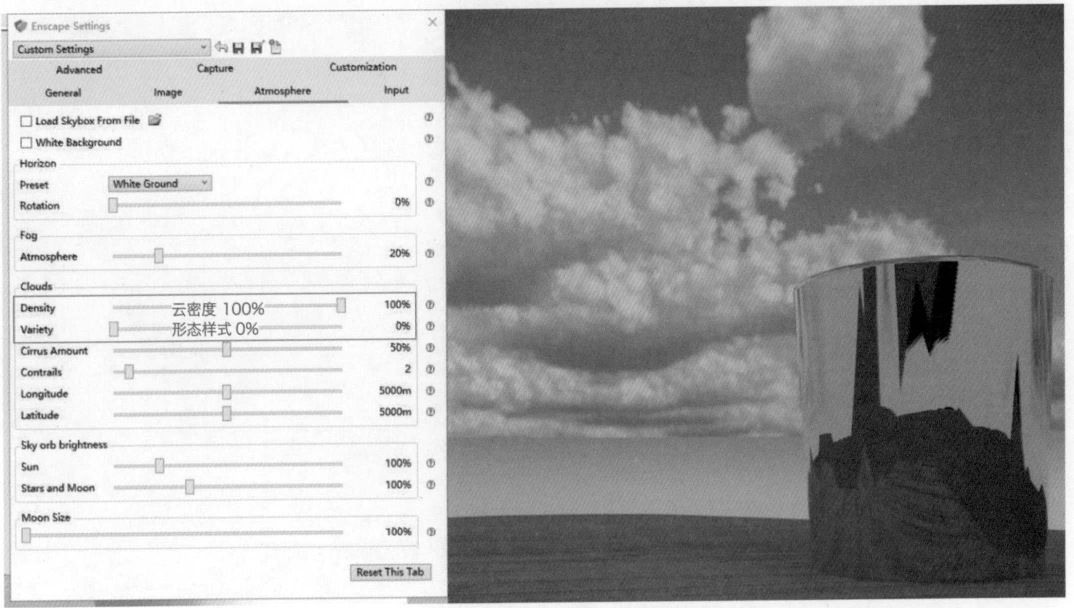


- Cirrus Amount（卷云）：用于设置高空中卷云的数量，默认值是 50%。

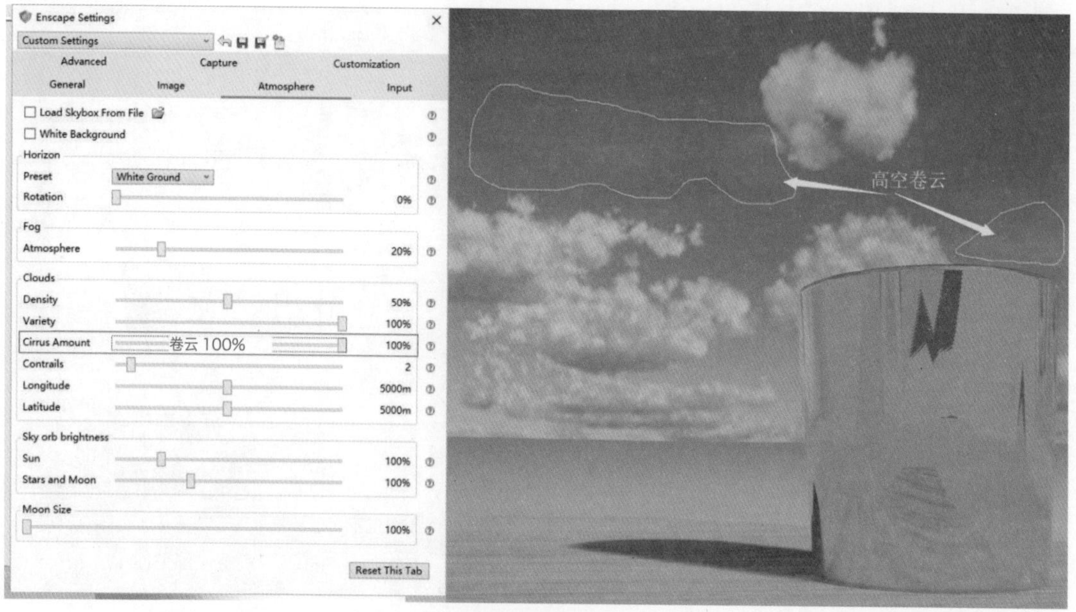


- Contrails（尾迹云）：也可理解为凝结尾，即飞机飞过产生的长条状的云，用于平衡画面构图，默认值是 2。

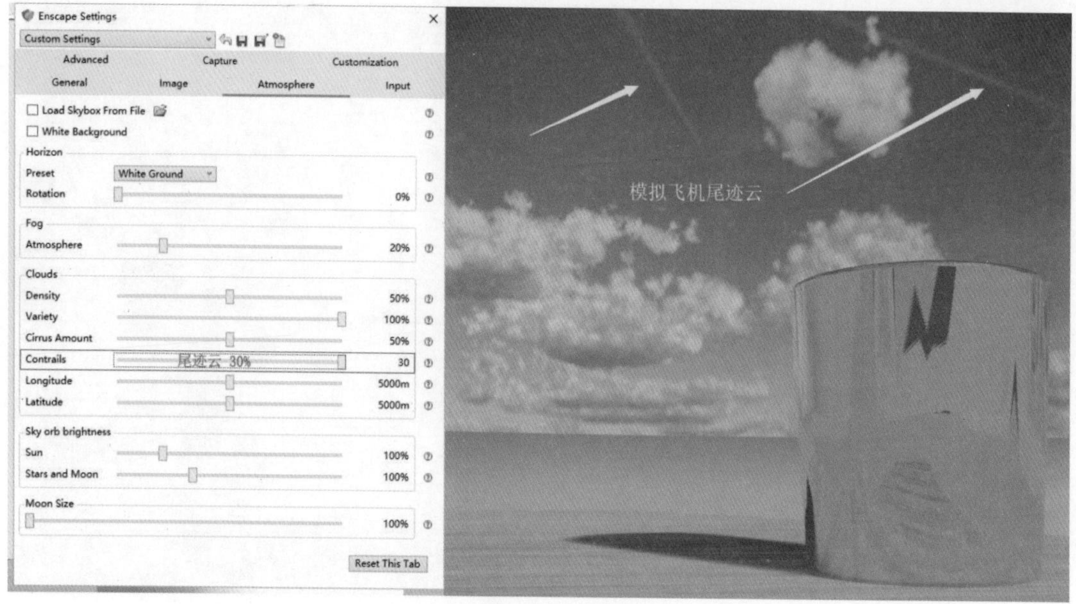


- Longitude（经度）和 Latitude（纬度）：用于改变云朵在天空中的位置情况，默认值均为 5000m。

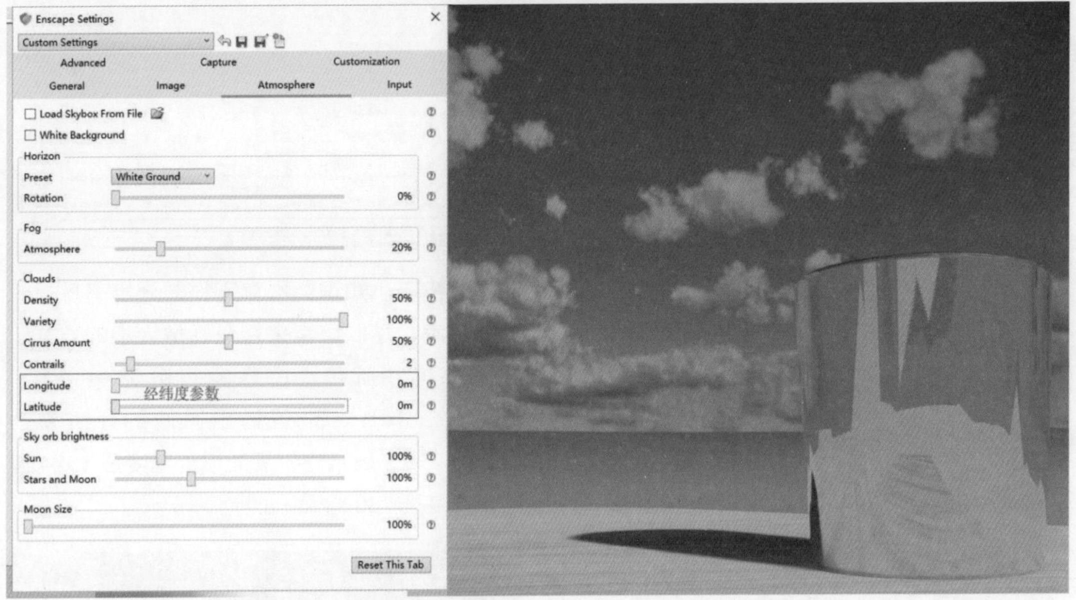


## 6.3.5 Sky orb brightness（天体亮度）

Sky orb brightness（天体亮度）白天控制太阳对整个环境的照度，夜晚控制月亮和星星对场景的照度。

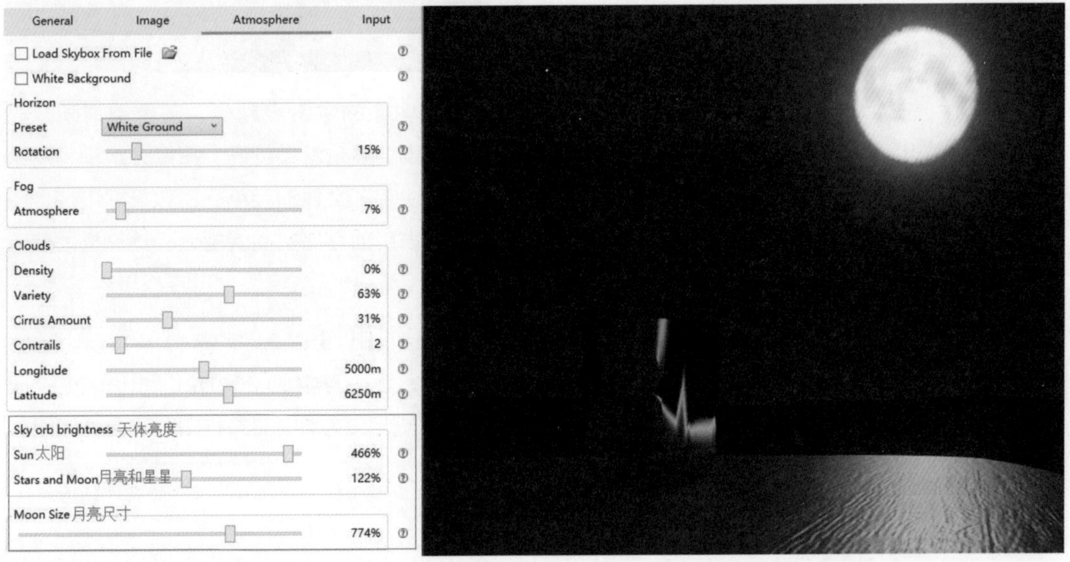


## 6.3.6 Moon Size（月亮尺寸）

Moon Size（月亮尺寸）控制月亮在空中的显示大小。

# 6.4 Capture（输出）选项卡

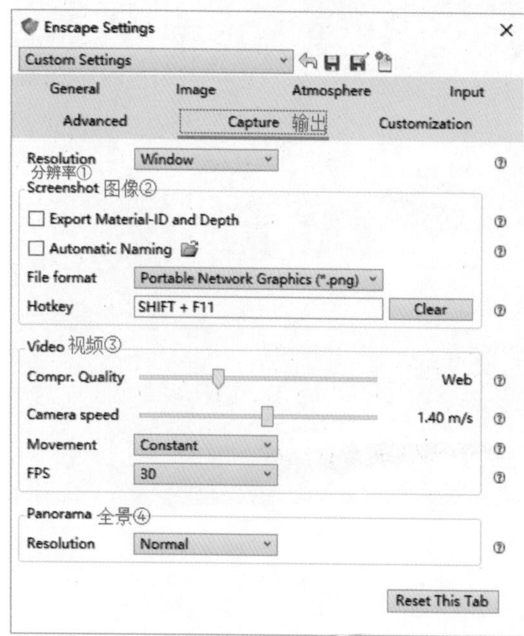


Enscape 的 Capture（输出）选项卡用于设置图片、视频全景下的各种参数。

## 6.4.1 Resolution（分辨率）

Resolution（分辨率）用于设置输出图像和视频分辨率大小，从 Window（窗口 / 视口）尺寸开始，一级一级到最高设置 4096×2160。在选择的分辨率后面有 Aspect ration（图面长宽比）的提示。

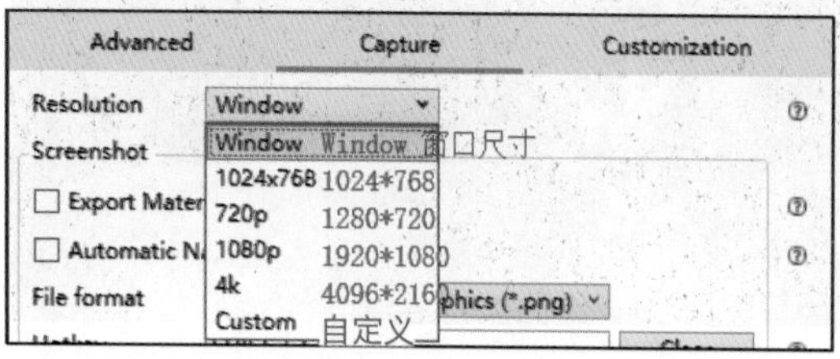

最后一项是 Custom（自定义），通常计算机最高尺寸可以设置为 4096×4096。超出就会有橘色底纹的感叹号提示，提示软件可能会闪退。但也有性能好的计算机可以设置到 8192×8192，读者可以自己尝试。

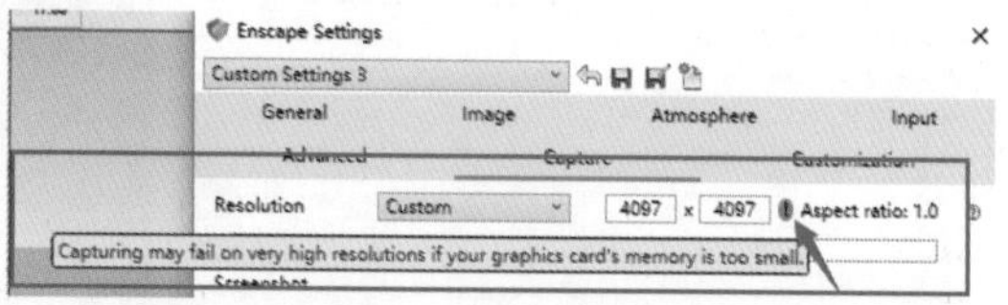


**分辨率小知识**：本章所称的分辨率是指图像分辨率，是以像素来衡量图像大小的方式，就是每英寸所包含的像素点数量（PPI）。通过 Resolution 设置输出图像的分辨率为 1024×768，表示渲染后的图片宽度是 1024 像素、高度是 768 像素。

通常图像的像素点越多，图像越清晰，显示或者印刷的质量就会越好。图像分辨率和图像尺寸共同决定了文件的大小。图像尺寸不变，图像文件所占用的存储空间就越大，计算机处理的速度也会下降。

一般印刷图片的图像分辨率最低为 150DPI 以上，通常为 300DPI、600DPI 甚至 1200DPI。大家渲染出图并打印时可参考下表。

| 纸张大小 | 150DPI（打印） | 300DPI（打印） |
|---|---|---|
| A3（最小） | 1754×2480 | 3508×4960 |
| A4（最小） | 1240×1754 | 2480×3508 |

若需要在高清屏幕上观看图像，那么建议直接设置为 4k（4096×2160）。

### 6.4.2 Screenshot（图像）

Screenshot 图像设置
☐ Export Material-ID and Depth 输出材质和景深通道图
☐ Automatic Naming 选择出图路径
File format Portable Network Graphics (*.png) 图像输出的默认格式
Hotkey SHIFT + F11 出图快捷键 Clear

- **Export Meterrial-ID and Depth（输出材质和景深通道图）**：选中此复选框后，可一次性输出3张图片，即正常渲染图、材质通道图和景深通道图，材质和景深的通道图均不包含天空背景，主要是方便后期进一步加工和修饰，比如在Photoshop中修改。

- **Automatic Naming（出图路径）**：选中此复选框后输出的图像都会默认保存到这个路径，如果没有选择保存路径，则会保存到系统默认图片保存文件夹。
- **File format（图像输出的默认格式）**：Enscape提供了4种格式：".png"".jpg"".tga"".exr"，通常情况下，用.png或者.jpg都可以。

- **PNG格式**：便携式网络图形（Portable Network Graphics，PNG）是一种无损压缩的位图格式。其设计目的是替代GIF和TIFF文件格式，是应用最广泛的图片格式之一。网页中有很多图片都是这种格式，支持图像透明，利用Alpha通道可以调节图像的透明度。PNG使用从LZ77派生的无损数据压缩算法，利用特殊的编码方法标记重复出现的数据，因而对图像的颜色没有影响，也不会产生颜色的损失，所以既可以获得较高的压缩比，又不损失数据信息。
- **JPEG格式**：JPEG（Joint Photographic Experts Group）格式与PNG格式类似，采用一种特殊的有损压缩算法，将不易被人眼察觉的图像颜色删除，从而达到较大的压缩比（可达到2:1甚至40:1）。因为JPEG格式的文件尺寸较小，下载速度快，所以是互联网上使用最广泛的格式。
- **TGA格式**：TGA（Tagged Graphics）格式是由美国Truevision公司开发的一种图像文件格式，已被国际上的图形图像工业所接受，是计算机上应用最广泛的图像格式之一。在兼顾了BMP的清晰图像质量的同时，又兼顾了JPEG的压缩体积优势，还具有通道效果、方向性的特点。文件为 24 位或 32 位真彩色 GIM。在多媒体领域有着很大影响，例如，在 3ds Max 输出中 TGA 图片序列，将其导入到 AE 中进行后期编辑。

- **EXR 格式**：EXR 是由工业光魔（Industrial Light & Magic）开发的一种 HDR 标准。这种格式是附带光照信息的高动态范围图片。OpenEXR 可以将三维软件渲染设置的“分层渲染”封装在一个独立的文件中，为后期合成工作带来了质的变化，帮助后期合成师更好地管理素材。
- **Hotkey（快捷键）**：可以设置出图的快捷键，不需要每次都单击出图按钮，可以提升工作效率。

### 6.4.3 Video（视频）

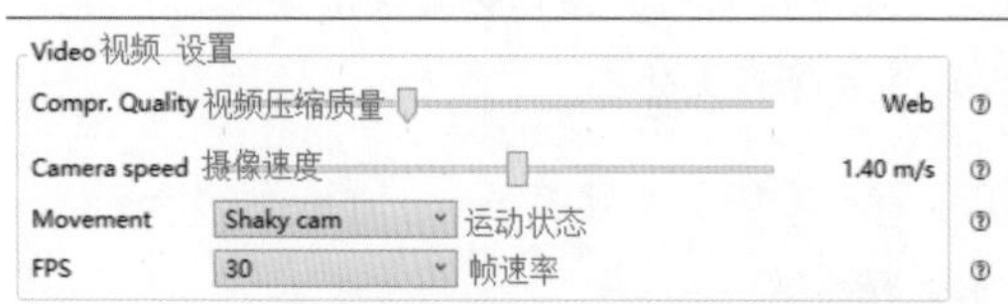


- **Compr. Quality（视频压缩质量）**：分为 4 个等级，即 Email（邮件）、Web（网络）、Bluray（蓝光）和 Maximum（顶级）。高等级的质量会影响视频文件的大小，但不影响视频输出的时间。
- **Camera speed（摄像速度）**：可从 0.01 米 / 秒到 100 米 / 秒。
- **Movement（运动状态）**：包括 Constant（匀速）、Smooth start/stop（平滑启动 / 停止）、Shaky cam（晃动），模拟手持相机的抖动。
- **FPS（帧频率）**：即视频每秒渲染的单帧张数，从 25 到 120，帧数越多，渲染的时间越长，但生成的视频越流畅、平顺。

### 6.4.4 Panorama（全景）

全景图 Resolution（分辨率）有 3 个选项，分别对应 Low、Normal、Hight。该分辨率是以全景图的高度为基准的，最低为 1024 像素，中级为 2048 像素，高级为 4096 像素。

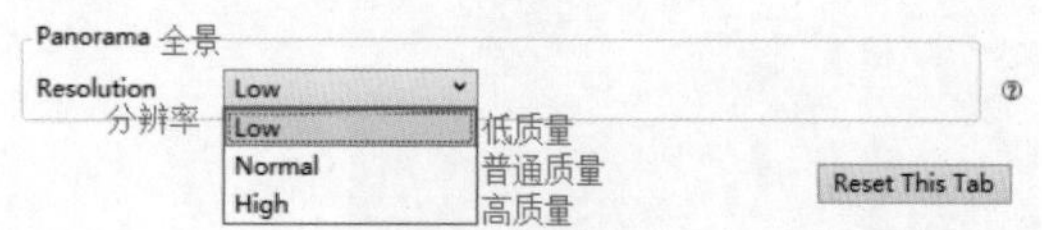


**注意：渲染完的全景图都默认保存在 My Panoramas 文件夹中，而且在默认文件夹里是以 XML 格式存储的，不是通常的图片格式。具体如何输出全景图，请参见后面章节。**

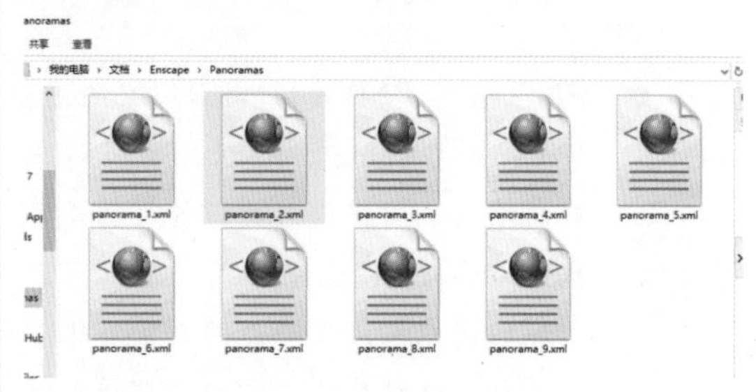


## 6.5 Input（输入）选项卡

Input（输入）选项卡主要用于修改鼠标和键盘的输入习惯，如果目前的操作习惯没有什么不适的，保持默认设置即可。一般的制作过程中几乎用不到，读者了解即可。

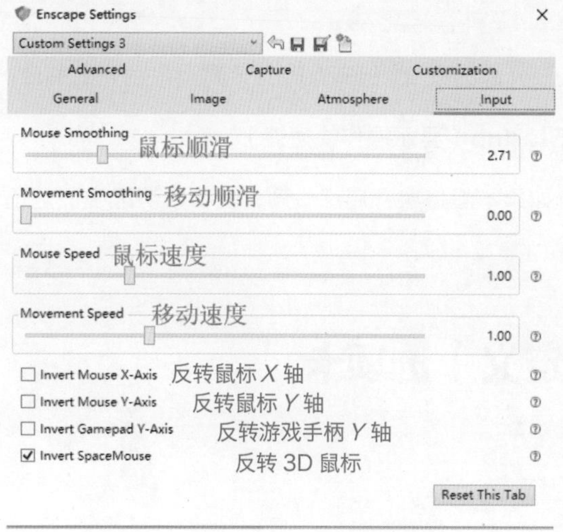


### 1.Mouse Smoothing（鼠标顺滑）

Mouse Smoothing（鼠标顺滑）可以增加相机转动的平滑度，加大数值后，即使停止移动鼠标了，相机依然会转动一会儿，也就是说，数值越大，鼠标反应越迟钝。

### 2.Movement Smoothing（移动顺滑）

在飞行模式下操作，停止移动鼠标后，鼠标依然会继续移动一会儿，数值越大，移动距离越远。

### 3.Mouse Speed（鼠标速度）

Mouse Speed（鼠标速度）数值越大，相机转动越快。

### 4 Movement Speed（移动速度）

Movement Speed（移动速度）用于控制摄像机的运动速度，数值越大，移动越快。

- Invert Mouse X–Axis：反转鼠标 X 轴。
- Invert Mouse Y–Axis：反转鼠标 Y 轴。
- Invert Gamepad Y–Axis：反转游戏手柄的 Y 轴，需要连接游戏手柄。
- Invert SpaceMouse：反转 3D 鼠标，需连接 3D 鼠标方可使用。

## 6.6 Advanced（进阶）选项卡

在 Advanced（进阶）选项卡中，如果不是特别需要，建议不对参数设置做任何修改。

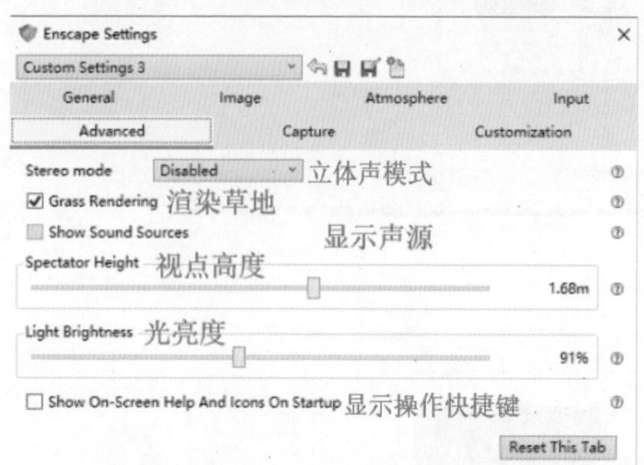


### 1.Stereo mode（立体声模式）

Stereo mode（立体声模式）与需要左右立体声输入的 3D 电视一起使用。通常选择 Disabled 选项即可。

### 2.Grass Rendering（渲染草地）

选中 Grass Rendering（渲染草地）复选框后，之前设置的材质中若有带 Grass 关键字的名称，都会被渲染出三维的草地效果。

### 3.Show Sound Sources（显示声源）

如果选中 Show Sound Sources（显示声源）复选框，并且之前设置过声源，那么就会看到一个喇叭图标。

### 4.Spectator Height（视点高度）

Spectator Height（视点高度）用于控制在 Enscape 中漫游行走时的模拟身高，默认是 168mm，可以根据自己的身高调节体验。

### 5.Lighting Brightness（光亮度）

Lighting Brightness（光亮度）只改变所有人工光源的亮度，但不会改变日光及自发光的亮度。

### 6.Show On-Screen Help And Icons On Startup（显示操作快捷键）

按键盘上的 H 键也可开启 / 关闭操作快捷键，如果不想每次开启都看到，直接取消选中该复选框即可。

## 6.7 Customization（自定义）选项卡

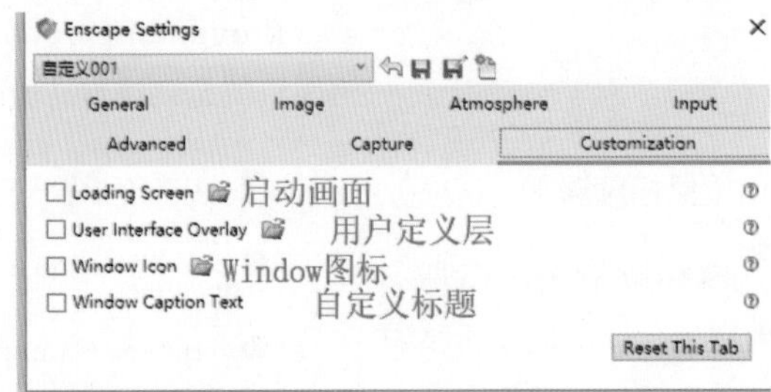


### 1.Loading Screen（启动画面）

选中 Loading Screen（启动画面）复选框，单击文件夹图标可以任选一张图片作为 Enscape 的启动画面。

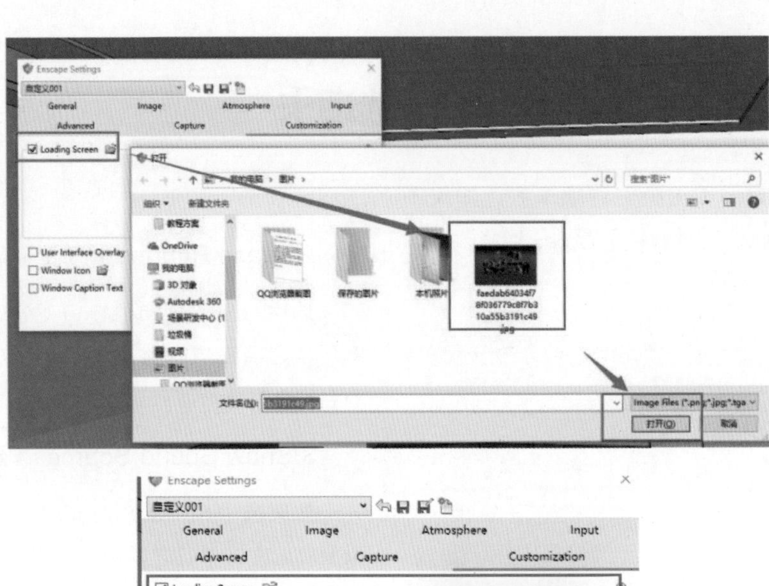

2.User Interface Overlay(用户自定义层)

选中 User Interface Overlay（用户自定义层）复选框，单击文件夹图标可以添加作者 LOGO 或者水印，它会浮现在窗口上，也可以设置它的位置。

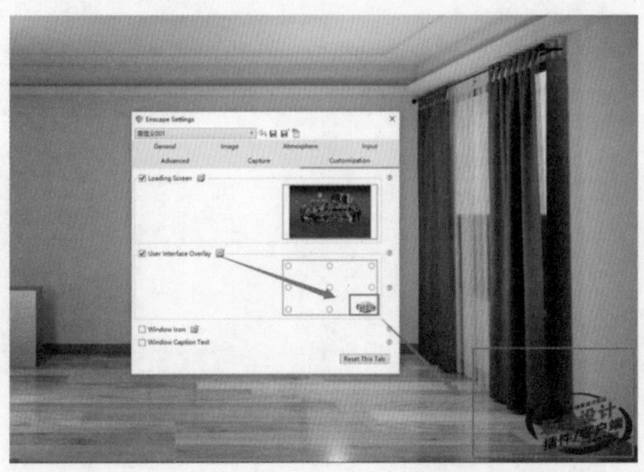

3.Window Icon（Window 图标）

Window Icon（Window 图标）用于设置打包 EXE 文件时，显示的自定义图标。

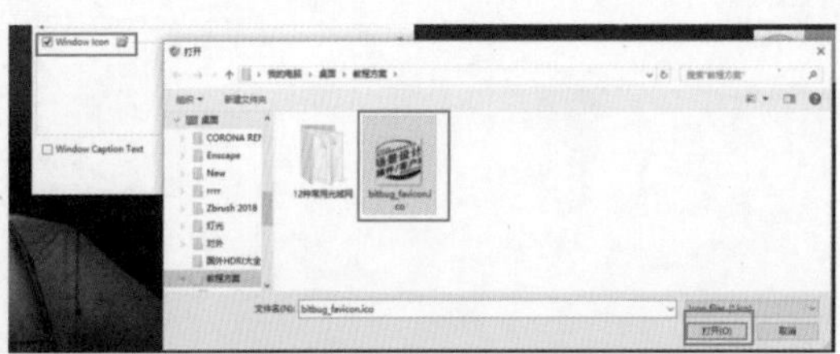

注意：在添加文件时，只能识别 ICO 格式的文件，可以在线将 JPG 等文件直接转换获得。

4.Window Caption Text（自定义标题）

如果不设置默认显示的版本号或文件名称，通过该选项设置之后即显示设置后的内容。

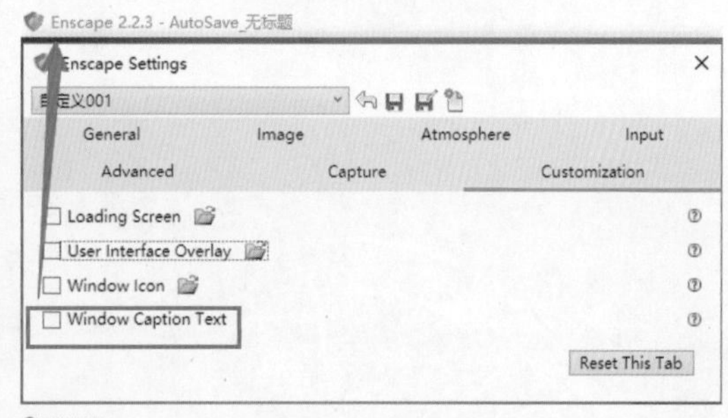


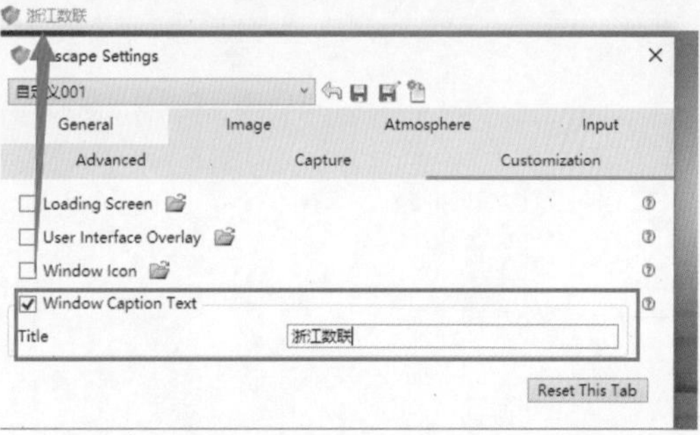

第 7 章

# Enscape 成果输出

# 7.1 静帧效果图输出

任何一个渲染软件都能输出静帧效果图，也就是普通效果图。

根据设计要求设置相应的参数，之后输出即可，步骤如下：

步骤 1 单击工具栏中的Screenshot（To File)按钮。

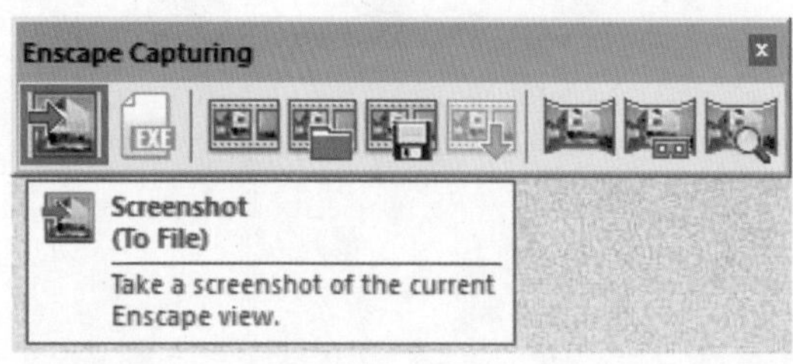


步骤 2 选择保存渲染结果的位置，单击“保存”按钮即可（如果在全局设置中已经设置好保存渲染单帧图片的位置，则系统会自动渲染并将图片保存到指定的路径中）。这时就会发现Enscape渲染的速度跟其他渲染软件相比，可谓高铁和汽车的区别。

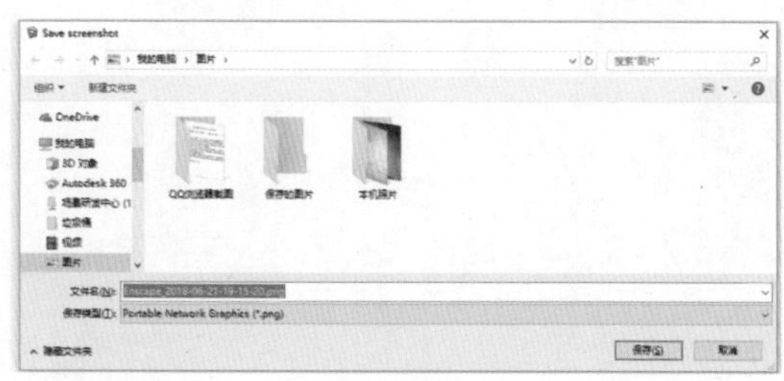

# 7.2 全景效果图输出、私有云存储及分享

现在越来越多的客户有全景图输出需求，不再只需要静帧效果图。但是传统的制作全景图的渲染时间成本是非常高的，Enscape在这方面有着绝对优势，下面介绍详细制作流程。

## 7.2.1 简易快速输出

单击工具栏中的Take Panorama（全景图）渲染按钮，Enscape即开始渲染全景，然后设计师稍作休息就可以欣赏自己的全景作品了。

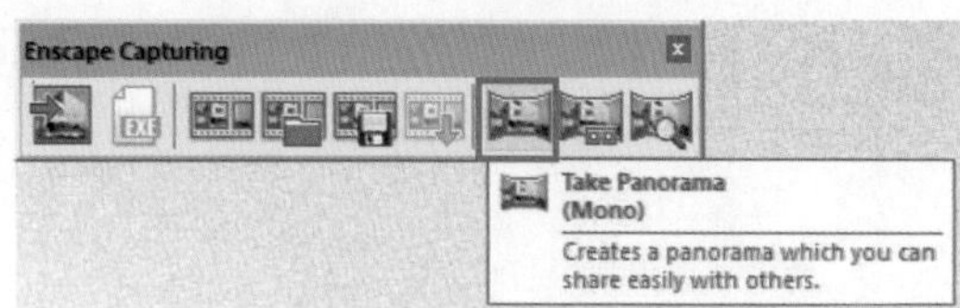


完成全景图输出后，会发现渲染的结果无处可寻，因为它被放到个人私有云了，那么如何找到并保存到本地呢？

## 7.2.2 云存储和保存图片

单击Enscape Capturing工具栏上的按钮，打开My Panoramas（我的全景图）对话框。在Group by(输出组选项）界面，可以根据日期和全景文件的方式显示所有已经输出全景图的项目。

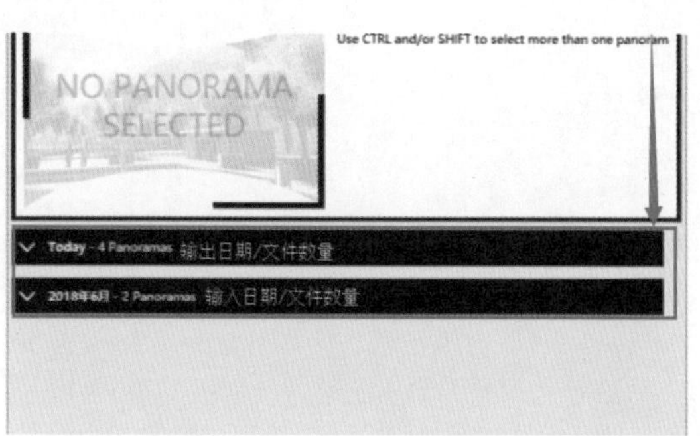

当选择其中一个全景图文件时，对话框显示如下图所示。

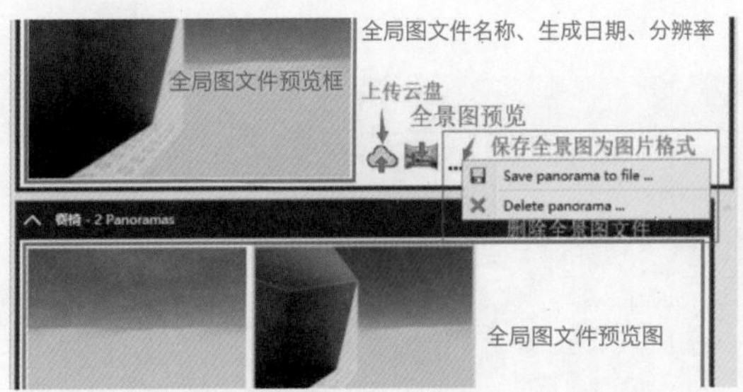


选择 Save panorama to file 选项进入全景图保存界面，可以选择更改图片格式和自定义路径。

### 7.2.3 二维码分享

除了保存全景图，也可以把全景图上传到 Enscape 官网云盘上。当全景图上传完毕后，在预览框中会出现云朵图标，并且在“...”上增加了更多的选项。

## 7.3 EXE 可执行文件输出

可执行文件（Executable file，EXE File）可以被加载到内存中，并由操作系统加载程序执行。我们直接打开这样的文件，就像直接在 Enscape 软件中操作一样，可以直接走动漫游，不再像静帧那样只能观看单一角度。这样，就可以与他人分享自己的设计成果了，即使他们没有安装 Enscape 软件也没问题。新版 Enscape（2.3）对可执行文件增加了更多可控选项，如切换到 VR 模式、光照度模拟、渲染质量、纸模模式和外框线。

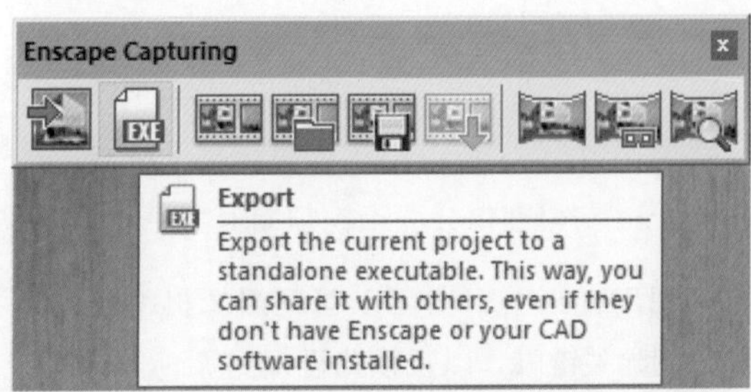


完成基础的控制面板中的菜单设置（如需自定义相关信息，即可单击自定义按钮进行设置），单击工具栏中的 EXE 按钮。

然后指定文件的存储位置，单击“完成”按钮。打开 EXE 文件即可在类 Enscape 软件里直接进行内部漫游操作，并且在操作界面的左上角有一个隐藏的菜单，有 5 个命令。

- **Virtual Reality（虚拟现实视图）**：该选项需要头戴式显示器支持。
- **Light View（光照强度视图）**：类似于上一章“常规”选项卡中的 Light View（光照度模式），其模型的渲染效果会呈现光的强弱，像热力图一样。光照越充足越热，颜色越趋向红色，光照越少越冷，颜色越趋向蓝色。
- **Rendering Quality（渲染质量）**：分 4 个级别，即 Draft（草案）、Medium（中等）、High（高质量）、Ultra（超质量）。
- **White Mode（白色模型）**：类似于上

一章“常规”选项卡中的PaperModel Mode(纸模)渲染效果，其所有模型对象都是以白色显示。

- **Outlines(轮廓线粗细)**：拖动滑块，就会出现模型对象的外框边线。数值越大，线条越粗。

说明：在打开文件时，如果安装了杀毒软件，可能会提示这可能是病毒，不要紧张，单击“信任”按钮即可，它并非病毒文件。

## 7.4 动画视频

### 7.4.1 关键帧定义

关键帧——物体运动或变化所处的关键节点，若干个关键节点组成了摄像机路径。在 Enscape 的关键帧中，可以设置摄像机的景深、视野、时间和时长。在每个关键帧之间采用特定的插值计算方法，可以达到比较流畅的动画效果。

这种表现手法在做建筑场景漫游及单件产品多角度展示的时候比较常用。

### 7.4.2 关键帧动画工具栏

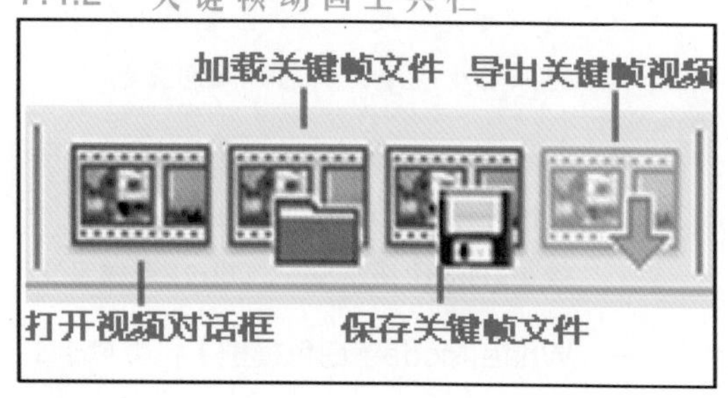


单击 Video Editor（视频编辑）按钮，在 Enscape 渲染窗口会显示视频编辑器。

利用视频编辑器可以管理摄像机路径、添加和删除关键帧，以及预览视频。

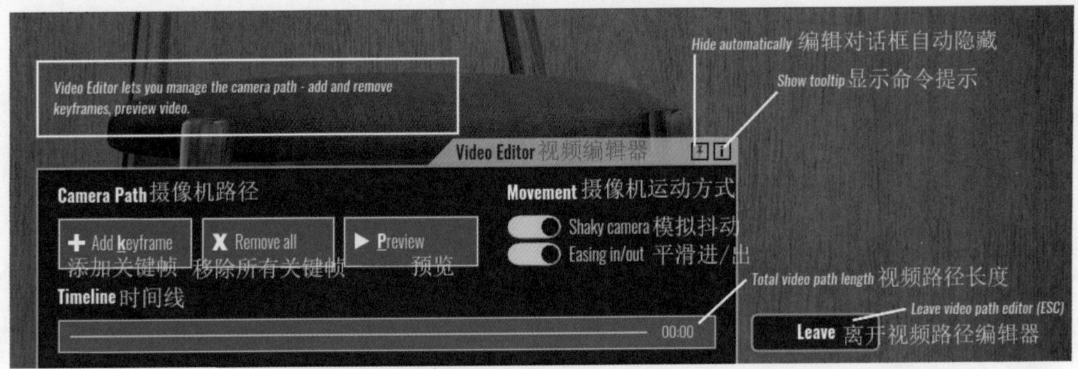


- Load Path（读取路径）：用于读取之前保存的关键帧 XML 文件。
- Save Path（保存路径）：这里保存的文件并非视频 / 图片格式的文件，仅仅是 XML 记录文件，下次打开时，可以直接读取动画的路径。
- Explore Video（导出视频）：直接输出视频文件，时间稍微有点长，仅输出 MP4 格式的文件。

## 7.4.3 视频路径的简单操作

此时，创建一段动画会更加简单、便捷，只需在合适的位置插入关键节点，Enscape 会自动生成动画路径。用户可以手动调整关键节点的位置，并且可以将时间、景深和视野范围内的变化都做到动画效果中。下面的案例是利用 SketchUp 的场景页面作为参考的。当然，也可以直接在 Enscape 的视频编辑器中直接新建路径。

步骤 1 打开“餐椅.skp”文件，在 SketchUp 软件里添加场景页面，给每个需要展示的角度都设定一个场景页面。

步骤 2 在 Enscape 的视频编辑器中增加关键帧。首先单击 Add keyframe（添加关键帧）按钮增加第一个关键帧，这时在 Timeline（时间线）上什么都不会出现。回到 SketchUp 界面选择场景号 2，再到 Enscape 上单击 Add keyframe（添加关键帧）按钮增加新的关键帧，Timeline（时间线）上会多一个三角形预览图标。

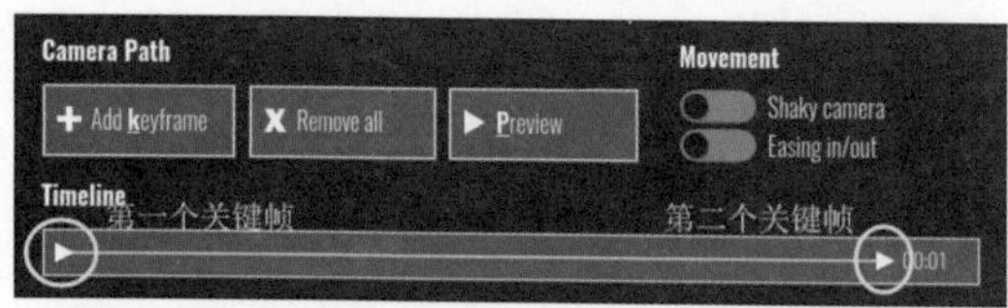


步骤 3 按照上述方式依次把所有场景页面一一设定为关键帧。

步骤 4 关键帧设置完成后，单击 Preview（预览）一下动画效果。如果觉得关键帧不够，还可以在 Enscape 交互窗口中缩放场景，显示相机模型。然后在相机轨迹中添加相机的运动形式，创建关键帧。

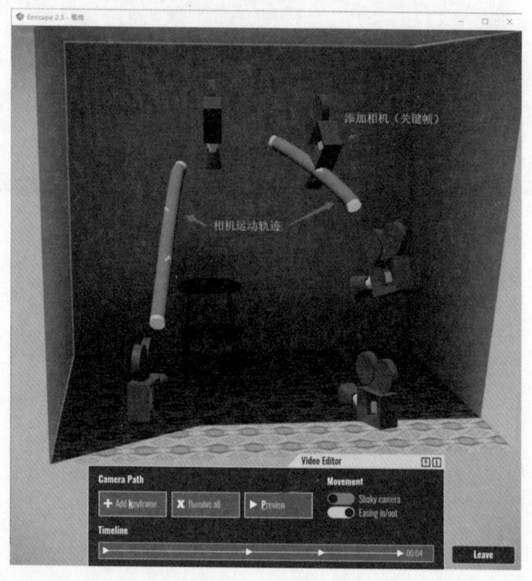


步骤 5 在预览动画时，会发现关键帧之间的变换角度不太合理，这时候在视频编辑器的 Timeline（时间线）上单击关键帧的小三角，就会出现该关键帧编辑器。

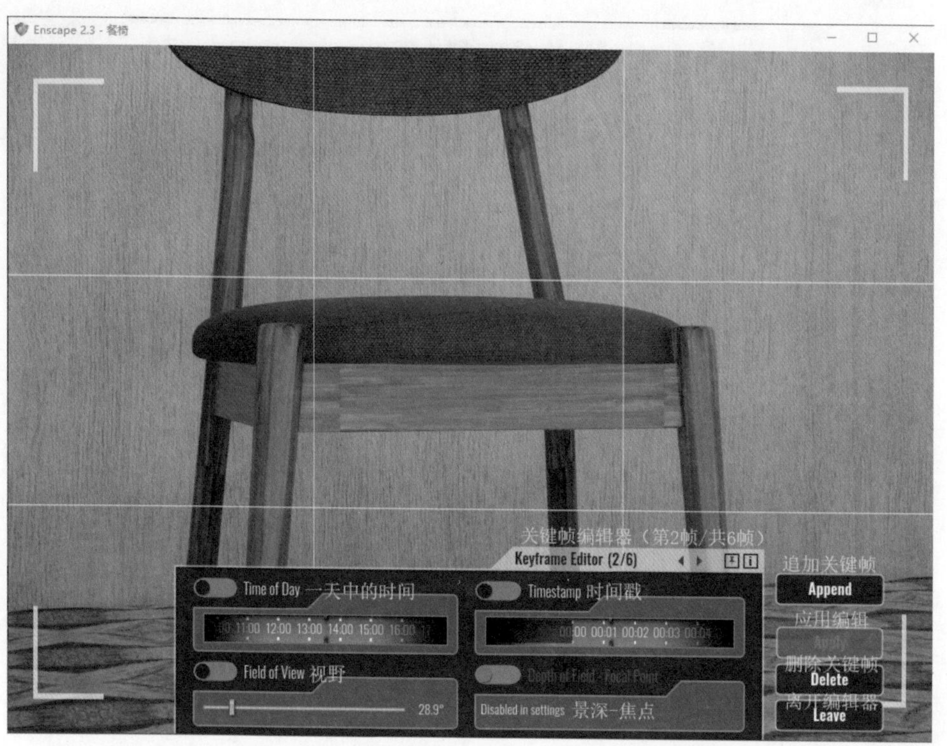

步骤 6 这个时候就可以针对当前关键帧参数进行修改。这个步骤很烦琐，但是必须经过不断的修改，才能达到较好的动画效果。

下面介绍 4 个设置关键帧编辑器的参数。

- Time of Day（一天中的时间）：设置当前关键帧在当天的时间段。这个设置可以影响环境光。
- Time stamp（时间戳）：这个设置对于第一帧是无法操作的；对于最后一帧是设置整个动画的时长；对于中间的关键帧是设置当前帧和前一帧的时间长度。
- Field of View（视野）：这个功能相当于 SketchUp“相机”菜单中的“相机缩放”，可以缩放物体在视野中的显示大小。
- Depth of Field-Focal Point（景深－焦点）：这个参数可以设置当前相机的对焦和景深。但编辑该参数有一个前提，就是在 Enscape Settings（全局设置）对话框中把 Depth of Field（景深）设置为非 0 值，然后再取消选中 Auto Focus（自动对焦）复选框。

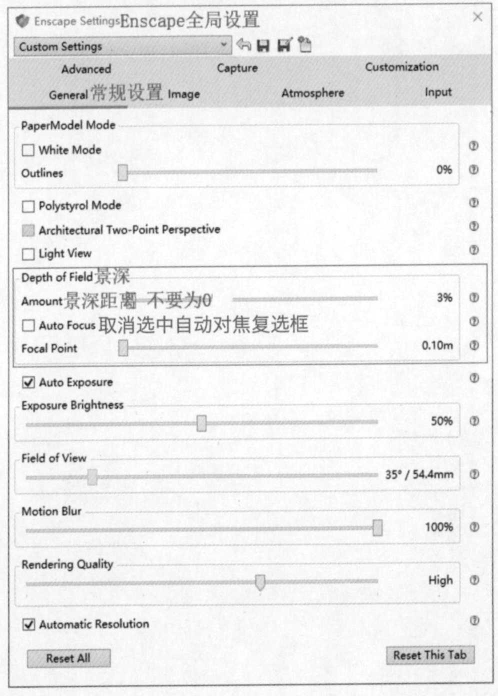


当这些设置变化以后，会在相机模型的下面出现相应的图标，提醒用户该相机的哪些设置变动过。如某个参数没有变化，就不会出现该参数的图标。

步骤 7 保存及读取 XML 文件。单击 Save Path（保存路径）按钮，保存完整的 XML 文件，另存到指定路径，方便关闭后重新加载之前的相机路径。

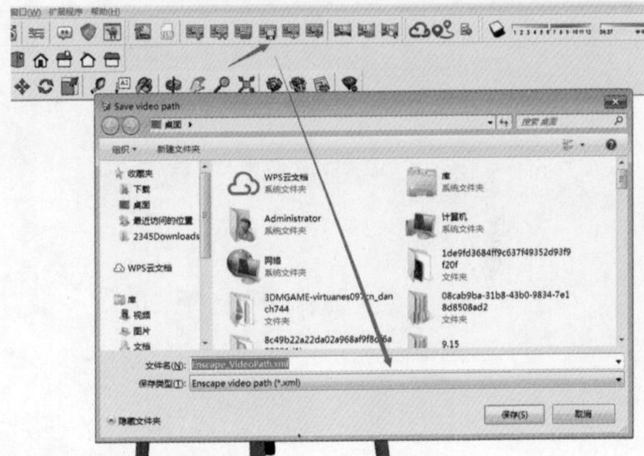


## 7.4.4 输出视频文件

单击工具栏中的 Explore Video 按钮，选择要保存的路径及文件格式，单击“保存”按钮，等待渲染输出，即完成了完整的关键帧动画输出。

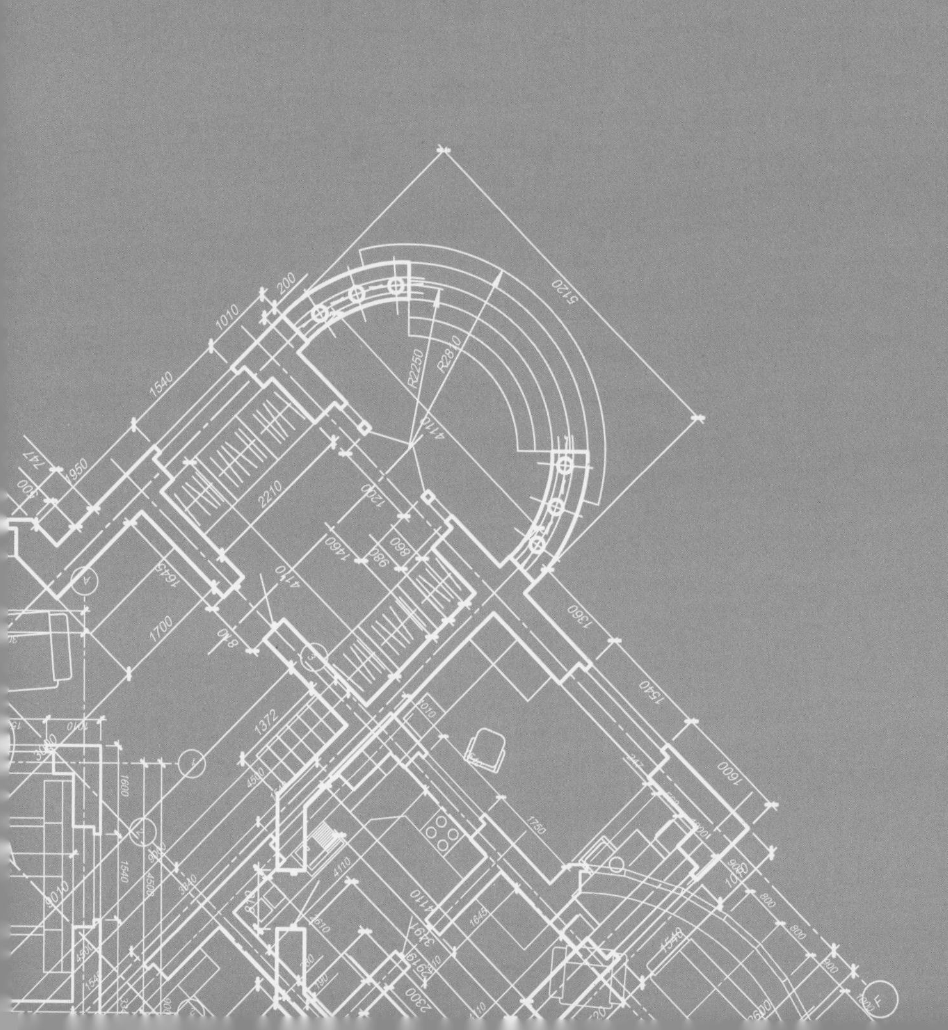

# 第 8 章

# 渲染及 SketchUp 的相关常识

# 8.1 渲染对 3D 模型的要求

3D 模型是渲染的基础，模型质量不好，就渲染不出好的效果。那么，什么样的模型渲染出来的效果是比较好的呢？答案其实非常简单：精度高的模型渲染效果好。所以之前在各种渲染论坛上，很多 SketchUp 爱好者觉得 3ds Max 的渲染效果比 SketchUp 的渲染效果要好。例如，从 VRay 渲染器的操作上看，两者都差不多，但为什么 VRay for SketchUp 的效果会差呢？主要原因就是模型精度的问题。3ds Max 模型普遍比 SketchUp 模型精度高得多。

Enscape 渲染器也如此，所以想要用 Enscape 渲染器渲染出比较好的效果，那么模型精度（细节）就要达到一定的级别，太粗糙的模型是不行的。例如，近景家具模型特别是在 SketchUp 中自建的固定家具，需要做倒角，直接提高家具的柔和度，柔化光线的明暗交界。还有板式家具的门板间隙等，都要刻意地画出一条凹槽。这样的细节都必不可少。

自建的模型除了需要增加一定的细节，还需要增加可以影响场景空间氛围的饰品模型。因为现实生活的场景中充满了各种细节。所以在主体模型结构中添加细节，是提升渲染效果必不可少的一步。

在本书案例里，针对室内设计的各类装饰品、浴缸里的玫瑰花瓣、洗脸台上的盆花毛巾、屋角的绿植等都是为提升模型渲染效果添加的细节。

针对建筑景观的建筑物细节构件、景观植物、地面细节拼花等也属于为提升模型渲染效果增加的细节。

针对鸟瞰或者景观图的景观小品，以及适合设计方案的各种植物、地面拼花，甚至天空和云朵，都会成为细节。

### 8.1.1 模型库

拥有一个好用的 SketchUp 模型库对于设计师来说非常重要。通常设计师会把自己平时收集的模型根据品类分门别类地放在自己的计算机中。当然模型库中还需要材质库，材质也是同等重要的。

下面介绍几个 SketchUp 模型下载网站，方便读者根据自己的设计需要进行下载使用。

#### 1.Trimble 3D Warehouse

Trimble 3D Warehouse 是 SketchUp 官方模型库，从 Google 时代建立并继承下来。这个网站可以直接通过“组件”面板的搜索框进行搜索下载。读者也可以在“文件”菜单下选择 3D Warehouse 选项，系统会直接打开浏览器登录 3D Warehouse 网站。不过，这个模型库的服务器在美国，所以要在国内下载使用，有时候不太稳定。

**优点：**3D Warehouse 网站的优点在于内置于 SketchUp 网站中，使用起来最方便，而且可以查到很多在谷歌地图上的地标性 3D 建筑模型。这些建筑模型都具备一定的纹理贴图，作为效果图的背景还是很不错的，而且官方也鼓励很多家具、家电、建筑等制造商开发上传专业的 SketchUp 模型。读者可以通过搜索品牌和产品的方式进行搜索。

**缺点：**该模型库的模型内容质量参差不齐。搜索并找到合适的模型可能需要很长时间。所以可以作为个人备用资料库来救急。

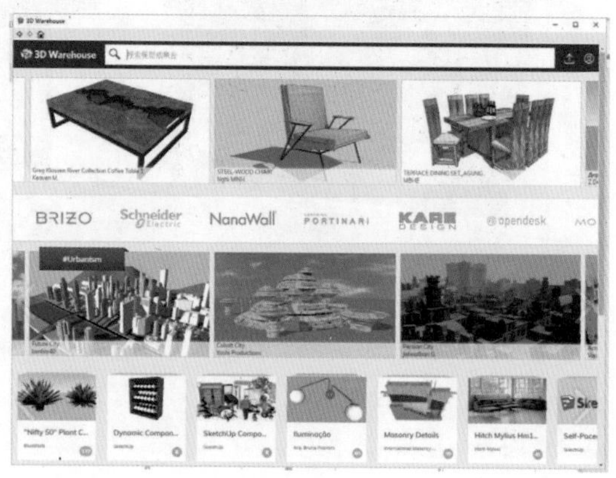


#### 2. 数联场景设计插件

数联场景设计插件是国内专门提供 SketchUp 模型的插件软件，内置十多万精品模型，涵盖建筑、景观、室内设计等各个专业（插件下载地址是：http://www.duc.cn/ysjguanwang/index3.html?）。将插件下载并安装后，会在 SketchUp 软件里增加 3 个图标。

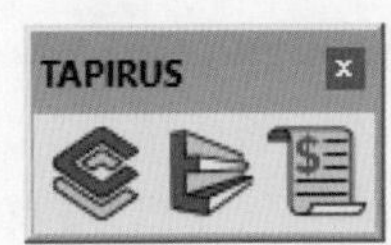


第一个图标是主板块，这个板块除了模型下载，还有定制家居板块和任务板块。其中定制家居板块的模型可以自动生成五金和报表数据。其任务板块可以承接或发布官方或者第三方设计师的任务。

第二个图标是轮廓放样板块，方便设计师做一些踢脚线、顶角线。

第三个图标是报表板块，可以方便用户统计场景的单品模型数量、规格、价格等内容并生成内容报表。

**优点：**大部分模型的品质都比 3D Warehouse 好得多。有很多设计师把自己的模型上传到客户端上进行分享销售，进一步扩大了模型的数量和质量。

**缺点：**收费。大部分好的模型都收费。还要注意一点，有些漂亮的模型是从 3ds Max 中直接导出来的，所以文件非常大。下载前要注意文件大小，否则模型太多会影响计算机的运行速度。

### 3. 模荐模型下载客户端

模荐客户端是最新推出的一款基于设计方案的模型库，采用桌面客户端的形式，Windows 系统和苹果系统都可以应用。其特点是每一个空间模型都是经过官方处理确保基本品质的。用户可以根据空间方案来找到灵感，既可以根据自己的需要下载整个空间模型，也可以下载其中的单品模型和贴图文件（软件下载网址是 www.SketchUpfab.com）。

**优点：**官方模型品质有承诺，包括文件大小、贴图比例、坐标轴位置等都是经过精细调整的；定期上架精品模型；服务器是阿里云服务，下载速度和稳定度有一定的保障。

**缺点：**模型量较少。

## 8.1.2 本地模型库链接到 SketchUp 软件

这里有一个技巧，可以把本地模型库和 SketchUp 自带的组件面板链接起来，这样每当使用 SketchUp 软件的时候，都可以方便地设计使用自己的模型库。

步骤 1 打开 SketchUp 组件面板：选择“窗口→组件”命令。

步骤 2 弹出“组件”面板。

步骤 3 单击“组件”面板中间位置右侧的“详细信息”按钮，选择“打开或者创建本地集合”命令。

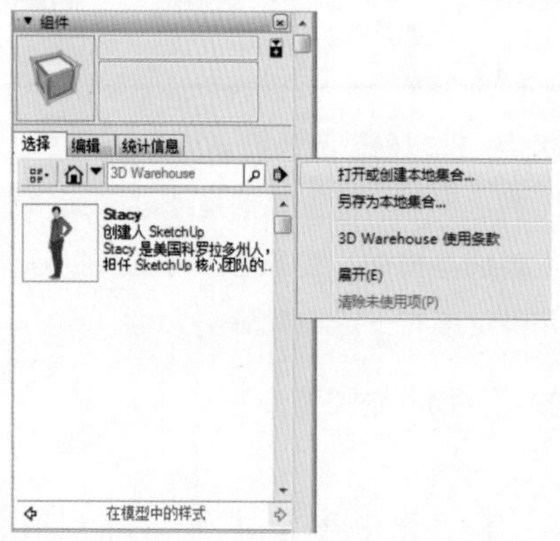


步骤 4 选择本地计算机的模型库路径，再单击“详细信息”按钮，菜单中则多了一个“添加到个人收藏”命令。这里把本地模型库添加到个人收藏。

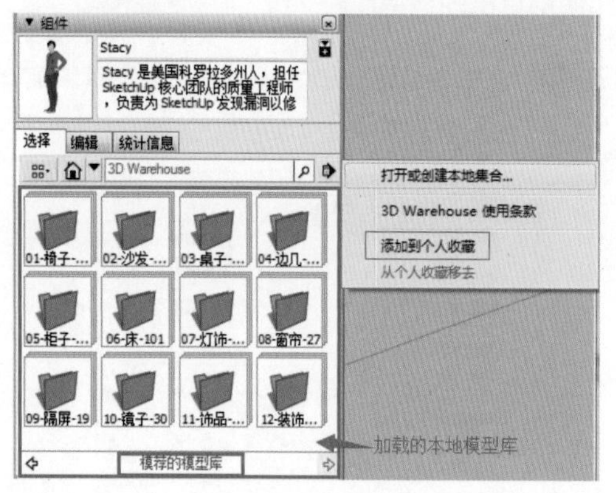


这样操作后，每次打开 SketchUp 软件，都可以在“组件”面板中单击小房子图标旁边的倒三角“导航”图标，可以发现在“个人收藏”中新增了“模荐的模型库”。这时，当任意添加模型到本地模型库里时，在 SketchUp 的“组件”面板中都可以找到该模型，非常方便。

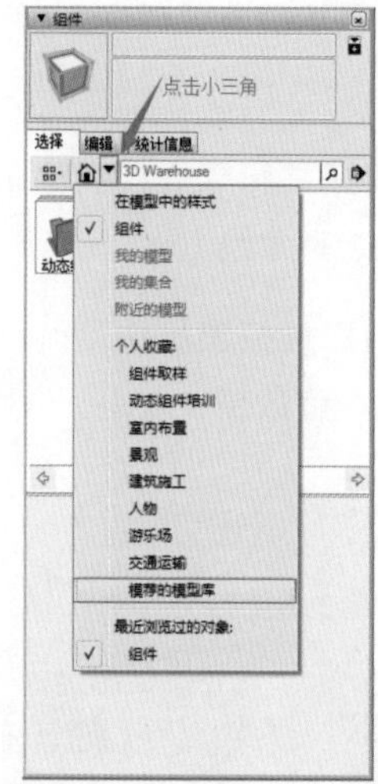


## 8.1.3 图层管理

当场景模型中单品（单体）模型过多时，修改模型、组织模型就会变得非常麻烦。此时就可以利用图层了。把场景模型中的所有单品（单体）模型分别放在不同的图层中，可以实现快速分类的目的。关闭图层以后，属于这个图层的组件都将不参与 SketchUp 的系统计算。这将提高计算机的运行效率。正是有这样的好处，在大型项目中，划分图层也是必须完成的工作。

例如，在下面的案例中，区分了图层，并且打开了所有的图层。

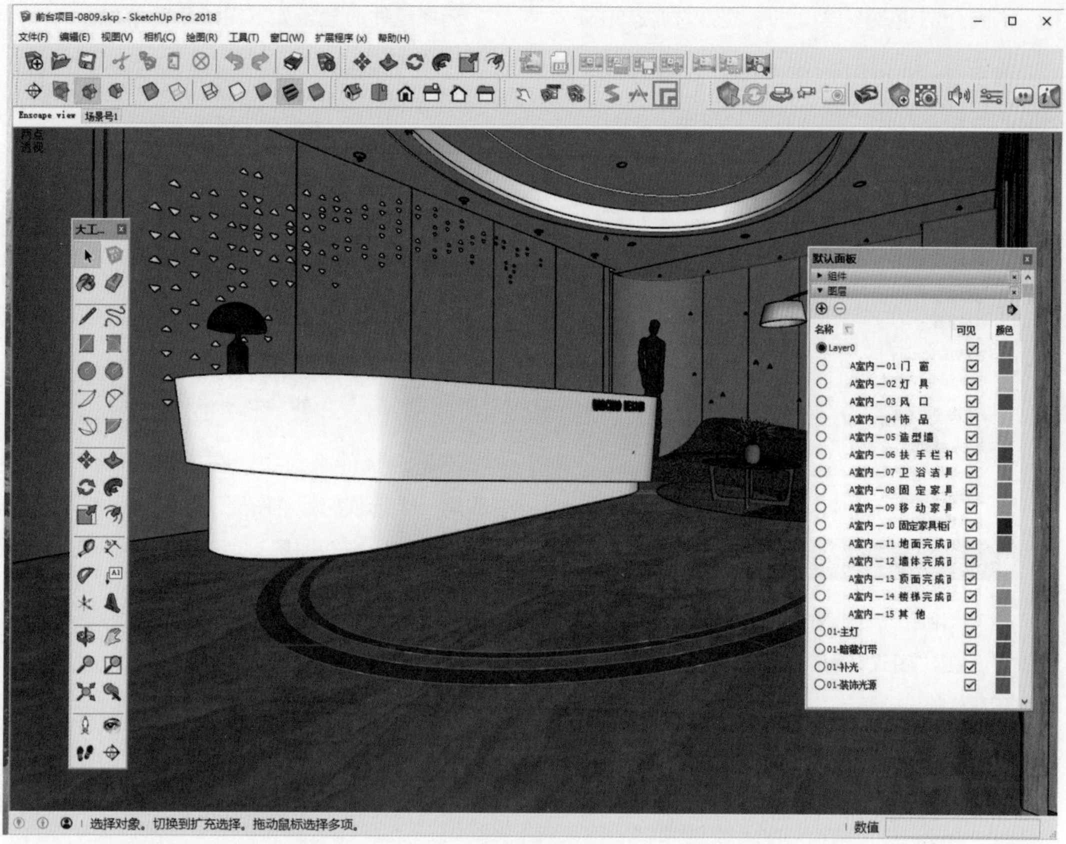

打开硬装图层，关闭所有软装的图层，如下图所示。

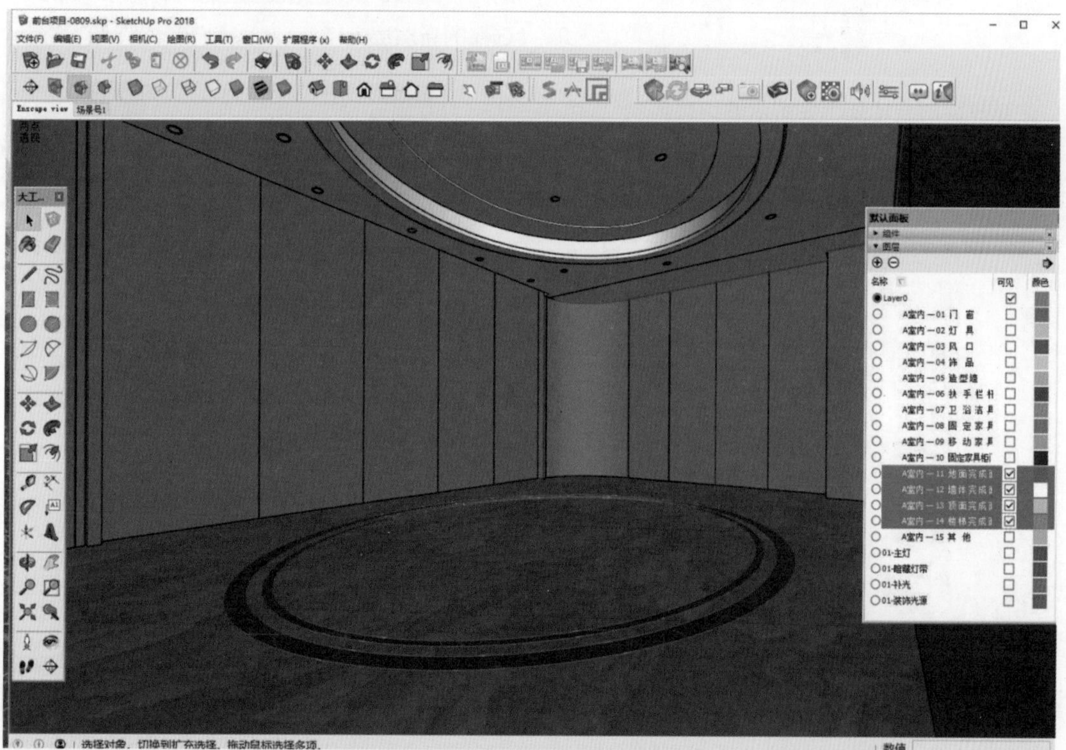

下面介绍更改图层和删除图层的重点知识。

很多 SketchUp 新手很可能不知如何更改图层。首先，打开“图元信息”面板。

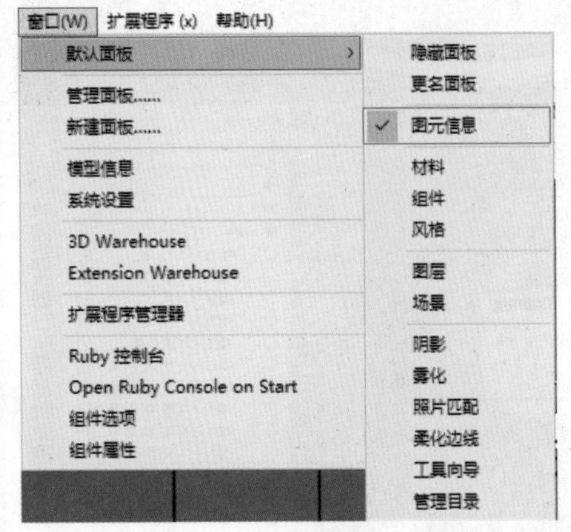

当在 SketchUp 视窗中选择模型中的任意对象时，在“图元信息”面板中都会显示不同的参数和属性。

选择线段时显示如下图所示的信息。

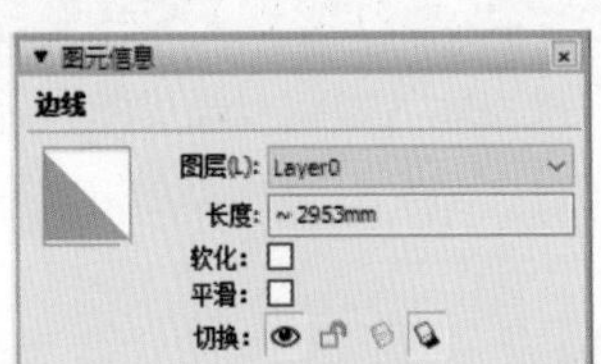

选择面时显示如下图所示的信息。

选择组时显示如下图所示的信息。

选择组件时显示如下图所示的信息。

不管选择什么对象，在“图元信息”面板中的第一个选项总是“图层”下拉列表框。所以，要更改对象所在的图层，首先要选中对象，然后在“图元信息”面板的“图层”下拉列表框中，把原图层改为新的图层。这样所选择的对象就会转移到新图层中。

若是同时选择不同图层的多个对象，其“图元信息”面板的“图层”下拉列表框就会显示空白，这时可以单击“图层”下拉列表框右侧的下拉按钮，打开下拉列表查看图层信息。选择其中的一个图层，就可以把所选的所有对象都放到所选择的新图层上了。

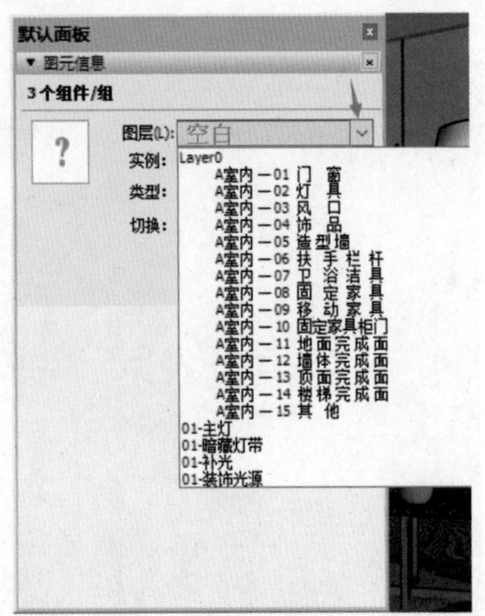

接下来介绍如何删除图层。

当选择要删除的图层时，若该图层上没有任何图元对象，则系统会直接删除该图层。若图层中包括图元对象信息，则系统会弹出“删除包含图元的图层”对话框，并显示 3 个单选按钮。

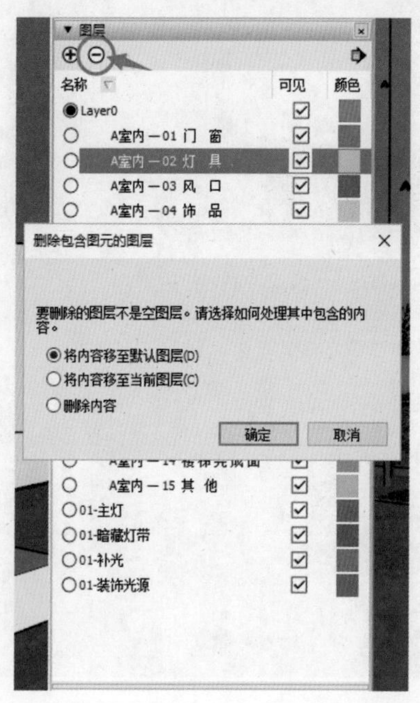


### 1. 将内容移至默认图层（D）

选择此单选按钮，当删除图层时，该图层上的所有图元对象都会被移动到 Layout0 图层中。通常这样做不会误删对象。

### 2. 将内容移至当前图层（C）

选择此单选按钮，当删除图层时，该图层上的所有图元对象都会被移动到当前被激活的图层中。通常这样做会合并图层内容。

### 3. 删除内容

选择此单选按钮，会直接把该图层上的所有图元对象全部删除。操作要谨慎，特别是复杂的场景模型，有可能同一个组件中的不同对象位于不同的图层，贸然删除其中一个图层，就会导致模型被损坏。

## 8.2 场景页面的构图

构图是指在相机视图中各种视觉元素的位置、排列和布局方式。对于效果图来说，如何在相机视图中，把三维模型在三维空间中的位置合理地表现在二维平面上是重点。构图是否得当，是效果图是否成功的重要基础之一。构图好，效果图就会层次分明、主题突出，观众就会不自觉地把视觉焦点放在制作者设定好的设计主题上。

相机视图通常包括前景、中景和背景。不管是人的视角，还是俯视图或者其他平面图，都要通盘考虑模型组件、材质、光线的元素，把视觉焦点确定好。

下面这个案例从构图上来说比较简单，是典型的三分构图法。建筑主体在中景位置，观众视线就会被自然地吸引到建筑上。而前景的地面和右侧的树木，以及背景的天空，都不会把观众的注意力给分散掉。

在下面这个室内案例图中，黄色部分是前景，这一区域最靠近观众，要有足够的模型细节才能表达空间氛围。红色部分是中景，通常情况下，中景是视觉焦点，反映了空间尺度和整体氛围。本案例的中景部分让渡到前景浴缸上了。蓝色部分是天花部分和窗外的远景，作为背景。背景一般是图片的上边缘区域。若这个区域比较复杂，就会影响观者的视觉注意力。

既然场景页面非常重要，那么下面就来介绍场景页面的设置流程。简单地说，场景页面就是相

机视图的快照，用户可以新建很多场景页面（相机快照）。单击场景标签的时候，SketchUp 视图就会快速返回该相机的位置，打开保存的相机快照。

场景页面有很多属性参数，本节只重讲解渲染所需要的和相对重要的知识。其他一般的场景属性，可参考相关书籍。

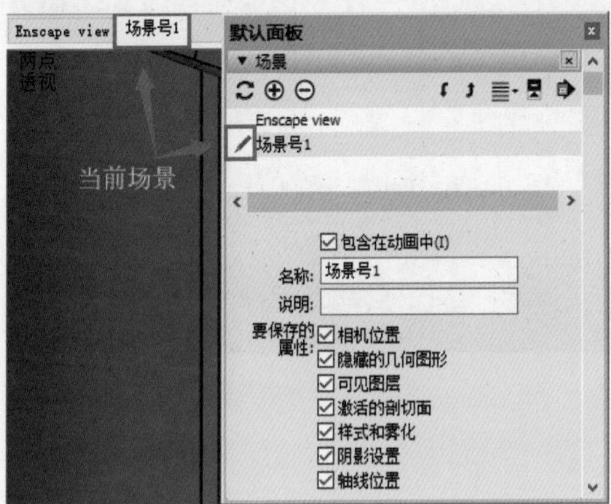


在单击 ⊕ 按钮新建场景时，“场景”面板下方“要保存的属性”选项组中被选中的属性状态都会在新场景页面中得以保存。若取消选中其中一个或者几个属性复选框，那么在新建场景时，就不会保存这些属性。下面重点讲解 3 个属性。

### 1. 相机位置

当创建新场景时，“相机位置”选项不仅包括保存相机的位置，还包括相机视角和焦距，以及相机的角度。

### 2. 可见图层

该选项是控制图层和图层上组件的可见性的。上一节讲述了如何通过图层来设置模型的可见性，而场景页面也可以通过图层的方式保存组件的可见性。

如下图所示，在 Enscape View 的场景页面中，所有图层的可见性都打开了。

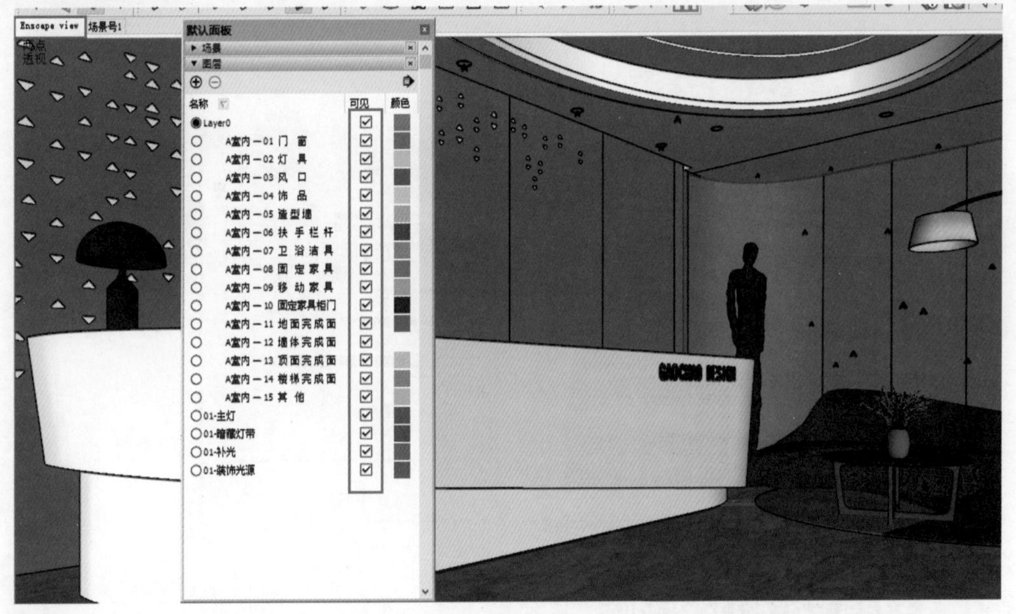


如下图所示，在“场景号 1”中，除显示 Layer0、A 室内 –11 地面完成面、A 室内 –12 墙面完成面、A 室内 –13 顶面完成面、A 室内 –14 楼梯完成面等结构图层，其他图层的可见性全部被关闭了。

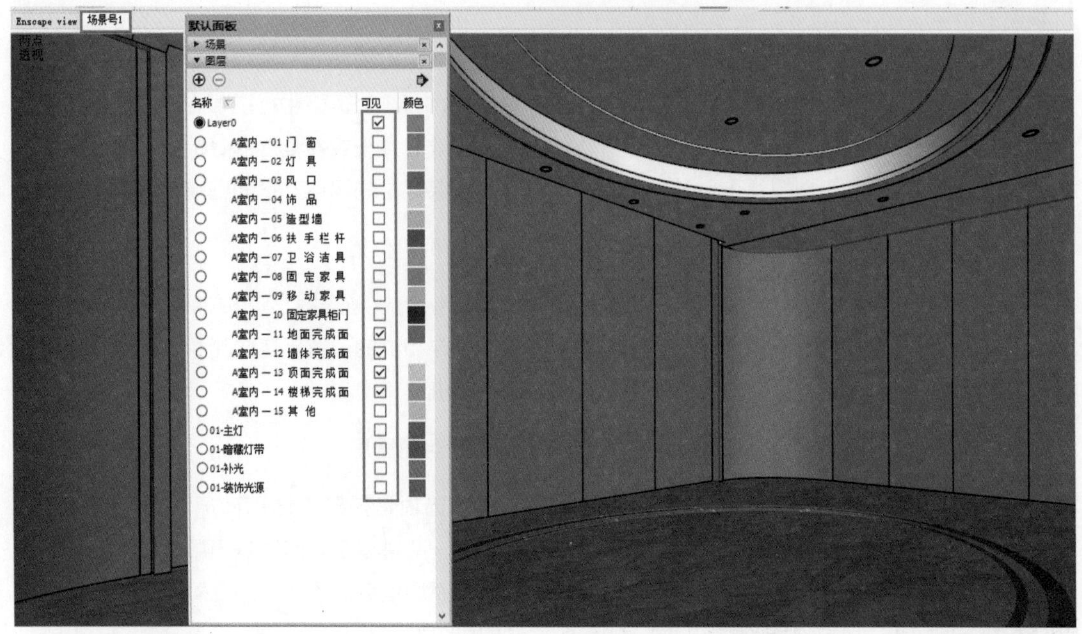


3. 阴影设置

阴影设置主要包括该页面中的时间、日期，以及亮、暗对比等参数。这个选项在建筑景观方案中更常用。

注意：室内大场景尽量不要使用阴影，否则计算机运行速度会下降很多，严重影响操作流畅度。

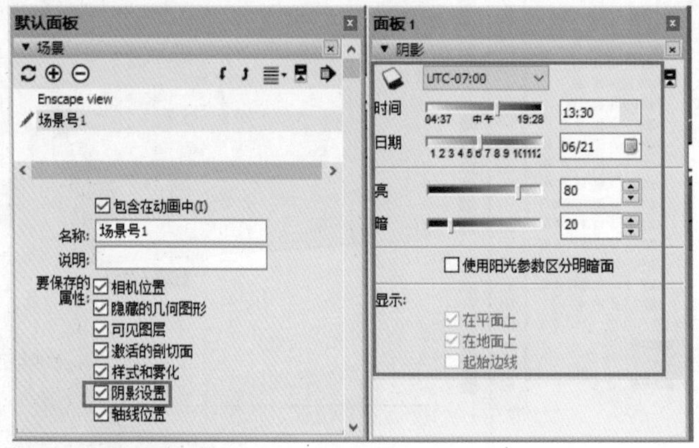


## 8.3 材质对渲染的影响

除了模型精度（细节）对渲染效果有影响，还有一个很重要的因素，那就是材质纹理。一个好的材质纹理可以减少模型细节的建模量，可以模拟光线质感。所以材质纹理是 SketchUp 模型视觉效果最重要的影响因素。掌握给模型应用材质纹理的技巧，有助于渲染出更好的效果图。

给模型赋予材质纹理就是在模型表面链接真实的物理图像以显示出模型在现实世界中的材质外观。在 SketchUp 中，可以用“油漆桶工具”或者 SketchUp 里面的材质插件进行处理。材质纹理图像是以像素为单位的，表示纹理的长度和宽度。长度和宽度像素值越大，纹理尺寸就越大。一般来说，SketchUp 软件本身并不支持大于 1024 像素 ×1024 像素的纹理。如果材质纹理超过 1024 像素 ×1024 像素，那么 SketchUp 会自动处理压缩，最终还是以 1024 像素 ×1024 像素进行取样。但和 SketchUp 相配合的渲染器可以识别超过 1024 像素 ×1024 像素的材质贴图。

在以下 3 个方面，建议使用大纹理的材质（但不是越多越好）：

- 用于展示材料表面特性或者物体特写镜头时。
- 当需要展示物体材质更多的纹理细节时。
- 用于覆盖大面积的表面时，比如草坪。

由于 Enscape 软件的贴图操作都是在 SketchUp 里进行的。所以为了更好地让读者掌握相关技能，下面简单地说一下使用 SketchUp 贴图的相关技巧。

## 8.3.1 提取已有材质复制到新模型

步骤 1 单击“材质工具”按钮，然后在材料面板上单击“吸管工具”按钮（也可以在“油漆桶工具”的状态下，同时按住 Alt 键）。

步骤 2 在要提取的材质上单击，就可以把当前的材质暂存到系统中，然后系统自动激活“材质工具”。

步骤 3 在需要贴图的新模型面上单击，把系统暂存的材质复制到新的模型上。

这种方式的好处是不仅仅能提取材质信息，还能提取材质的尺寸和坐标设置等信息，更重要的是还复制了 Enscape 的材质参数。

## 8.3.2 材质填充

在 SketchUp 软件中，“材质工具”不仅可以给单个元素上色，还可以填充一组相连的表面，以及快速地为多个表面同时分配材质。具体方式有 5 种。

### 1. 单个填充（直接单击即可）

激活“材质工具”后，直接在模型表面单击，即可为模型赋予材质。也可以直接为所选中的组或组件整体赋予材质（不建议）。

### 2. 相邻填充（配合 Ctrl 键）

激活“材质工具”的同时按下 Ctrl 键，“油漆桶工具”右下角会出现3个横向状态的红色方块。这时就可以同时填充与所选表面相邻并且使用相同材质的所有表面。

### 3. 替换填充（配合 Shift 键）

激活“材质工具”的同时按下Shift键，“油漆桶工具”右下角会出现3个直角状态的红色方块。这时就可以用当前材质替换所选表面的材质。模型中和这个所选表面在同一层级的相同材质都会同时改变。

### 4. 邻接填充（配合 Ctrl+Shift 组合键）

激活“材质工具”的同时按下Ctrl+Shift组合键，可以同时实现“相邻填充”和“替换填充”的效果。“油漆桶工具”右下角会出现3个纵向状态的方块。这时单击模型表面，模型中和这个所选表面在同一层级的相同材质以及相邻的表面都会同时改变。

### 5. 提取复制材质（配合 Alt 键）

激活“材质工具”的同时按下Alt键，“油漆桶工具”就变为“吸管工具”，首先在要提取的材质上单击，然后系统自动激活“材质工具”，再在需要贴图的新模型面上单击，就把系统暂存的材质信息复制到新的模型上了。

第 9 章

# 室内案例——前台接待区建模流程讲解

# 9.1 模型轻量化

本案例是一个非常简单的室内空间模型，这里增加了建模流程供读者参考，若对 SketchUp 操作很熟悉，那么可以直接转到渲染章节进行阅读学习。

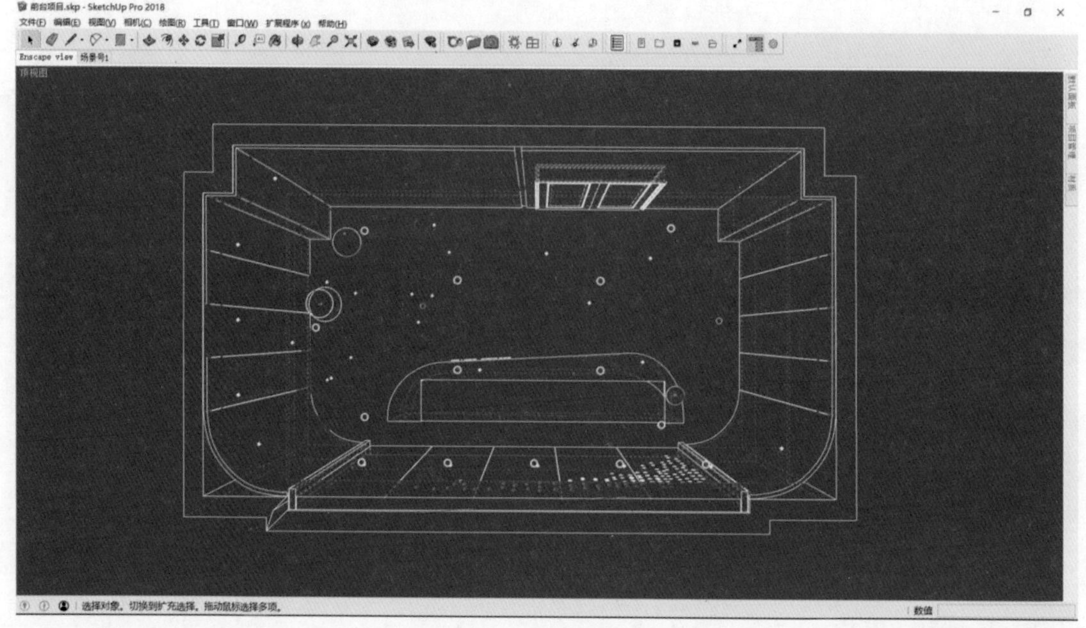

很多设计师在制作场景模型时，最常见的问题就是模型的组织性不好，此时就没有办法快速有效地找到相关信息或组件，也没有办法方便地创建场景页面。更重要的是这样的模型只能自己编辑，第三个人根本无从下手。这对于团队来说就是灾难。因此，场景模型必须要有良好的组织性，比如图层、大纲、场景、组件、群组、命名方式等都是整套的有逻辑的。

创建一个完整的场景，必然包含若干组件、材质等对象。有的场景模型是用于设计构思的展示，有些场景模型用于制作效果图，还有些场景模型用于制作 Layout 施工图。这些不同用途的模型，其内部元素也会有所不同。有些是渲染需要的，有些是施工图需要的。例如，对于要做施工图的模型来说，就需要控制贴图的大小，尽可能让每一张贴图占用的内存都小于 500KB。而对于渲染模型来说，则不需要。所以要及时清理不需要的对象，多余的线、多余的组件、多余的尺寸标注等对象都要清理。

不要小看模型轻量化，它对整个工作流程起着非常关键的作用。在模型轻量化控制方面，还需要从建模本身开始。几乎所有的三维软件采用的都是浮点数系统，而浮点数系统是有误差的。比如，在 SketchUp 中画一个圆，这个圆是有误差的，并非一个标准的圆，将圆放大就会发现它是由直线组成的，默认由 24 段直线组成。这个 24 段是不是合适的段数，在不同的场合还是有区别的。例如，若是餐厅空间的大圆桌，那么 24 段就少了。但是，若是餐厅墙面某个造型中的一个小圆柱，那么 24 段就多了。所以建模时要将精度控制到适当的程度，将曲线、曲面的分段数控制在能满足要求的数量就可以了。

# 9.2 前台接待区建模流程及注意事项

## 9.2.1 整理 AutoCAD 文件

在设计工作流程中通常需要有一个平面设计图，这个平面设计图可以手绘，按照手绘尺寸直接在 SketchUp 里建模即可。当然，也可以先用 AutoCAD 绘图，有了平面图，就可以将 DWG 格式的文件导入到 SketchUp 中进行建模。

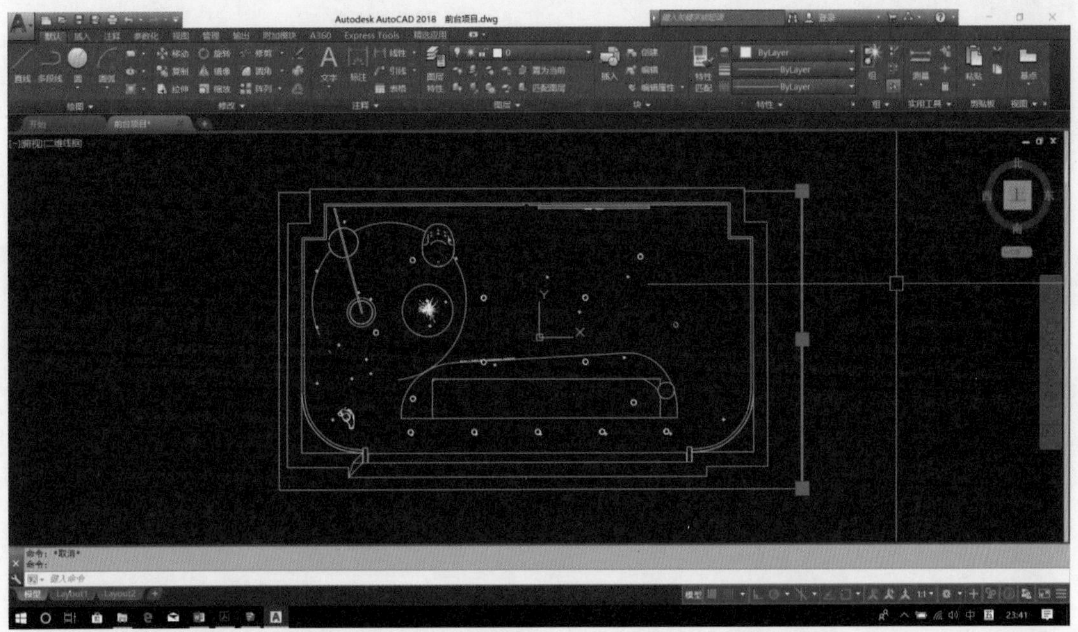


### DWG 的小知识

DWG 格式是一种很常用的格式，但若直接导入 DWG 格式的文件，后续可能会产生很多问题。所以，为了减少常见问题的存在，在导入 AutoCAD 文件之前要了解下表中的 3 项内容。

| 操作项目 | 操作说明 |
| --- | --- |
| *Z* 轴归零 | 1. 有时只要导入 AutoCAD 文件，SketchUp 草图大师就会被卡住，而且是到导入到 99% 时被卡住，然后草图大师自动崩溃。在不考虑 SketchUp 软件自身问题的情况下，这种问题大多是由将 AutoCAD 文件导入 SketchUp 之前未进行清理导致的。<br>2. 在将 AutoCAD 文件导入 SketchUp 前可以整理一下图形，比如，用 X 命令来分解、用 PU 命令来清理、用 CAD 插件或者天正进行 *Z* 轴归零（统一标高）等来整理 AutoCAD 文件、把填充纹理删掉等 |

| 操作项目 | 操作说明 |
| --- | --- |
| 单位设置 | 先了解 AutoCAD 文件的单位，然后在 SketchUp 中的导入选项里设置相同的单位。例如，SketchUp 当前文件使用的单位是十进制（米），以此为单位导出的 DWG 文件在 AutoCAD 中也必须将单位设置为十进制（米），才能正确地转换模型。另外，在导出 DWG 文件时，复数的线实体不会被创建为多段线实体 |
| 注意精度 | 1. 在SketchUp中，能以真实尺寸来建立模型，能识别0.001平方单位以上的表面，如果导入的模型有0.01单位长度的边线，将不能导入，因为0.01×0.01=0.0001平方单位<br>2. 另外，在导入未知单位文件时，宁愿设置大的单位也不要选择小的单位，因为模型比例缩小会使一些过小的表面在 SketchUp 中被忽略，剩下的表面也可能发生变形 |

### 9.2.2 将 AutoCAD 文件导入 SketchUp

步骤 1 选择“文件→导入”命令。

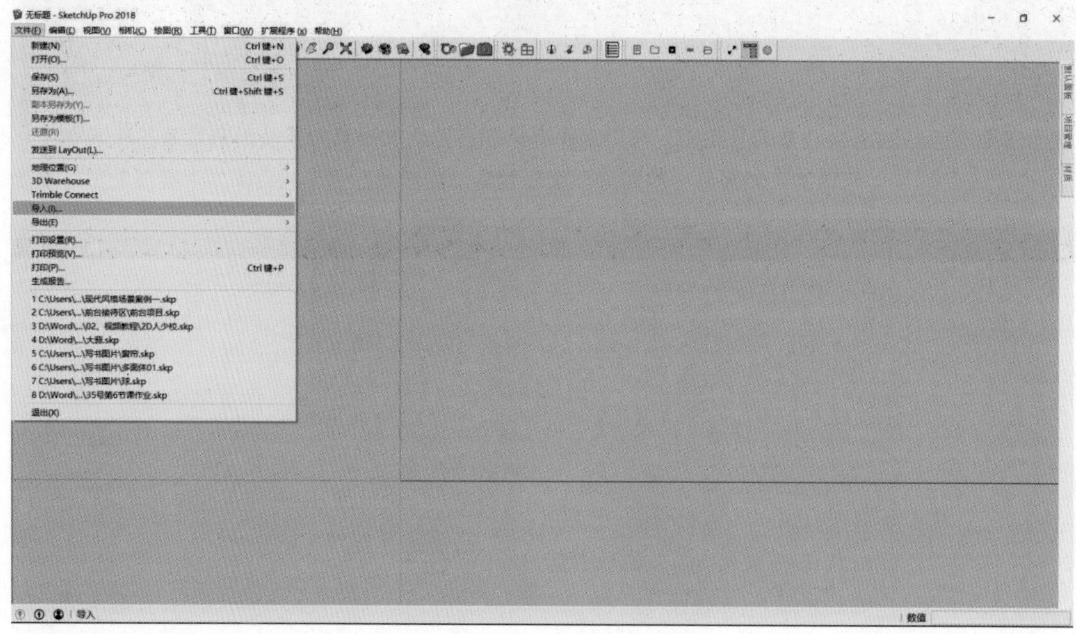

步骤 2 在弹出的“导入”对话框中选择需要的文件类型，这里要导入 AutoCAD 平面图，所以选择“AutoCAD 文件（dwg,dxf）”格式。

步骤 3 选择文件格式后，还需要单击“选项”按钮，设置好单位。如果 AutoCAD 文件使用的单位是 mm，那么这里也要选择以 mm 作为单位。这样才能保证导入的文件大小是统一的。

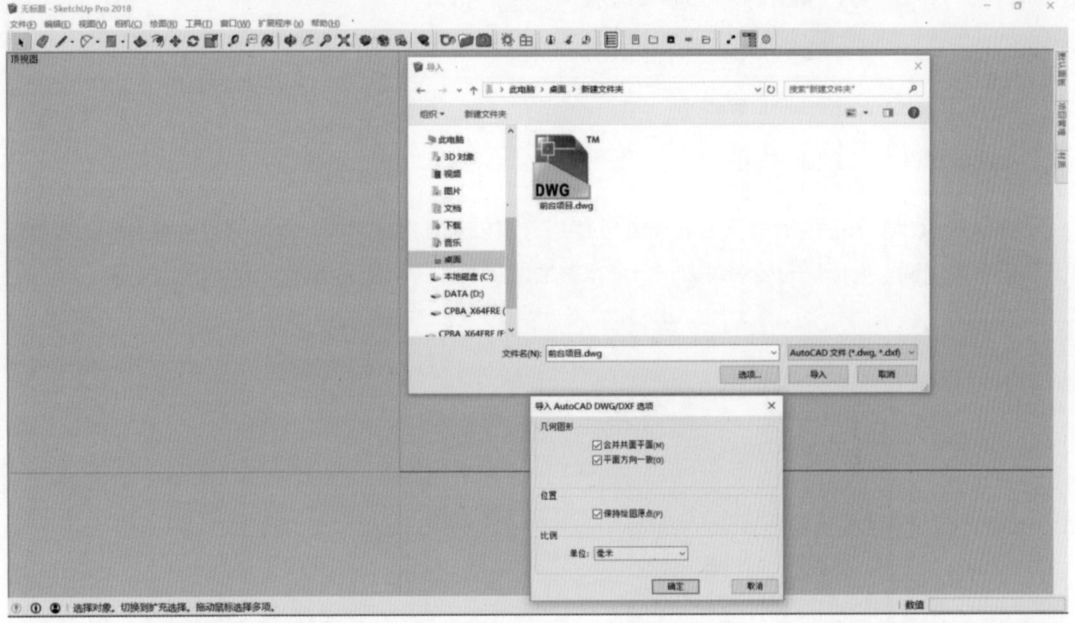


SketchUp 基本上可以做到完美兼容，但有一些前提条件。AutoCAD 大部分的图形在 SketchUp 里都是可以识别的，但也有一些图形识别不了，比如标注、线宽等。下面这个表格列出了 SketchUp 与 AutoCAD 图形的兼容情况。

| SketchUp 与 AutoCAD 图形的兼容性研究 | |
|---|---|
| CAD 图形 | 导入 SketchUp 情况 |
| 直线 | 完美兼容 |
| 弧线 | 完美兼容 |
| 圆 | 完美兼容 |
| 点 | 完美兼容 |
| 图层 | 完美兼容 |
| 多边形 | 导入后被打断，根据节点的位置和数量被打断成若干直线 |
| 多断线 | 导入后被打断，如果是直线多段线，会根据节点的位置和数量被打断成若干直线<br>如果是曲线多段线，会被打断成每一段距离都相等的若干直线 |
| 样条曲线 | 导入后被打断，打断成 100 段的小线段 |
| 图块 | 导入 SketchUp 后成了组件，具有关联性 |
| 填充 | 导入 SketchUp 后不被识别 |
| 标注 | 导入 SketchUp 后不被识别 |
| 线宽 | 导入 SketchUp 后不被识别 |

## 9.2.3 SketchUp 封面

将 AutoCAD 图形文件导入 SketchUp 中后，可以对其进行封面，封面的方法有很多，从使用工具的角度来说，一个是无插件封面，一个是有插件封面。

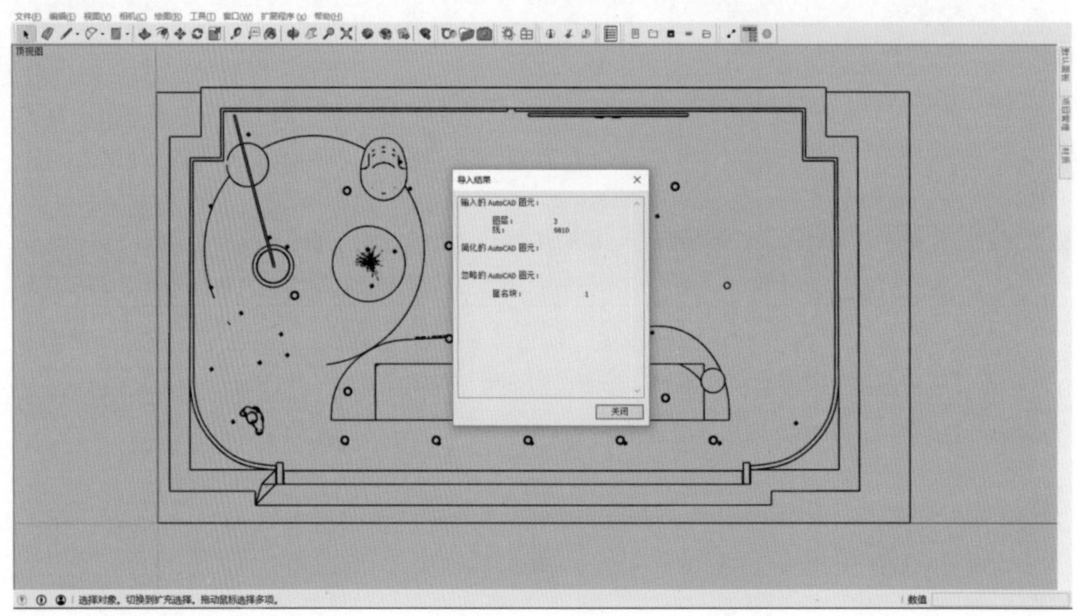

用户通常会在 SketchUp 中自行封面。因为导入 AutoCAD 文件后，SketchUp 系统会自动检测图形是否在同一平面上，以及是否形成闭合图形，若条件满足，就会自动封面。对于不能闭合的图形，可以找一下原因，手动把相关图形放在同一个平面上闭合，这样也可以封面。

## 9.2.4 创建主体模型

实际上封面是建模中比较费时间的一项操作，完面后就可以创建三维模型了。那么，可不可以不封面去建模呢？这个从操作逻辑上来说不太可能，因为 SketchUp 的操作是从二维平面到三维立体的，也就是说必须先有一个面，才能推拉出三维模型。不过 SketchUp 发展至今，插件的功能已经今非昔比。比如利用 Dibac 插件、LSS 建筑插件等可以直接创建墙体，不需要先封面，再推拉出厚度。

步骤 1 把平面封好面，在平面上画好布局。把地面向下推拉出 10cm 的厚度，然后设置为组（或者组件）。

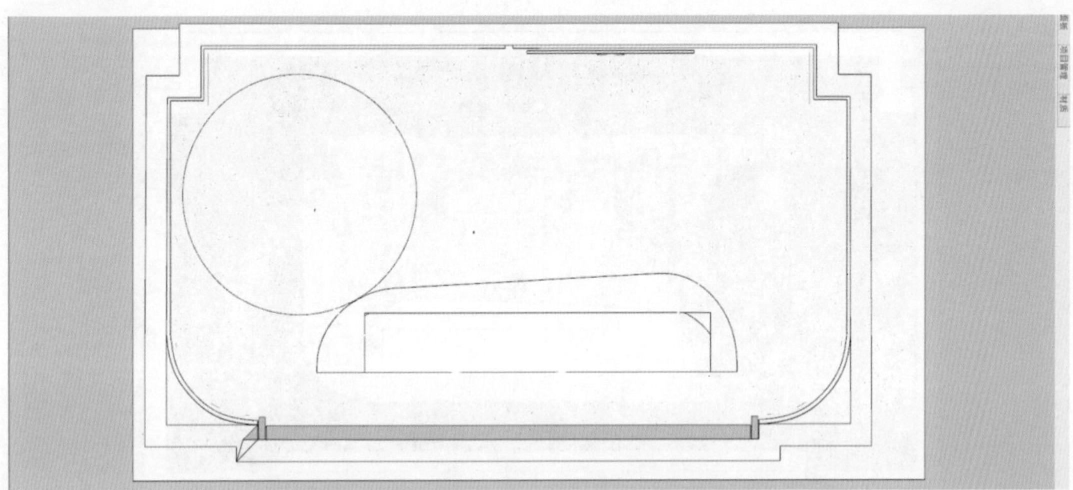

步骤 2 将墙体推拉出要求的高度，同样设置为组（或者组件）。

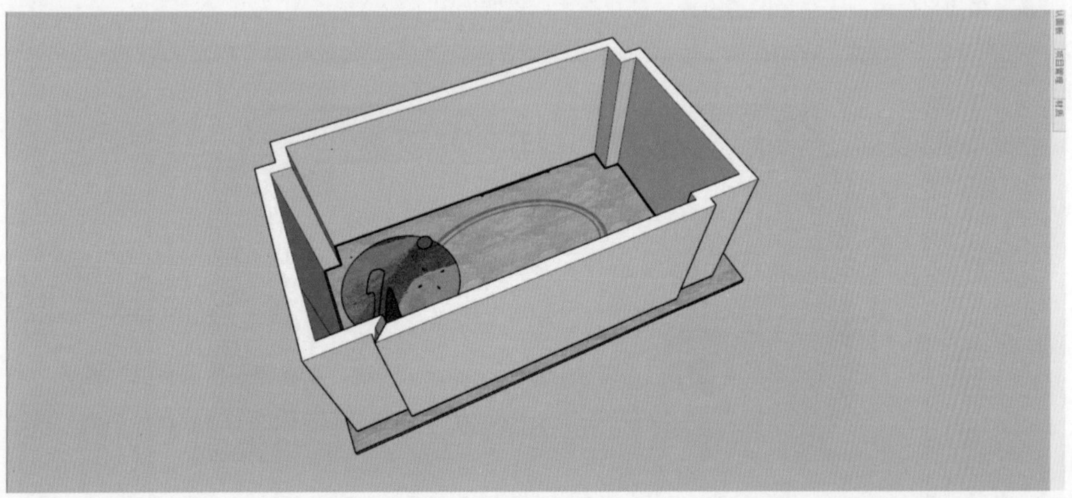

步骤 3 创建墙体硬包结构，并且设置贴图纹理。

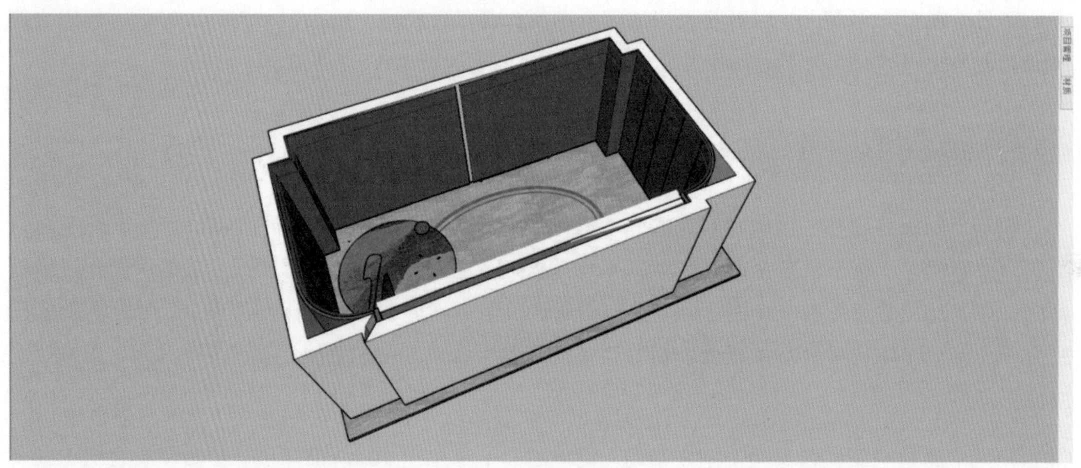

步骤 4 将家具模型放在恰当的位置。

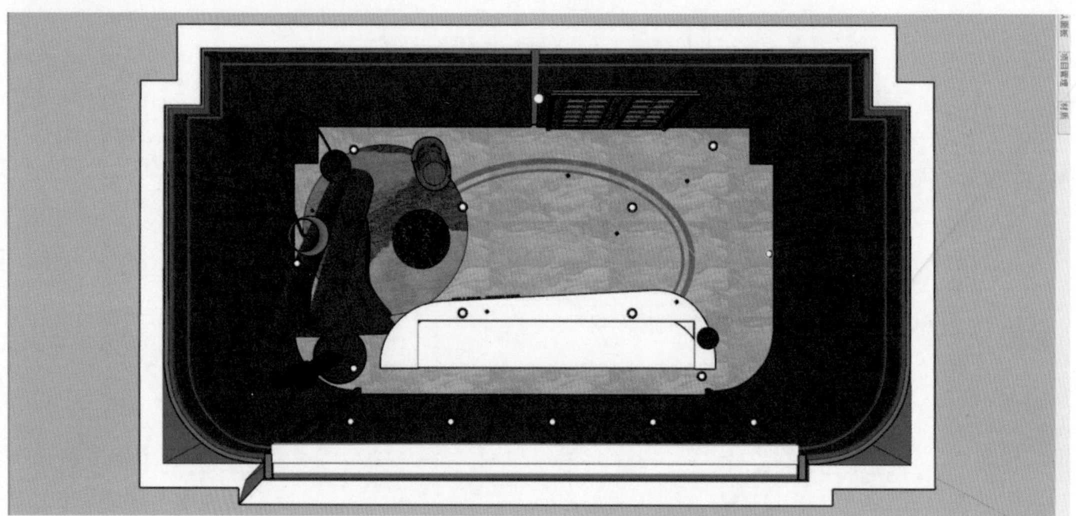

步骤 5 创建吊顶模型，注意图层设置。创建完毕后设置为组（或者组件）。

步骤 6 最后，检查模型，包括尺寸、图层、组件位置等，确保场景模型无误。然后保存文件。

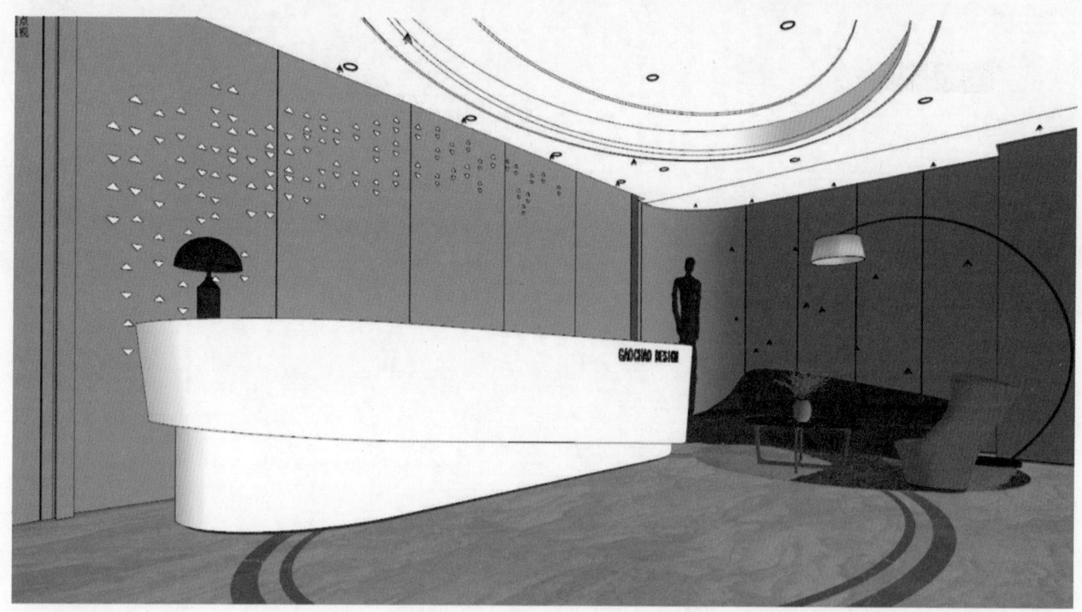


## 9.2.5 异形沙发建模

由于本案例家具是异形沙发，其模型不太好找，通常情况下只能自建，所以这里简单地介绍一下对于这样的异形结构应如何建模。

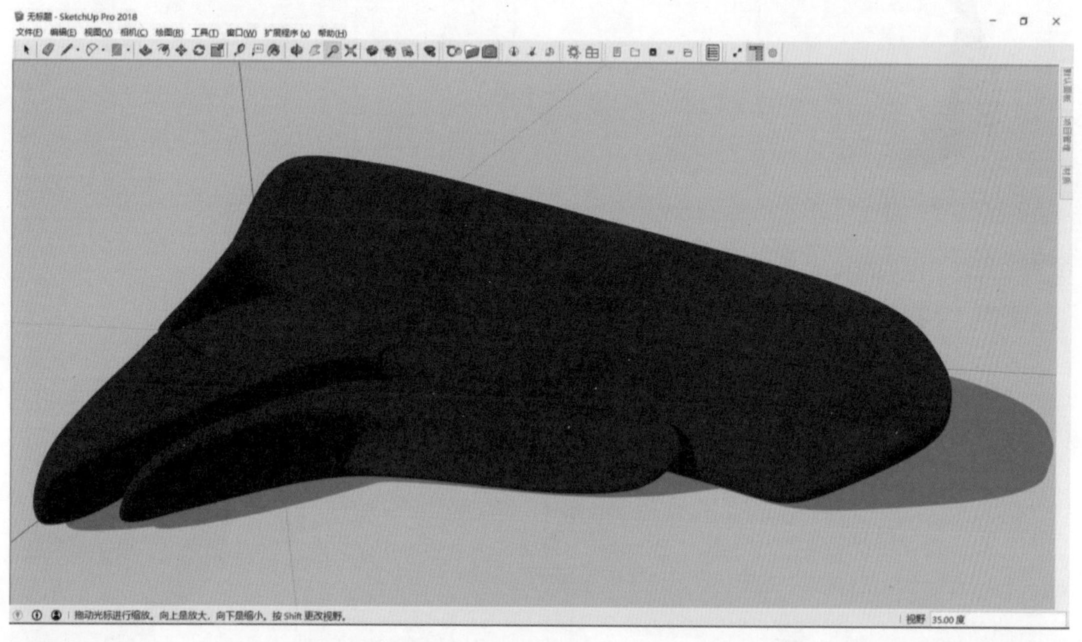


步骤 1 先画一个平面，在平面上画出一个大概的形状。

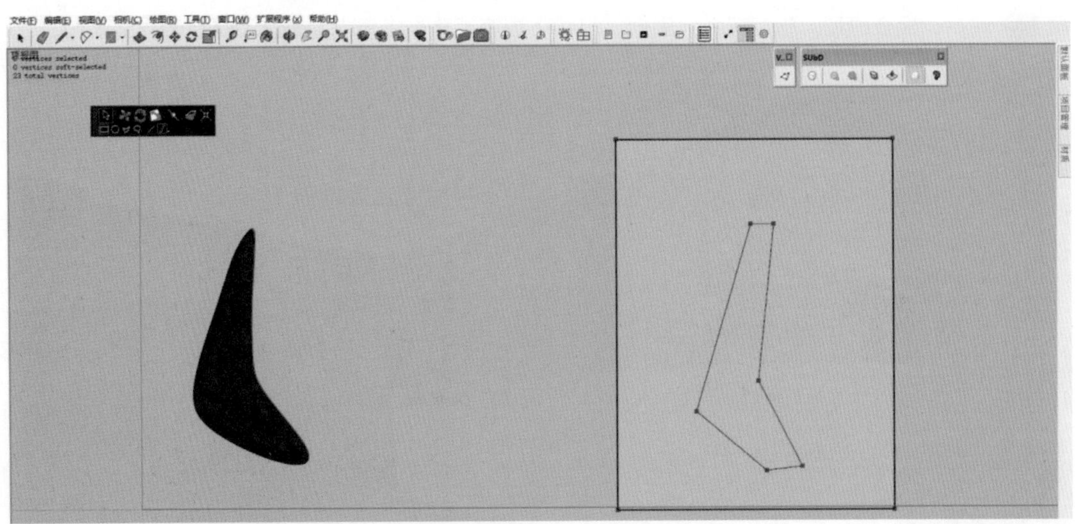

步骤 2 优化并调整这个平面的线条，使形态更接近沙发。

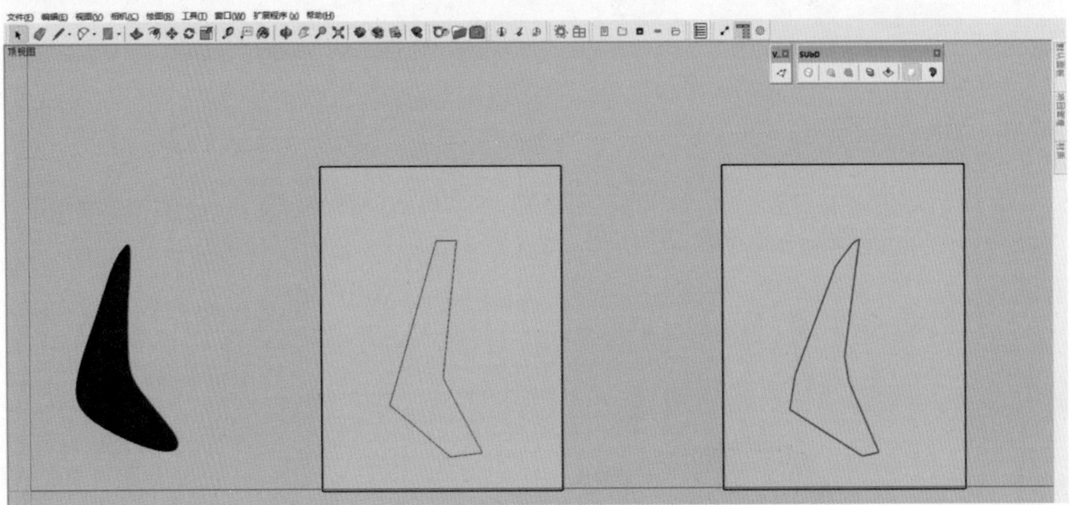

步骤 3 将这个平面推拉出厚度。

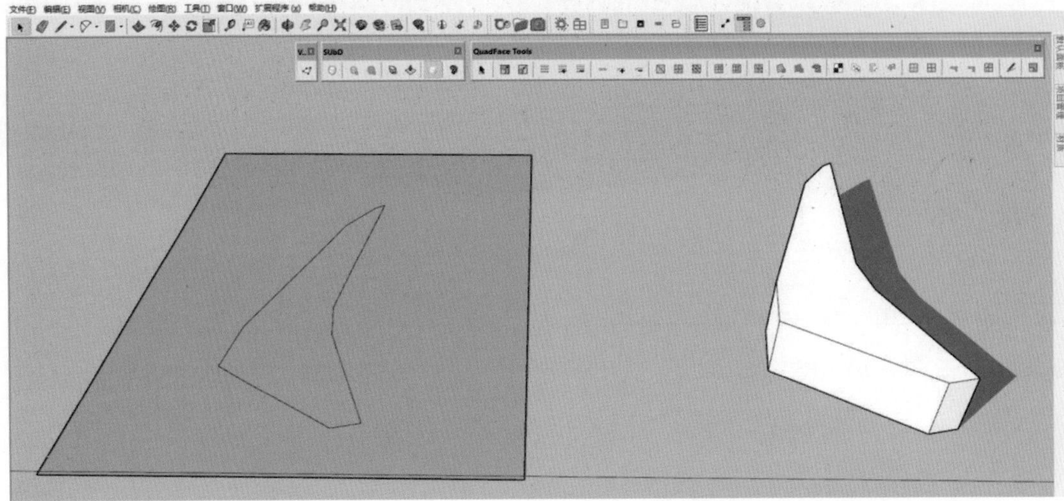

步骤 4 调整形体，并将对象设置成组。

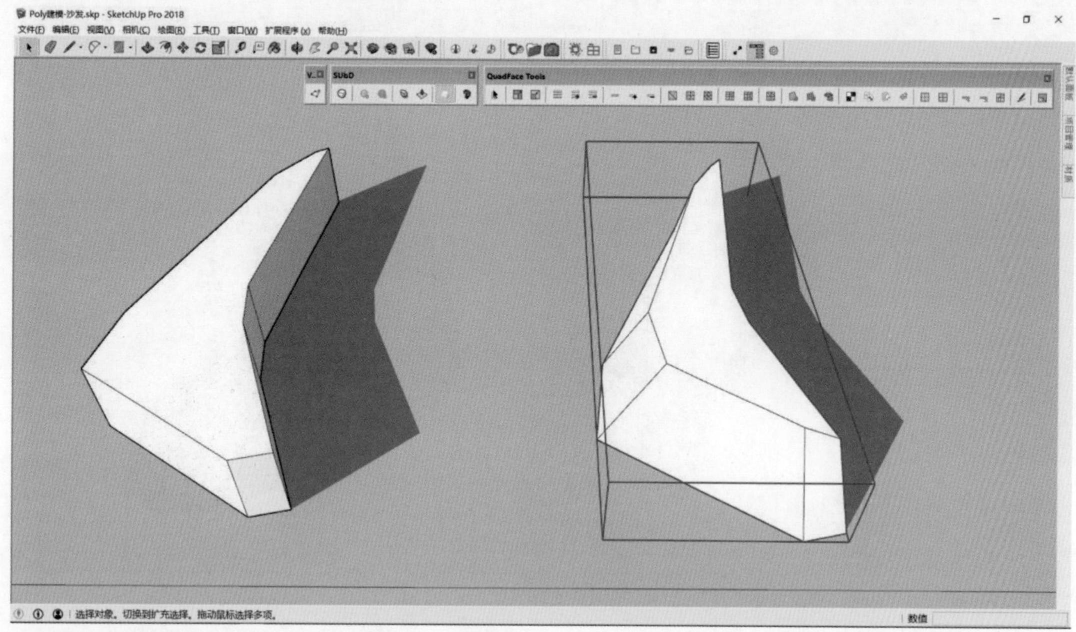


步骤 5 利用细分插件，如 SUbD 插件进行细分。

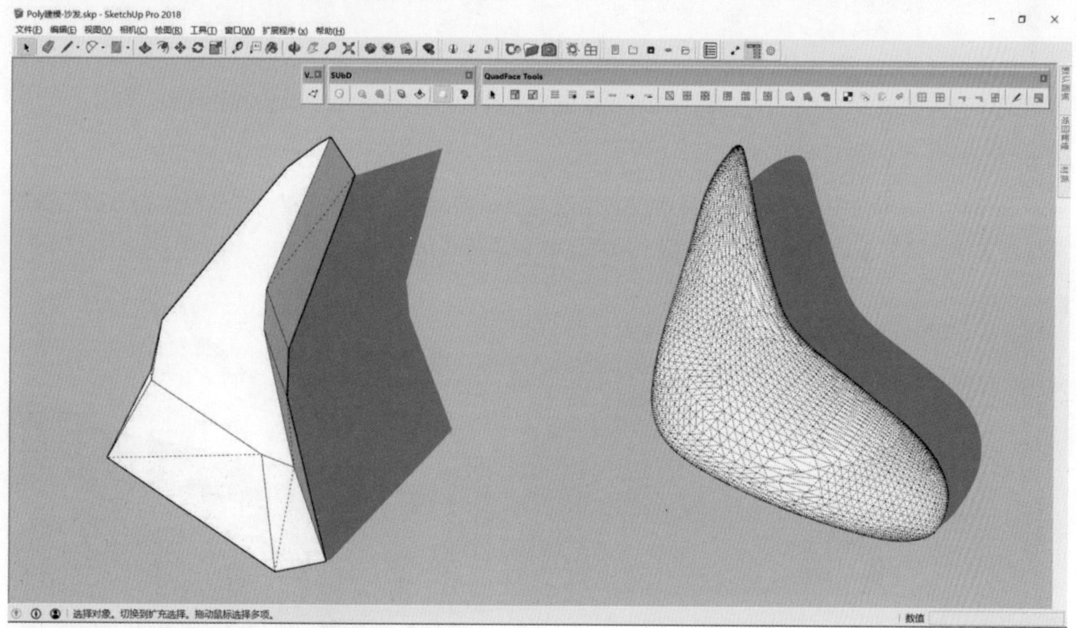


步骤 6 为模型赋予材质，即完成操作。

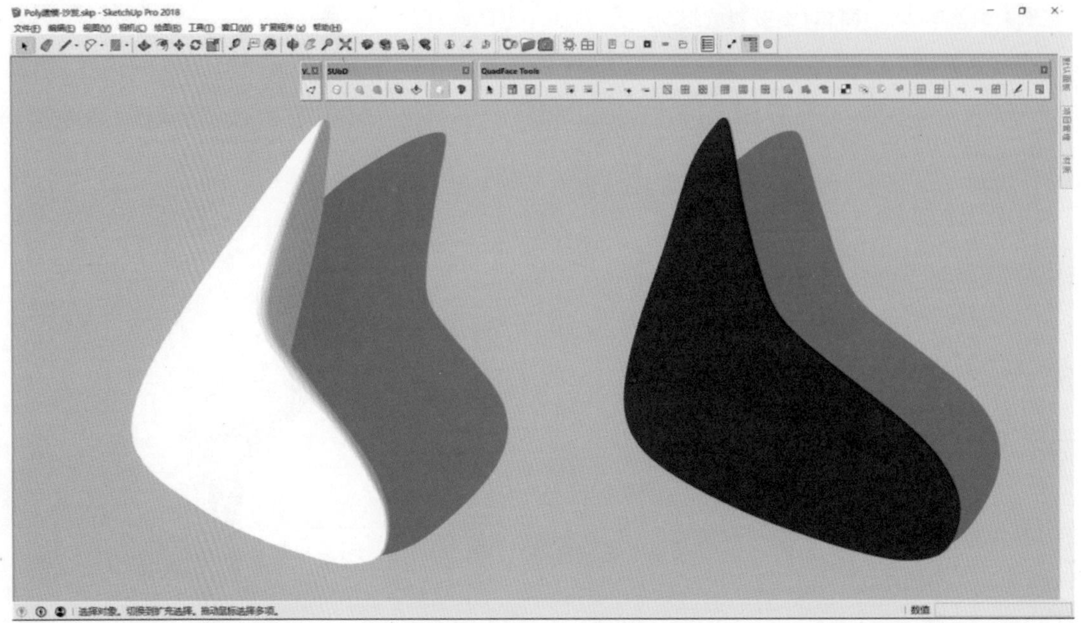

## 9.3 渲染工作

当建模完成后，就正式开始渲染工作了。首先要和设计师做好设计沟通，了解设计师的设计意图和设计表达的重点。例如，本案例的硬装效果和家具的选配都使用了柔和的曲线设计手法，也就是要渲染出效果的地方。

基于此，效果图中要把曲线接待台作为重点的展示物品放在中景位置，把具有优雅低调色彩的柔性沙发作为第二重点搭配。注意：整个墙面的软包质感也是重中之重。

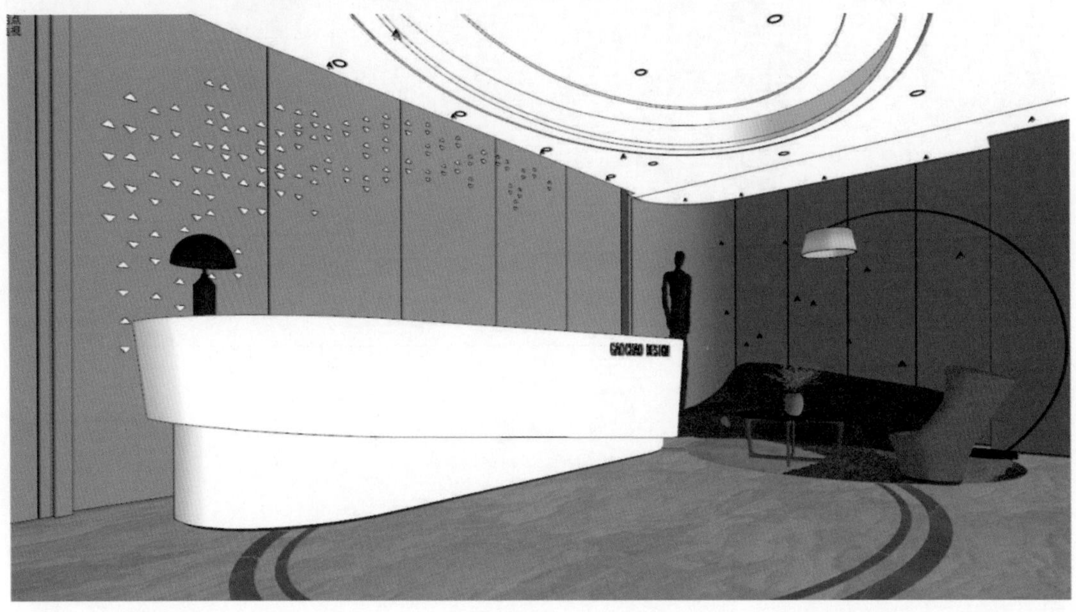

## 9.3.1 渲染准备——模型检查

不管场景模型是不是自己制作的，渲染之前的模型检查都是必需的环节。

打开 SketchUp 场景模型。检查的原则是先整体后局部。先检查室内房屋结构是否正确，以及有无遗漏的地方；再检查硬装构造，了解每一处的材质状况：什么地方是壁纸、什么地方是大理石、什么地方是玻璃、什么地方是木皮，都要心里有数；然后了解一下室内灯具的位置和数量，看看天花上哪些是射灯、哪些是筒灯，以及有没有暗藏灯槽；最后再看一下正反面，把模型面都统一为正面，这样有利于渲染计算。

了解完模型之后，找到需要重点表现的相机视角，设定好场景页面。然后在这个场景中再仔细检查出现在视图中心的模型和贴图是否有问题。所有流程完成后，就可以打开 Enscape 开始工作了。

## 9.3.2 渲染设置——灯光

灯光的检查也是先整体后局部。先让整体的亮度满足要求，再来调整局部。这是重要的指导原则，务必遵循。

由于本案例设计的是室内空间，而且没有窗户，所以灯光略微好设置一点。

首先，要把天花上有筒灯的地方全部打上聚光灯，设置好光线的颜色和强度，然后添加 IES 光域网。

提示：聚光灯的灯光颜色是通过 SketchUp 的材质油漆桶给聚光灯光源填充颜色时决定的，为了保证灯光的写实，请尽量避免使用饱和度较高的颜色填充光源。本案例的办公区域主光源选择白光。

调试筒灯光源亮度的时候，既要利用 IES 灯光丰富的灯光信息多做尝试，挑选最适合场景的 IES 灯光文件；同时又要避免一个场景出现过多不同的 IES 光源，造成画面混乱和不真实。

在天花上放置筒灯的时候，相同类型的光源可以通过移动、复制得到，后期修改其中的一个就可以改变这一类灯光的发光强度和 IES 光域网文件。但若要一起改变光色，则需要把筒灯灯座模型和光源一起新建组件。然后再复制这个新组件。对于这组灯光，既可以同时改变光色，又可以同时改变发光强度和 IES 光域网文件。

如下图所示为天花筒灯的参数。

如下图所示为把所有筒灯设置好后的效果。

筒灯光源设置完毕后，别忘了筒灯灯座的自发光，具体参数如下图所示。

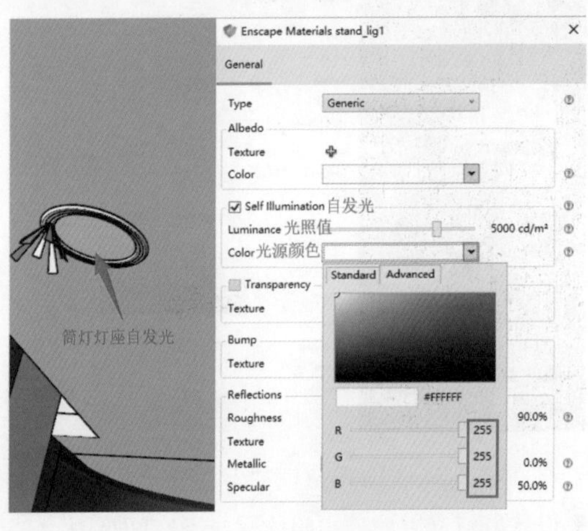

再为灯带设置好自发光，具体参数设置如下图所示。

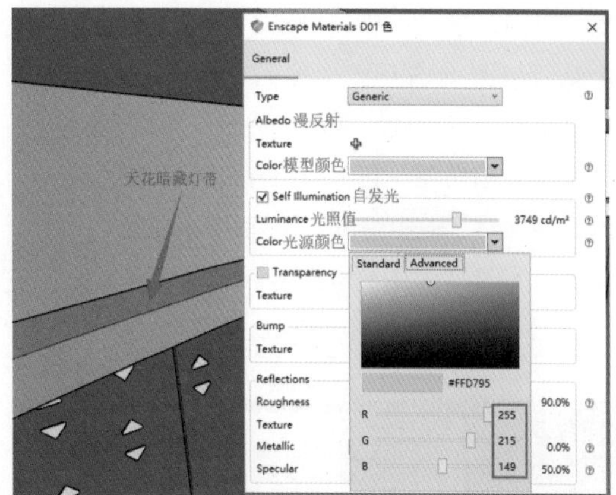


把墙壁透光三角造型设置为自发光，光度可以弱一点，具体参数设置如下图所示。

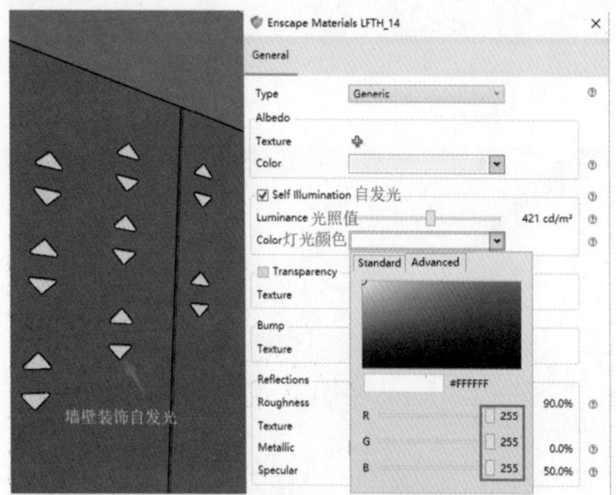


落地灯灯罩也要设置一下自发光。

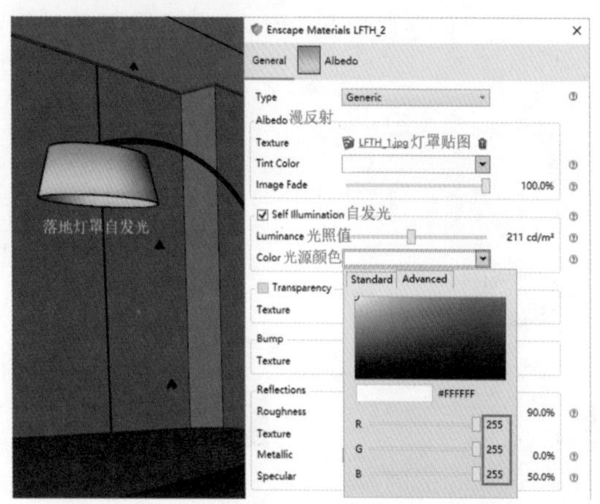


在将这些在物理空间中该发光的地方全部都设置好灯光以后，再整体看一下空间氛围。

切换到效果图的相机视角，再细致地观察一下空间氛围。

此时，可以发现空间没有亮点，光线呆板，因此要根据构图需要，在一些需要表现的特定地方补光，从而制作出一个有重点、有对比的光线氛围。

具体补光的位置和强度，则需要读者多多练习和思考，没有固定的手法和流程。本例的灯光参数可以从源文件中查看。

这里再补充一下，整体空间灯光效果需要保证没有曝光和死黑的存在。通常可以在 Enscape 全局设置对话框中，调整 Light Brightness（人工光亮度）和 Exposure Brightness（手动曝光），以及 Ambient Brightness（环境光）的平衡关系，以达到理想的效果。

下面分别介绍这些参数的具体位置。

全局设置按钮在如下图所示的工具栏中。

General（常规）选项卡中的 Exposure Brightness（手动曝光）参数设置如下图所示。

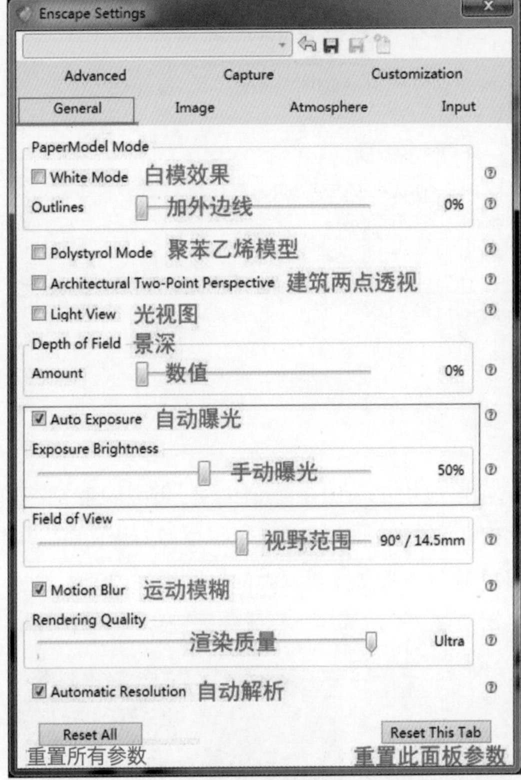


Advanced（进阶）选项卡中的 Light Brightness（人工光亮度）参数设置如下图所示。

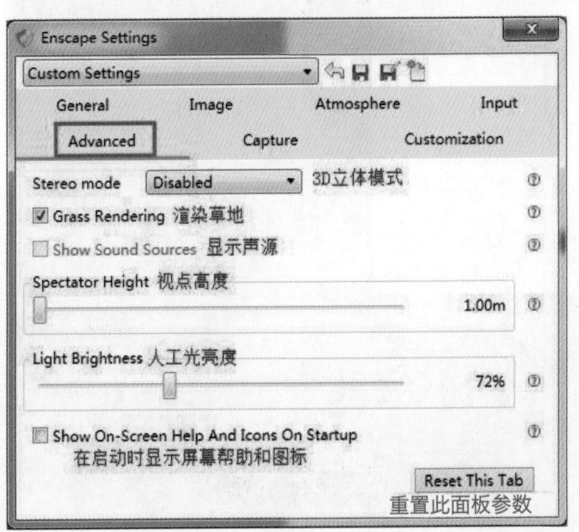


Image（图像）选项卡中的 Ambient Brightness（环境光）参数设置如下图所示。

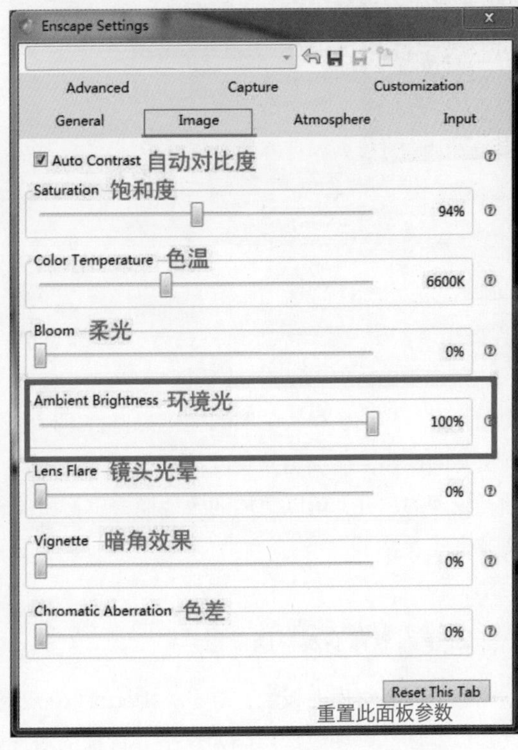


## 9.3.3 渲染设置——材质

Enscape 的材质处理方式通常就是在漫反射中添加材质贴图或者颜色来表现材料的本质，然后设置透明、凹凸、反射等参数。

本节用截图的方式介绍重要的材质参数。

### 1. 墙面皮质硬包材质设置

因为墙面具有皮质硬包质感，所以用咖啡色作为漫反射的颜色，然后添加一张皮质的凹凸贴图纹理，强化皮纹纹路的质感，具体参数设置如下图所示。

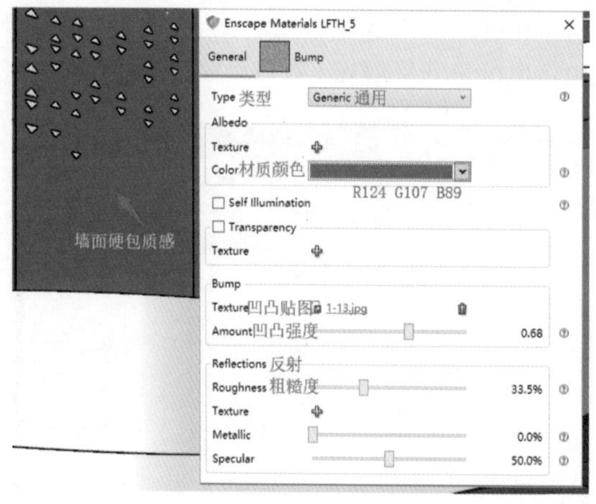

单击 Bump（凹凸）选项区域 Texture 右侧的✚时，弹出该材质贴图的编辑窗口，可以实现更多的操作，比如调整长度与宽度。通过调整凹凸纹理的尺寸，可以更加细致地模拟出材质的质感。

### 2. 单人靠背沙发材质设置

首先，在材质面板中，单击 Albedo（漫反射）选项区域中 Texture 右侧的✚，添加一张贴图。然后设置凹凸贴图纹理。因为这个靠背椅的漫反射材质贴图与凹凸贴图是同一张纹理图片，所以只要直接单击 Use Albedo，Enscape 就可以自动把漫反射的贴图文件复制为凹凸贴图的纹理文件。再调整它的 Amount（数量）滑块以及 Roughness（粗糙度）滑块即可。具体参数设置如下图所示。

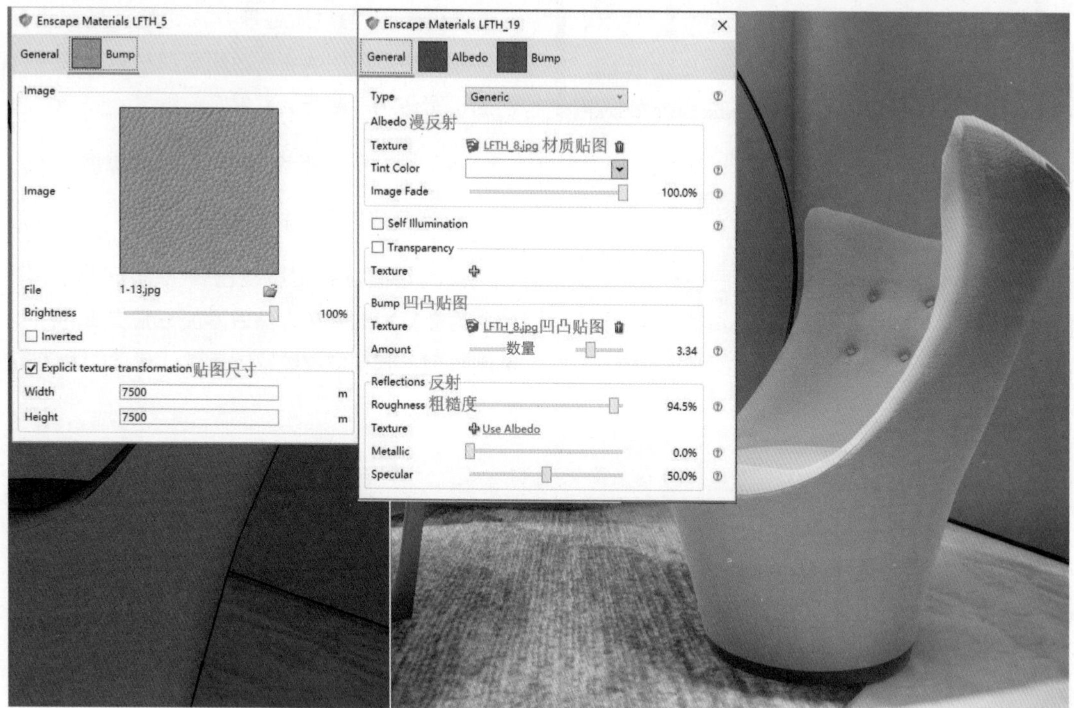

### 3. 布衣靠背沙发材质设置

这里沙发的纹理和上面单人沙发的纹理有些不一样，渲染图的质量往往和这些细节相关。具体参数设置如下图所示。

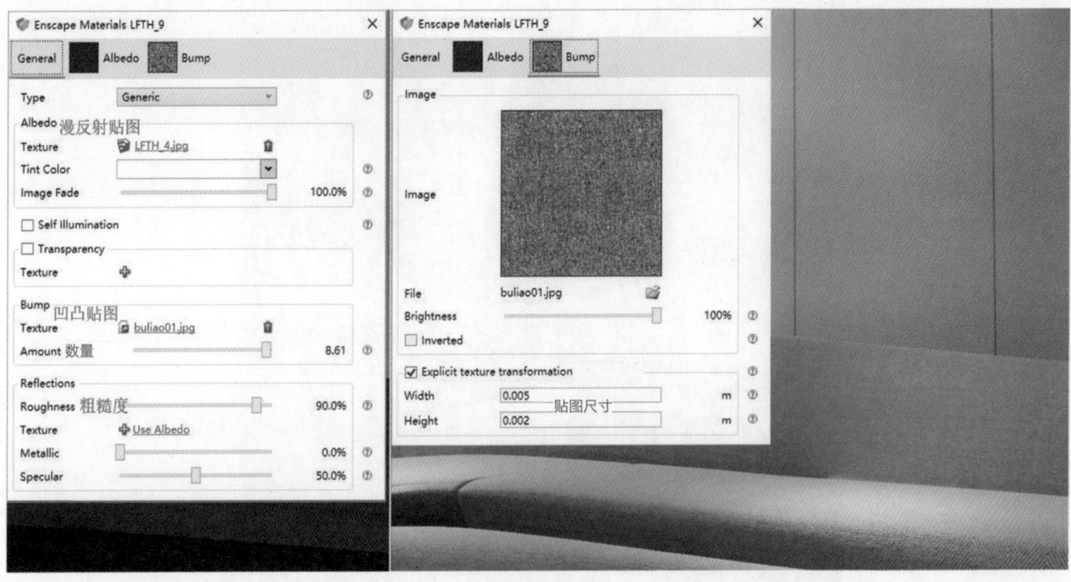


### 4. 地毯材质设置

地毯材质重点要表现出毛茸茸的亲和感，Enscape 目前没有好的方式渲染出 3D 的绒毛质感，只能从材质贴图上想办法。所以找了具有强烈凹凸质感的布纹理贴图，然后增加 Amount（数量）值，辅以合适的贴图角度处理，目前来看效果还不错。具体参数设置如下图所示。

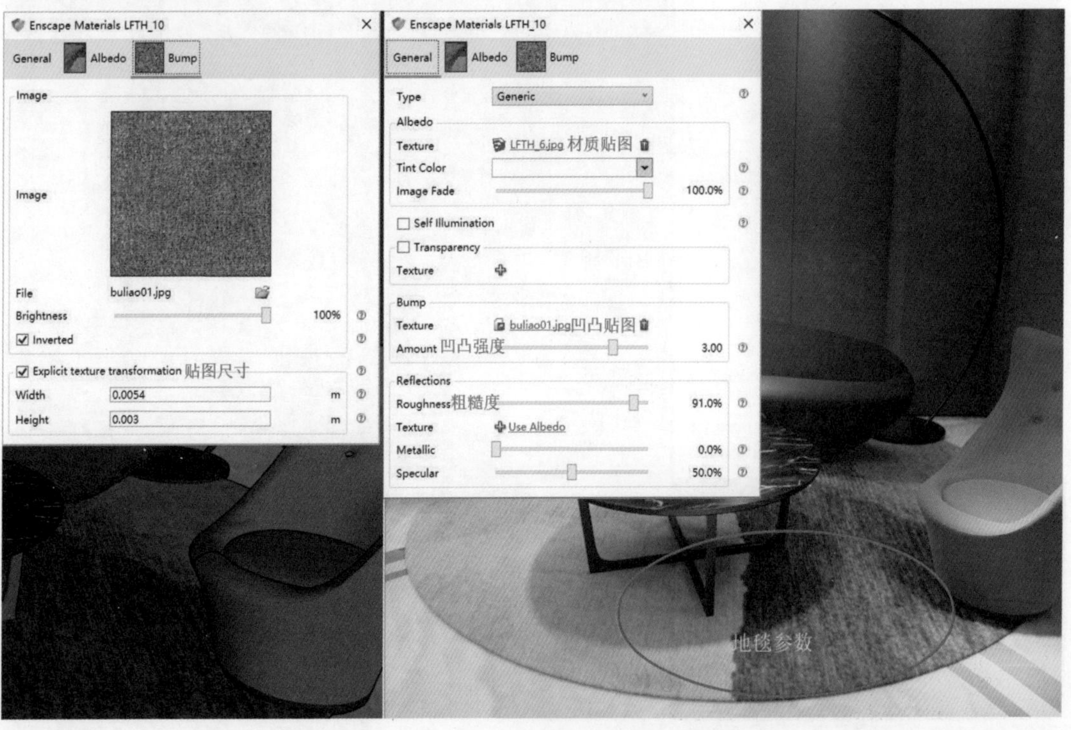

### 5. 不同家具材质的质感对比

如下图所示展示了不同家具材质的质感对比。

### 6. 大理石茶几的材质设置

本案例的茶几虽然是简约风格的大理石面与金属脚组合，但茶几和茶几之上的蓝色花瓶配上黄色的花枝，给整个空间添加了生活的氛围。参数设置比较简单，具体如下图所示。

### 7. 茶几脚参数设置

如下图所示为茶几脚参数设置。

### 8. 花瓶材质参数

如下图所示为花瓶材质参数设置。

### 9. 花瓣材质参数

花瓣材质参数设置如下图所示。

## 9.3.4 成果输出

将整个模型渲染设置调整好以后，就可以输出成果了。在 Enscape 渲染器的输出工具栏里可以设置图片、EXE、视频等参数。

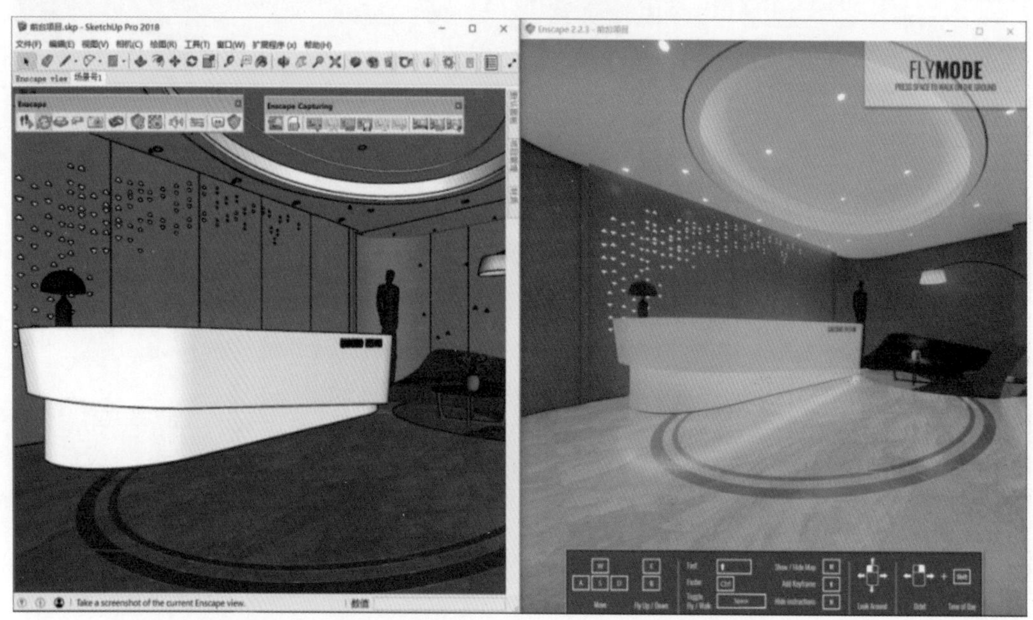

在 Enscape 渲染器主工具栏中单击 Settings（全局设置）按钮，在弹出的对话框中选择 Capture（输出）选项卡，在 Resolution 下拉列表中，可以选择输入图像的精度，最高可以设置到 4k。如果选择 Custom 选项，还可以自定义输出图片的分辨率。如果计算机配置较高，可以输出 8k，分辨率高达 8192×8192。

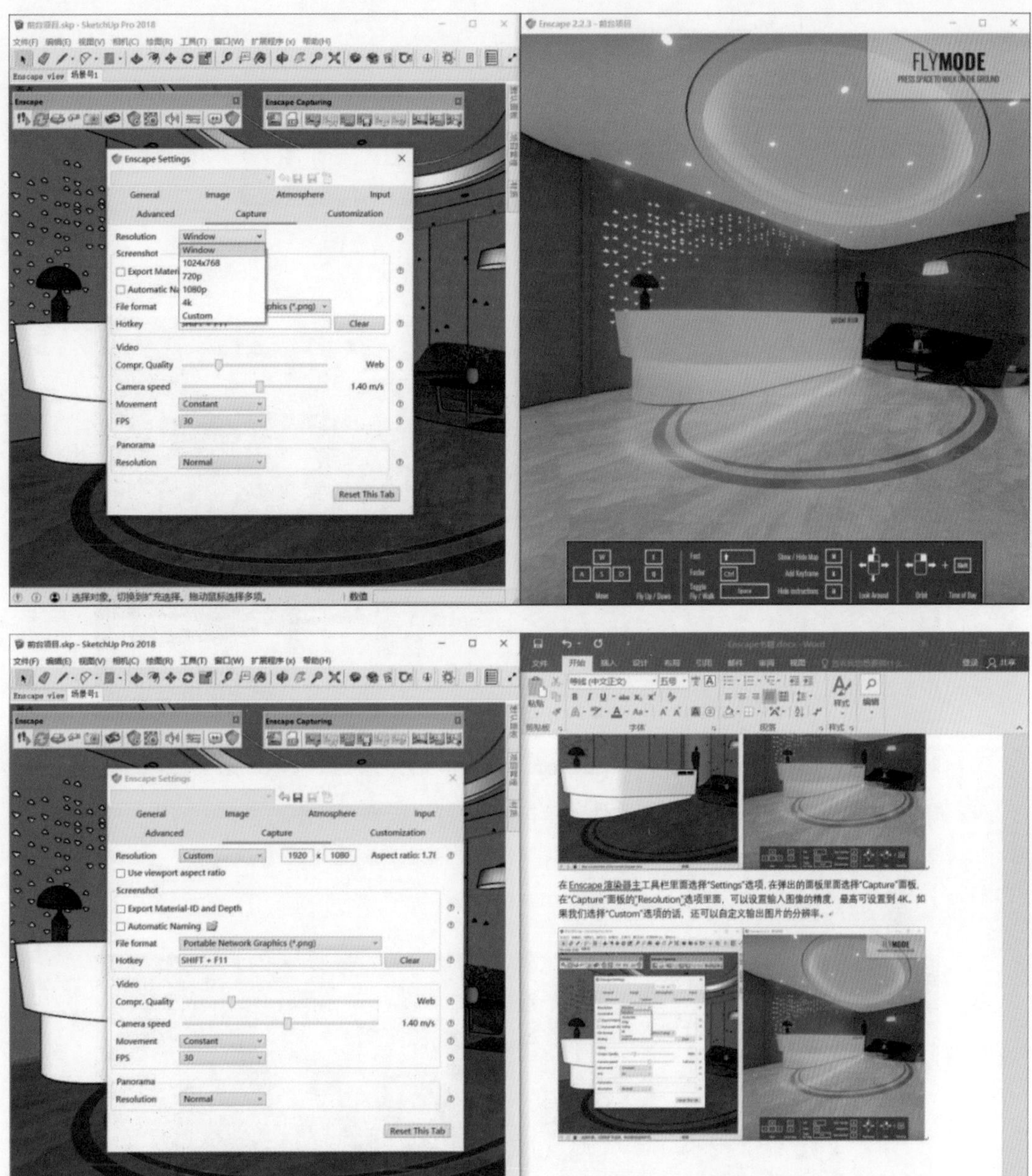

设置好图片输出分辨率后，单击 Enscape 渲染器输出工具栏中的第一个按钮，即 Screenshot 按钮，即可导出渲染好的图片。

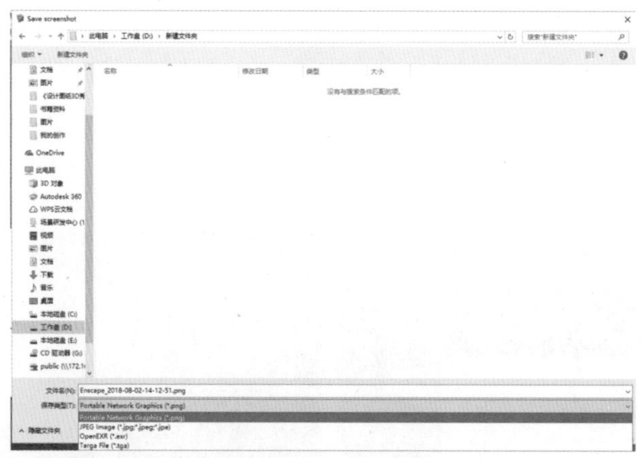


最终输出效果（未经过 Photoshop 后期处理）如下图所示。

除了输出图片，还可以输出 EXE 文件。单击 Enscape 渲染器输出工具栏中的第二个按钮，即 Export 按钮，即可导出一个 EXE 格式的文件，不需要额外安装任何程序，双击 EXE 文件即可打开查看。

第 10 章

# 室内案例——SPA 浴室案例

# 10.1 渲染主题

本案例是一个都会型的SPA浴室间。这样的空间通常位于城市中著名的饭店或者高档次的休闲中心，是给都市白领提供能够在短时间内消除疲劳的休闲方式，可以很好地缓解都市节奏带来的压力，所以这是一个需要在繁华闹市中创建一小片休闲静谧氛围的室内设计方案。具体来说，整个空间并不大，有一个落地窗、一个专业的SPA圆形浴缸、淋浴设备及盥洗台。材质以高档大理石为主。落地窗前面有可以改变光线角度的百叶窗。

这里把渲染的相机放置在浴缸后面，把相机视角设置为从浴缸处通过落地窗远眺市中心的方向。画面近景是高档SPA浴缸和玫瑰花瓣，表达休闲的氛围；中景的重点是墙面高雅的白色大理石；远景是黄昏时华灯初上的城市。室内空间氛围整体上以干净的白光为主色，辅以局部的暖色灯带作为补充，加上窗外的深蓝色天空背景，总体衬托出优雅的空间氛围。

# 10.2 渲染准备——模型检查

打开SketchUp场景模型，首先检查一下场景模型。检查遵循先整体后局部的原则。先检查室内房屋结构是否正确，有无遗漏的地方。再检查硬装构造，了解每一处的材质状况，比如什么地方是壁纸、什么地方是大理石、什么地方是玻璃、什么地方是木皮，都要心里有数。然后检查一下室内灯具的位置和数量，看看天花上哪些是射灯、哪些是筒灯，特别是SketchUp中一些暗藏灯槽只有结构没有灯具，更需要仔细查看。最后看一下正反面，尽量把模型面都统一为正面，有利于渲染计算。

基本检查完毕后，找到要重点表现的角度，设定好场景页面。然后在这个场景中再仔细检查一下出现在视场中心的模型和贴图，特别是距离相机很近的一些家具模型和装饰品模型，其模型和贴图的细节要求比较高。

这时可以打开 Enscape 软件，大体找一下空间氛围。

如下图所示是早上 8 点 30 分的效果。

如下图所示是下午 18 点 30 分的效果。

这些图就是直接打开 Enscape 后，没有做任何参数设置的感觉，是不是效果很好？因为 Enscape 已经给用户打下了很好的基础。接下来开始一一设置细节吧。

## 10.3 渲染设置——灯光

灯光的调整步骤也是遵循先整体后局部：先让整体的亮度满足要求，再来调整局部。如果反过来，就容易造成局部灯光过亮，从而产生曝光的问题。

由于本案例的浴室空间是在高层楼上，所以窗外需要增加一张城市的图片，方便突出内外氛围的对比，容易把控灯光设置。首先，在 Enscape 视窗上利用鼠标右键和 Shift 键操作，将时间定位为 23:00。这样整体空间就变黑了。具体流程是先设置室内灯光，再设置室外光线。

先在筒灯下面增加射灯（聚光灯）光源。这里有一个小技巧：这个射灯光源不一定必须放在天花筒灯模型的正下方。本案例就把光源放在了靠近墙面的地方，这样墙面就会出现光晕效果。

步骤 1 从 Enscape 工具栏中单击 Enscape Objects（对象）按钮。

步骤 2 在弹出的 Enscape Objects（对象）对话框中单击 Spot（聚光灯）按钮。然后在 SketchUp 场景视图里，分四步放置聚光灯，第一次单击确定光源所在的平面，第二次单击确定光源所在平面的高度，第三次单击确定光照朝向，第四次单击确定光束角展开角度。

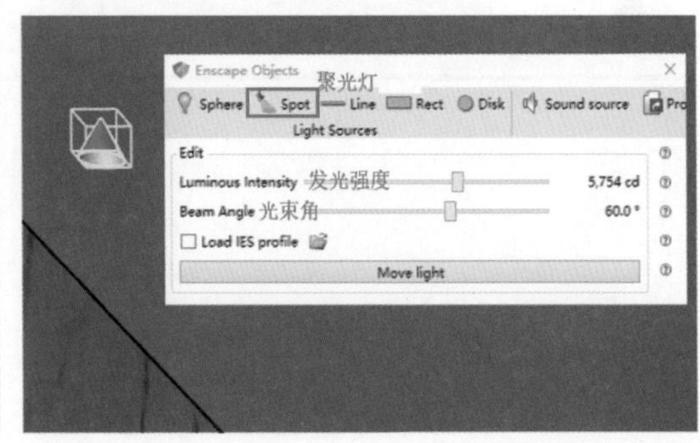

然后把筒灯模型的灯片设置为自发光。这里的灯光强度数值可以小一些，因为只需要灯片有亮度即可，不需要照亮空间。方法如下：

步骤 1 从 Enscape 工具栏中单击 Enscape Materials（材质编辑器）按钮。

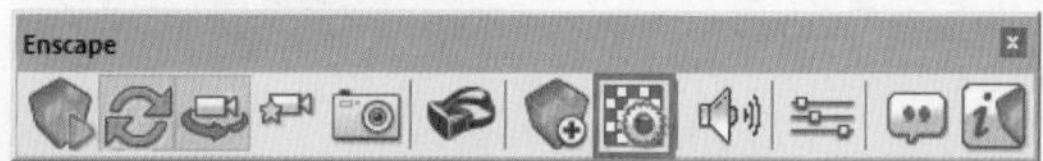


步骤 2 在弹出的Enscape Materials（材质编辑器）中选中Self Illumination（自发光）复选框即可，之后调节Luminance（灯光强度）和Color（灯光颜色）。由于本案例的天花射灯设定为白光，所以把灯光颜色的 RGB 值全都改为 255。

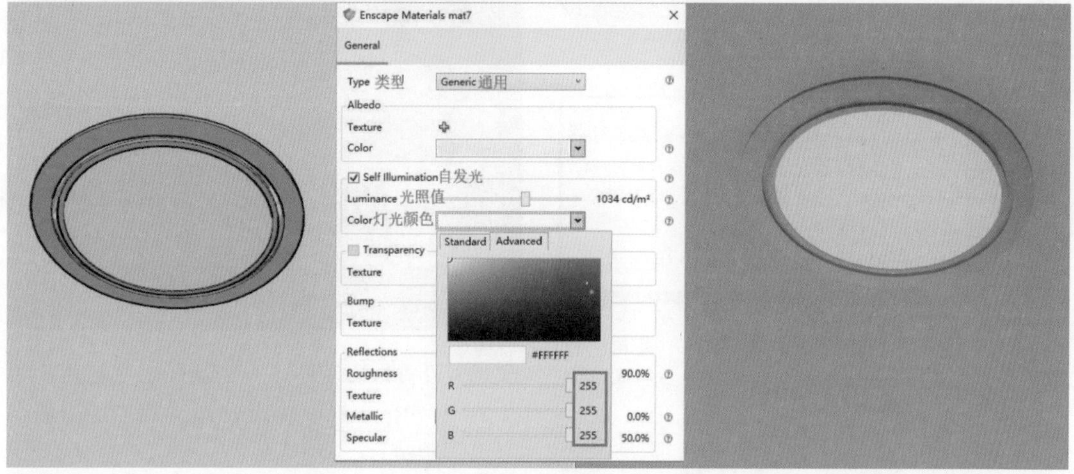


步骤 3 由于默认聚光灯的颜色也是白色的，这里没有特别调整，所以目前整体空间的灯光效果很差。

为了把射灯效果表现得更好，需要增加 IES 光域网。首先，在 SketchUp 场景视图里选取一个聚光灯光源，然后在 Enscape Objects（Enscape 对象）对话框中就会显示该聚光灯光源的设置选项：Luminous Intensity（发光强度）和 Beam Angle（光束角），以及 Load IES profile（加载光域网文件）和一个文件夹图标。单击文件夹图标或者选中 Load IES profile 复选框，打开资源管理器对话框，找到 IES 灯光文件，加载使用。这时该聚光灯光源设置选项如下图所示。

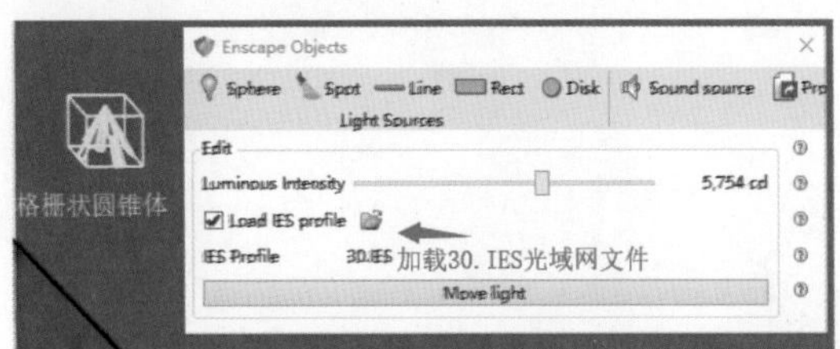


这时空间灯光效果柔和了很多，墙面出现了明显的光晕效果，而且空间的明暗对比改善了不少。

接下来开启暗藏灯槽里的灯。

由于 SkethUp 本身没有光源，所以很多时候 SketchUp 建模者不会特意把灯槽构造给画出来。所以后期渲染人员就要提前和设计师沟通好方案中哪些地方有灯槽，以及灯槽的光线是什么样的。明确方案后，就在 SketchUp 模型的灯槽结构中新建矩形块，附上颜色作为暗藏光源。具体做法如下：

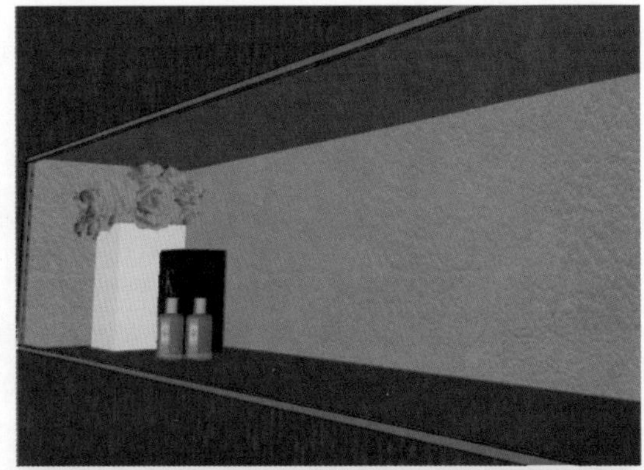

步骤 1 设置为自发光。从 Enscape 工具栏中单击 Enscape Materials（材质编辑器）按钮。

步骤 2 在弹出的 Enscape Materials（材质编辑器）中选中 Self Illumination（自发光）复选框，调节 Luminance（光照值）和 Color（灯光颜色）。这里把暗藏灯带灯光颜色的 RGB 值设置为 R255、G215、B149（经验值，仅供参考）。为了方便设置，可以把这个空间所有的暗藏灯带都用统一的颜色。这样更改其中一个地方的发光参数，其他暗藏灯带的地方都会有所变化。

这时空间效果如下图所示。

室内灯光都基本设置完成后，就要设置背景光源了。首先，将一张风景图片放到窗外。然后利用自发光模拟窗外的自然光（风景图片的模型尺寸要比窗户大一些，并尽可能地靠近窗户，避免在移动相机视角时窗外出现空白）。

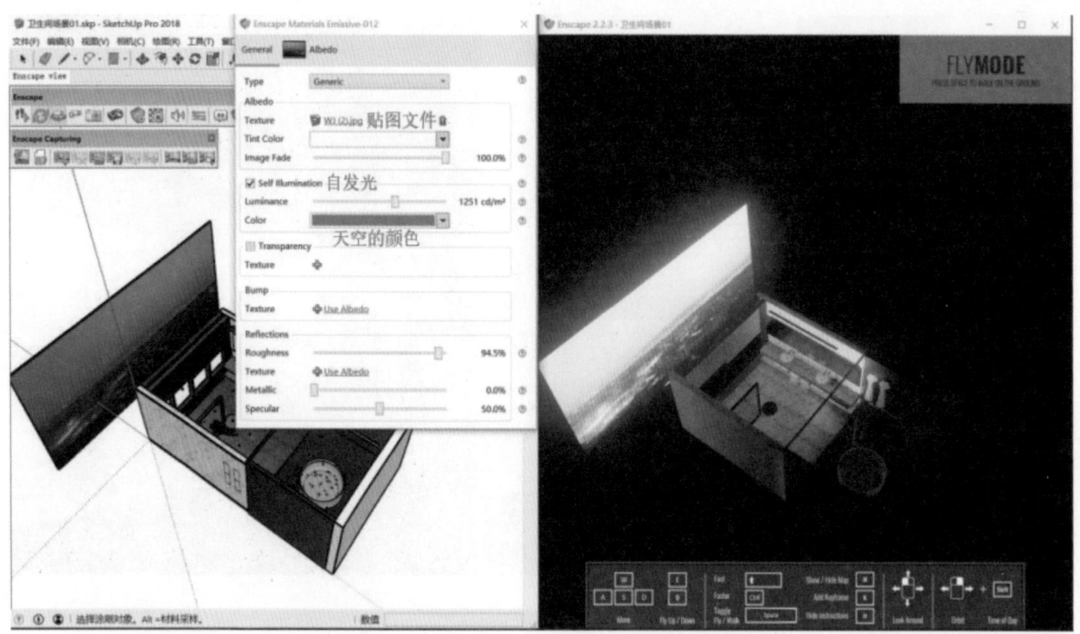


如下图所示是设置好窗外背景光的效果，从图效果来看，基本上该亮的地方都亮了。

从图片整体效果来看，还是较为平淡的，没有层次，没有重点。因此，要在重点位置设置一些补光，强调要重点表现的结构。例如，前景的浴缸就是重中之重。稍远一点的马桶附近的景观造型，以及画面右侧的盥洗区，都单独设置了聚光灯光源。

补光是整个画面的补充，亮度要小一些，不能喧宾夺主，具体参数可参照本节附赠的源文件。最终效果如下图所示。

# 10.4 渲染设置——材质

设置好光线后，再进行材质的调整。材质的调整遵循先大块后小块的原则。比如大块的墙面、大块的地面，把这些大块的材质调整完以后再调整小块的材质。

## 10.4.1 设置墙面的大理石材质

大理石墙面是本案例中景的最大部分，所以可以优先设置参数。光滑面的大理石材质设置也比较简单，只要把墙面的粗糙度属性值设置到 9.0% 左右，再将镜面反射值设置到 50.0% 左右，就能表现出光滑的大理石面反光的质感了。本案例的大理石地面和墙面设置差不多，只是贴图文件稍有区别。

## 10.4.2 设置主景观花盆材质

本案例中的花盆材质比较简单，只需把粗糙度值设置得小一点，然后把镜面反射值设置得大一点即可。

枯枝造型的材质比花盆要复杂得多，枯枝表面的树皮有斑驳的效果才能让人产生时间久远的感觉。所以树皮材质的重点是设置凹凸贴图，并提高把 Amount（数量）值，增加凹凸强度。另外，要把粗糙度值设置为 94%。最后设置凹凸贴图的贴图尺寸。

## 10.4.3 玻璃隔断材质设置

花盆后面的玻璃隔断框架是用金色亮光不锈钢制作的，所以要在 SketchUp 里把隔断框架设置为暗黄色。然后在 Enscape Materials（材质编辑器）中将金属高光参数值设置为 100% 即可。

再观察一下隔断里的拉丝玻璃，这个玻璃表面有光滑的凹凸感，会产生模糊的半透明效果，是高档的玻璃产品。要设置这个材质，首先把玻璃的颜色设置为蓝色，选中 Transparency（透明值）复选框，把 Opacity（不透明度）值设置为 13% 左右，把 Refractive Index（折射率）值改为 1.8 左右，把 Roughness（粗糙度）值设置为 0%。然后再添加凹凸贴图，并将 Amount（数量）值设置 0.85。

凹凸贴图的图片尺寸要改为宽度为 1、高度为 20 效果才会好，如下图所示。

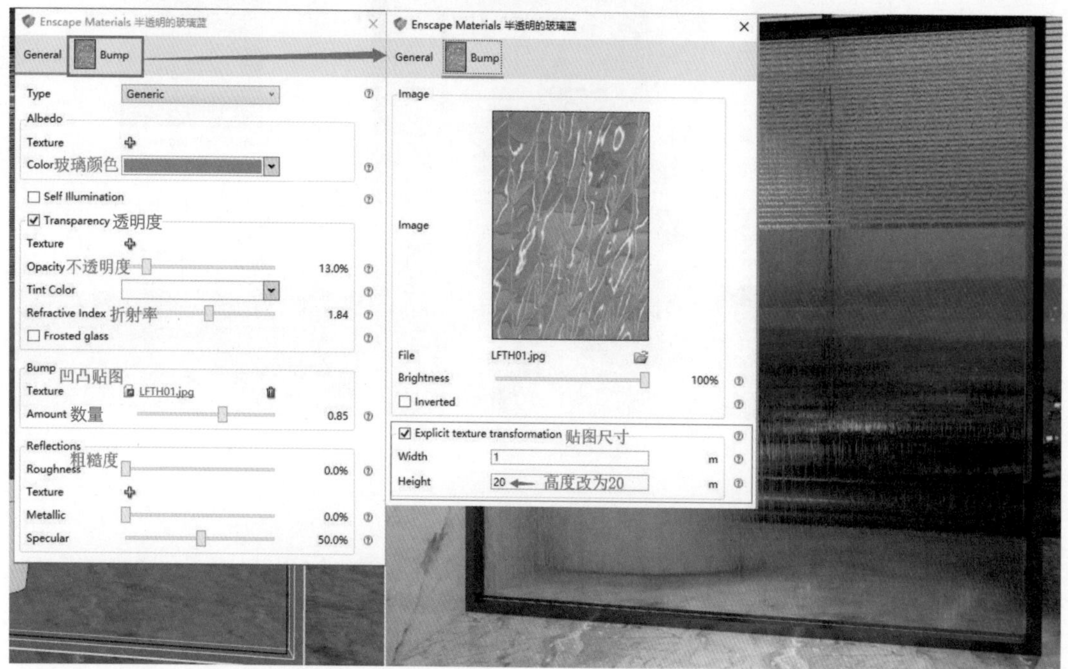

## 10.4.4 化妆镜材质设置

化妆镜材质的表现主要就是镜面效果，所以设置很简单，只要把 Roughness（粗糙度）值设置为 0.0%、Metallic（金属高光）值设置为 100% 即可。

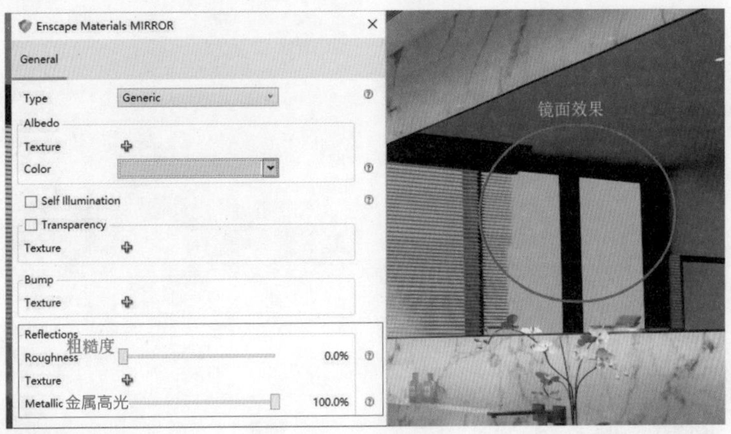


## 10.4.5 台上面盆和黄铜龙头材质设置

通常台上的面盆是陶瓷釉面的质感，具有一点柔和的反射，颜色也不能全白，稍微灰色一点的效果显得更加高档。这里把 Roughness（粗糙度）值设为 9%，把 Specular（镜面反射）值设为 91%。

给黄铜龙头添加 Reflections 属性，将 Roughness 值设置为 27.3% 左右，将 Metallic 值设置为 77.3 左右，将 Specular 值设置为 50.0% 左右。

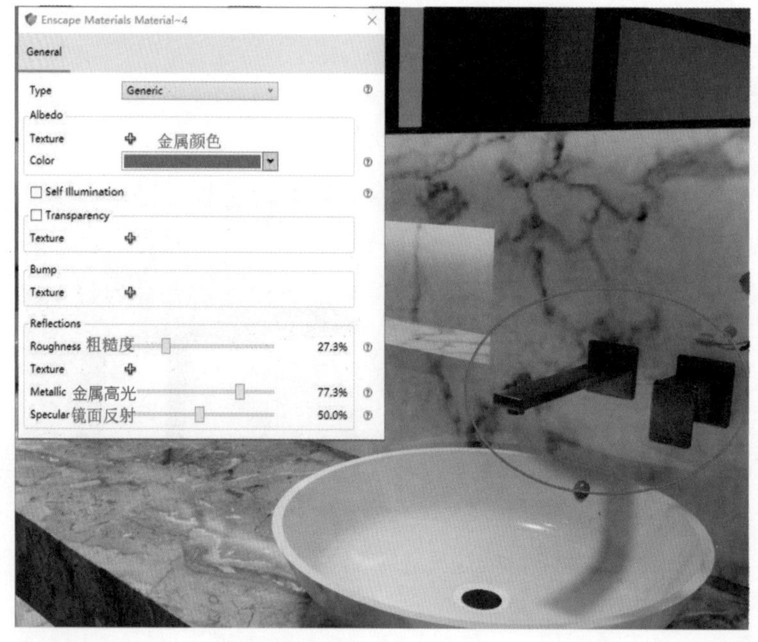


## 10.4.6 SPA 圆形浴缸及水材质设置

SPA 圆形浴缸通常为亚克力材质，其质感和圆形台上的面盆质感差不多，具体参数也差不多。

在本案例中，圆形浴缸是前景中最大、最重要的表现区域，所以浴缸水也做了较为细致的设置。首先，为水材质选中 Transparency（透明度）属性，将 Opacity（不透明度）值设置成 20.6%，把 Refractive Index（折射率）值设置为 1.00。然后设置凹凸贴图，将 Amount（数量）值设置为 0.13% 左右，把贴图纹理尺寸改为宽度为 12、高度 12。最后把 Roughness（粗糙度）值设为 0，其他参数保持不变。

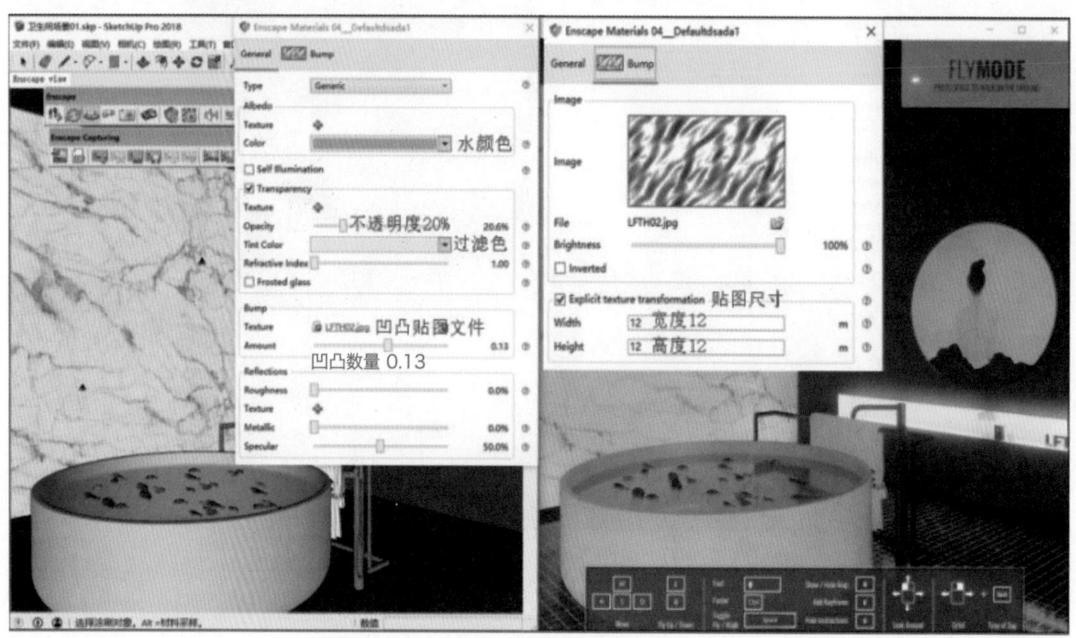

## 10.4.7 背景墙面参数设置

在浴缸的左侧有个背景墙，虽然正式图上没有展示全，但作为空间的重要组成部分，也是丝毫马虎不得的。所以这里也对材质进行了设置。

黑色防火板墙面：亚光材质，表面有微微的拉丝质感。墙面贴图为凹凸贴图，数量（即凹凸强度）值为 0.14、粗糙度值为 31%、镜面反射值为 60% 左右，如下图所示。

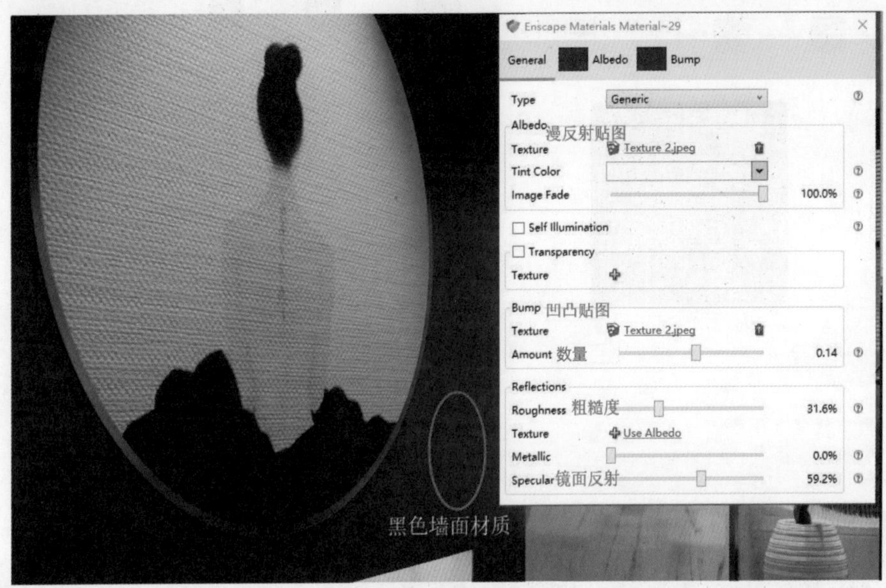


布纹壁画：该壁画可以很好地突出 SPA 空间的氛围，其材质没有反光，有一定的凹凸质感。具体参数设置是把壁画画面作为漫反射贴图，把布纹理作为凹凸贴图，设置数量（即凹凸强度）值为 0.7、凹凸贴图尺寸为 0.3×0.3（注：源文件此处参数为 0.5×0.5）、粗糙度值为 55% 左右、镜面反射值为 70% 左右。

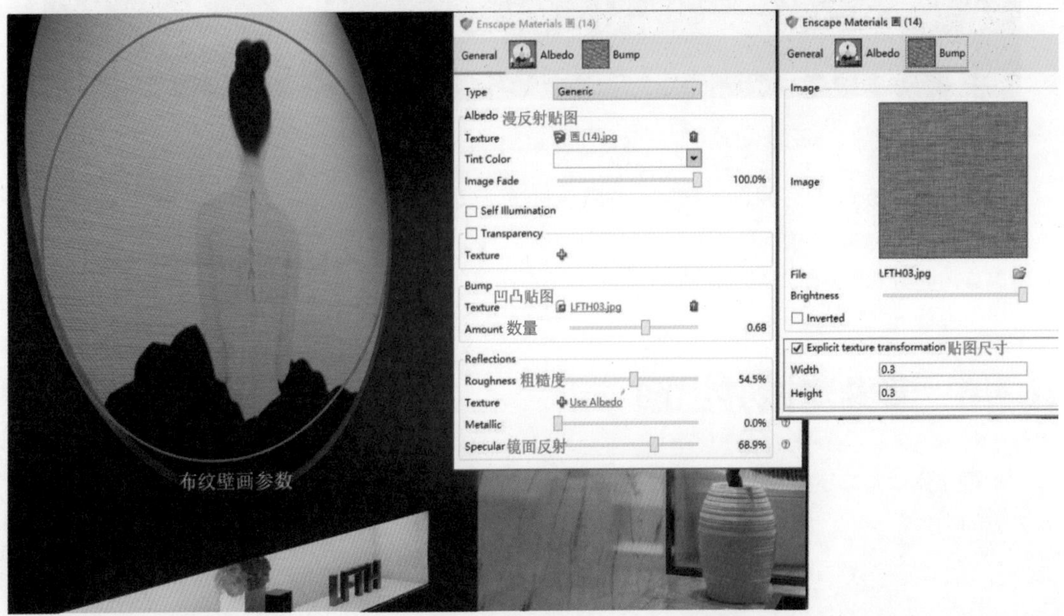

### 10.4.8 马赛克地面参数设置

黑色的马赛克地面起到了很好的防滑效果，表面具有一定反射能力。其材质的参数设置和大理石材质差不多，但数量（即凹凸强度）必须是负数，因为马赛克白色边缘低于旁边的砖块。具体参数设置如下图所示。

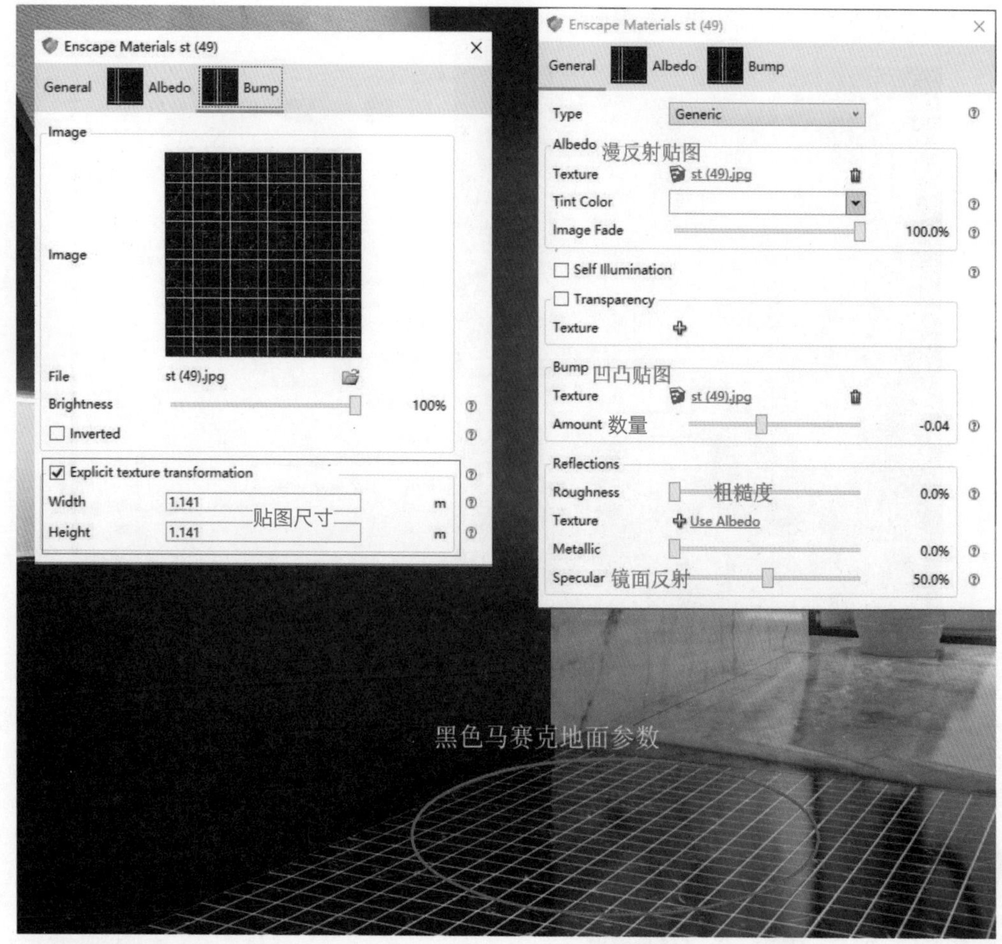


场景内其他参数的设置与此类似，读者可以直接打开附赠的源文件进行查看。

小技巧：Enscape 还拥有一套标准的默认材质，只要在 SketchUp 的材质名称中输入特定的英文关键词就能渲染出对应的材质，例如：水（water）、大理石（marble）等，非重点表现的地方可以采用此方法。

## 10.5 渲染测试并出图

根据整体效果，还要在全局设置对话框的 General（常规）选项卡和 Image（图像）选项卡中做相应的优化。

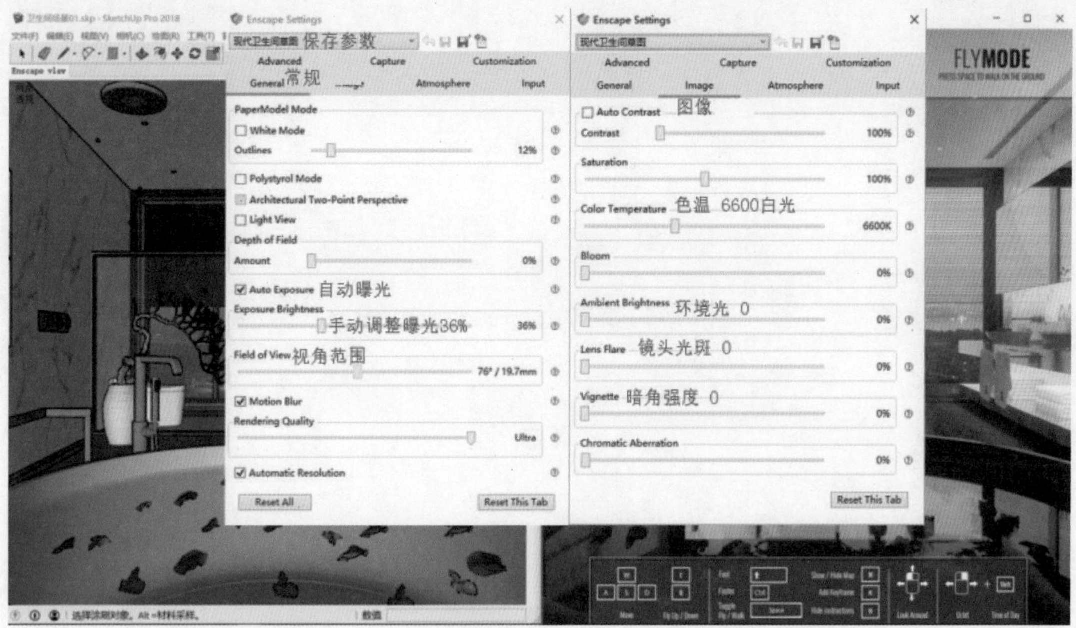


最终出图之前，还需要在 Capture（输出）选项卡中设置好出图尺寸，建议有条件的用户直接设置 4k 图（分辨率为 4096×2160）和 ID 景深通道图，方便后期通过 Photoshop 进行处理。

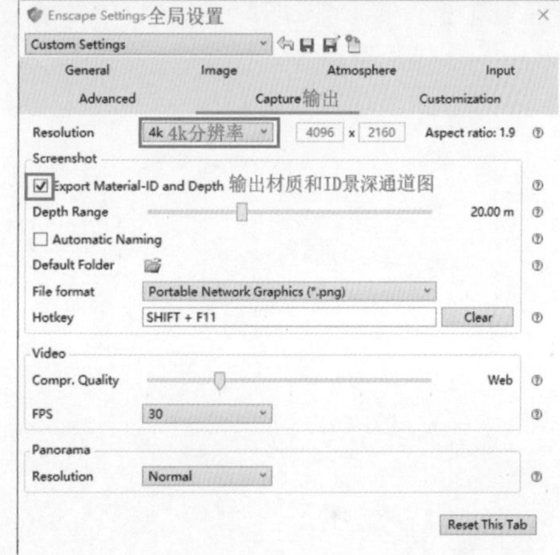


最终效果如下图所示。

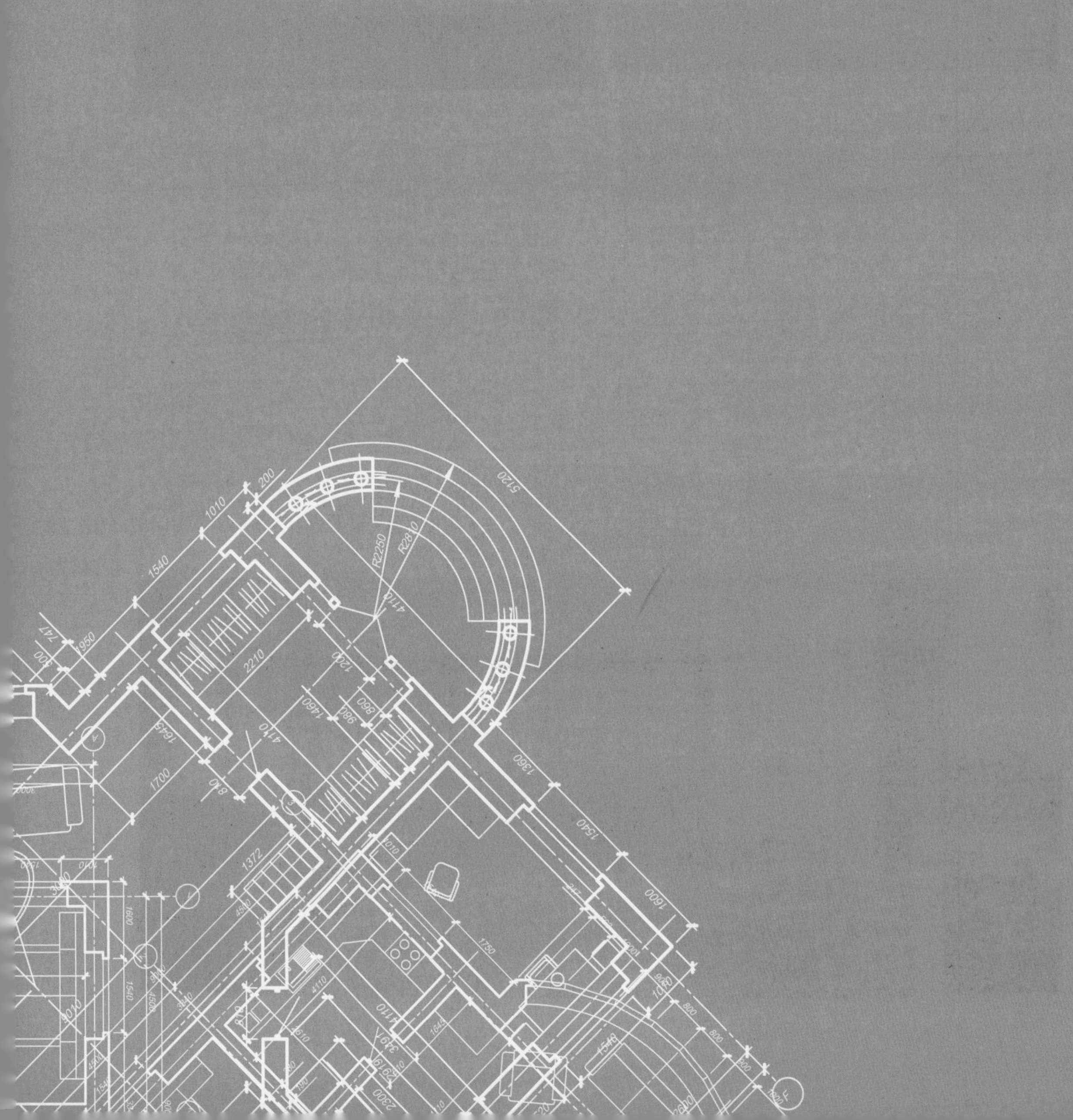

第 11 章

# 室外案例——室外小场景表现

# 11.1 案例概述

本章是对一个室外小场景案例的解析。在这个案例中，主要是营造大面积玻璃和水面的效果，通常对于室外效果图来说，玻璃和水都是不可或缺的元素，可以给建筑物增加很多生气。由于玻璃和水既有反射又有折射，所以对渲染软件和硬件都有较高的要求。

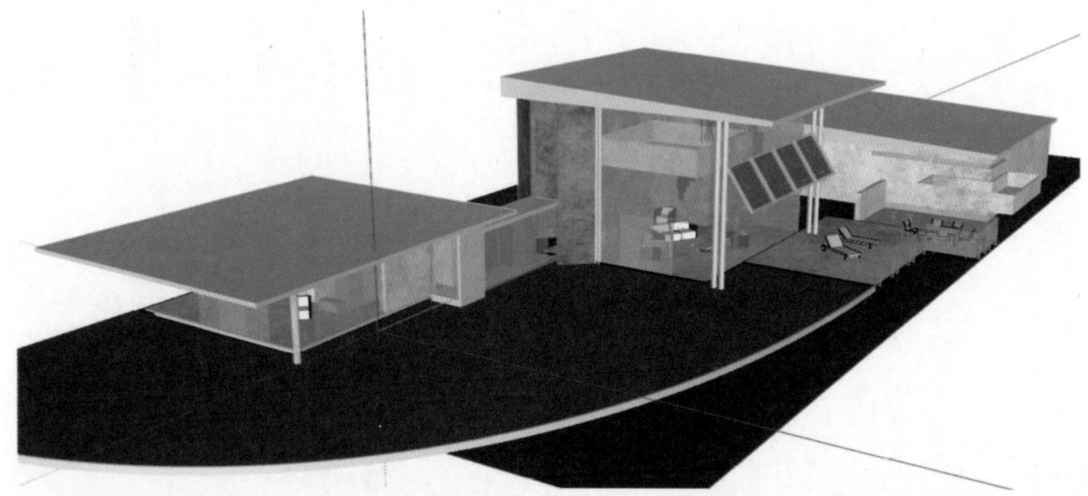

本案例将采用夜景的环境光进行效果展示，同时配合室内光线点缀；在材质方面，由于Enscape 2.3 对于水材质的设置有了显著提升，所以借这个案例笔者也尝试了新的效果。

# 11.2 模型的初步调整：相机与取景比例设置

Enscape 对相机没有出图等比例设置功能，所以在进行构图调整时，不是很方便地实现等比例的放大或缩小。所以笔者本次借助 VRay 渲染器的“渲染输出”面板进行相机和取景的设置。

单击 VRay 选项面板中的按钮，打开“选项”设置面板，切换至“渲染输出”面板，开启“安全框”，将“长宽比”设置为“自定义”，在下方的“纵横比 宽 / 高”数值框中输入自定义的数值。在有安全框的前提下，设置 SketchUp 的相机位置，以及焦距数值。

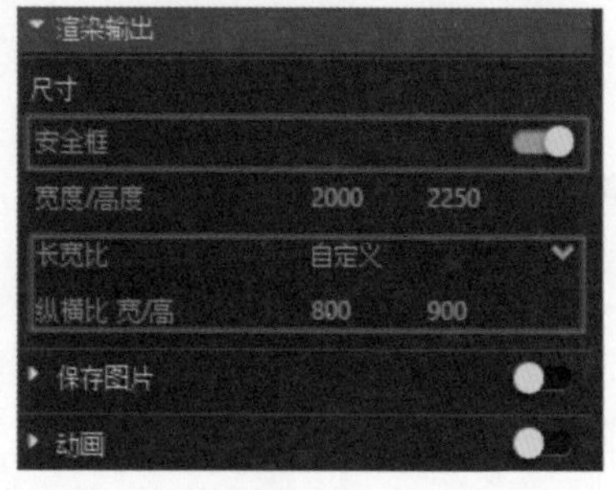

提示：

1. 一旦定义了纵横比例，用户就可以根据这个比例任意调整大小了，这个数值可以直接在 Enscape 的出图选项中使用。

2. 如果没有安装 VRay 渲染器，可以先借助 SketchUp 自带的导出二维图像中的“选项”命令进行比例关系的调整确认。然后在 Enscape 全局设置对话框中的 Capture（输出）选项卡中选中 Use viewport aspect ratio（强制使用视口比例）复选框，就会被强制执行使用 SketchUp 视图窗口的长宽比。

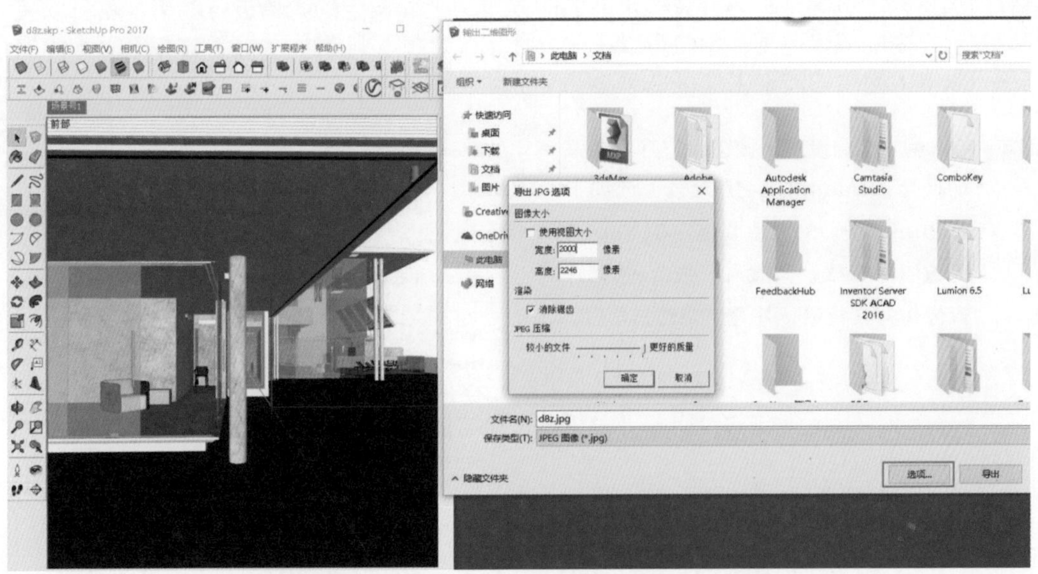


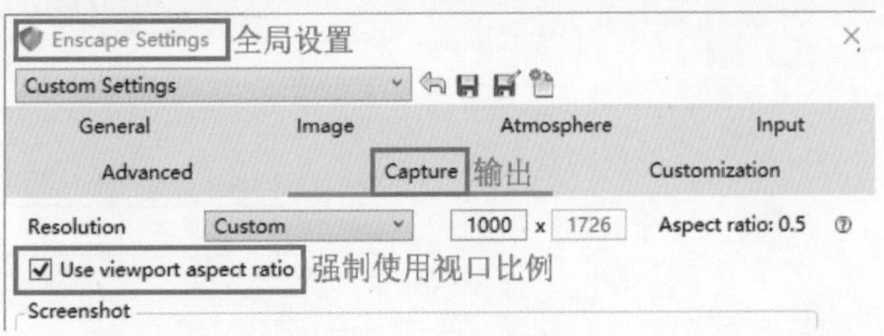

# 11.3 环境与基础光线的搭建

步骤 1 单击按钮，运行 Enscape 软件，调出 Enscape 的主窗口，再次单击按钮，使 SketchUp 软件和 Enscape 的视图同步。

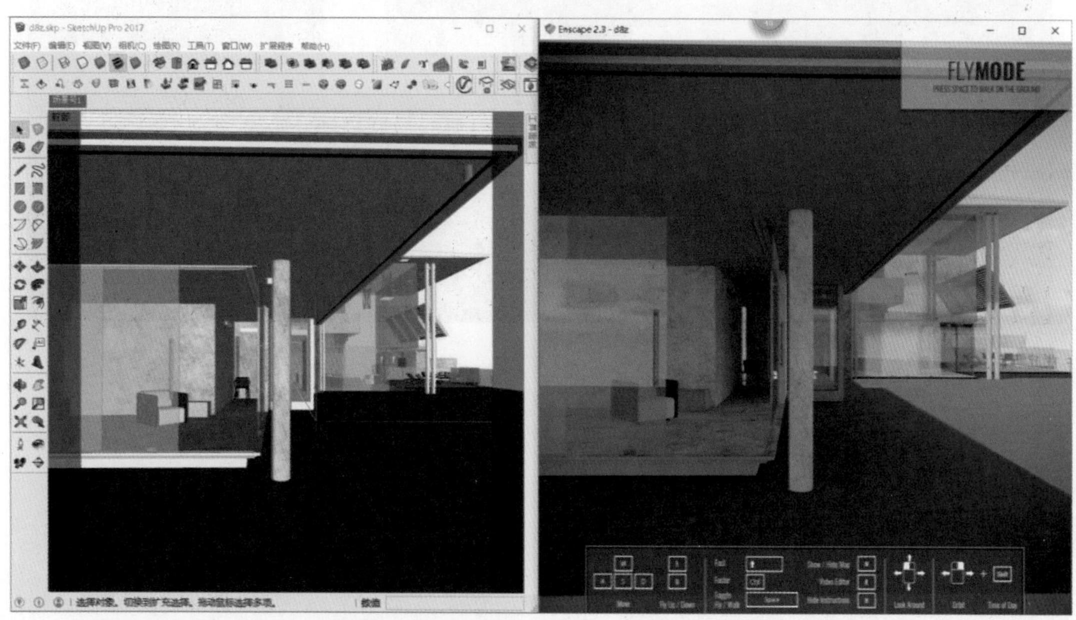


提示：如果用户不是双屏幕操作，在单独屏幕下操作有可能会出现视图同步后两者有略微差异的结果，不过不用担心，只要出图的时候按照上面设定的数值进行输出，就可以完全匹配安全框内的取景范围；用户可以在 Enscape 中按下 H 键，隐藏下方和右上方的提示信息，以最大限度地展现工作区域。

步骤 2 单击（全局设置）按钮，打开对话框，切换至 Atmosphere（大气）选项卡，将 Sun（太阳）的数值调整为 0、Fog（雾）的数值为 30%。再载入一张合适的 HDR 图像作为其背景，并适当调整其角度。

Enscape Settings 全局设置
Advanced Capture Customizat
General Image Atmosphere
Load Skybox From File
White Background
Horizon
Preset White Ground
Rotation
Fog 雾
Atmosphere 用于设置空气浓度
Clouds
Density
Variety
Cirrus Amount
Contrails
Longitude 3
Latitude 4
Sky orb brightness 天体亮度
Sun 太阳
Stars and Moon

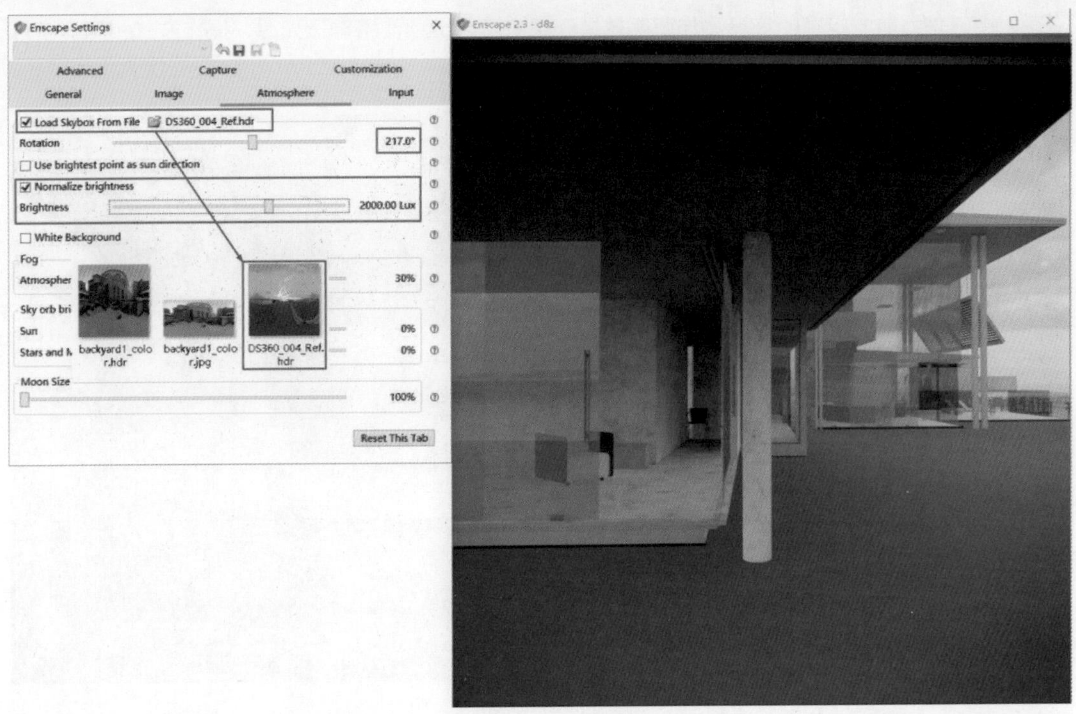


## 11.4 室内灯光设置

### 11.4.1 室内主光源照明设置

室内主光源在场景中依然会起到些许照明的作用，并且可以营造室内的环境光基调。

步骤 1 首先，为距离相机最近的房间添加一个球形光源，并使用“油漆桶工具”将其设置为暖色，这样场景中便有了一部分室内的暖色调光源。

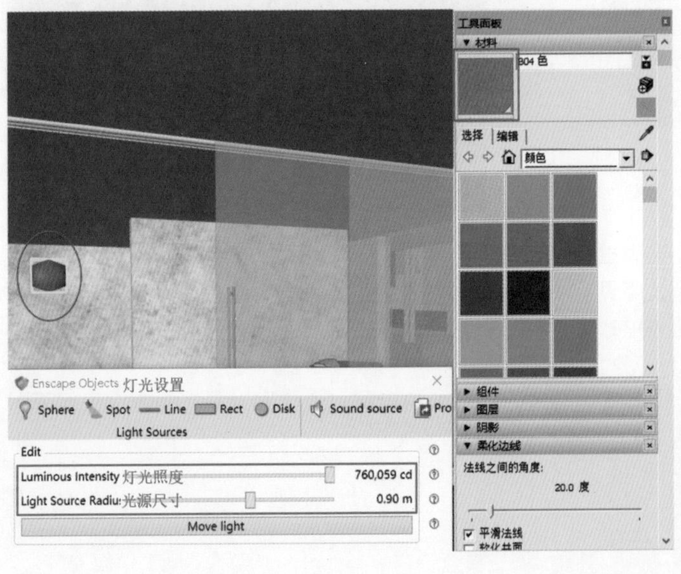

步骤 2 接下来为前方走廊的灯具添加照明效果，用户可以继续使用球形光源，操作方式和第一个灯光一样。

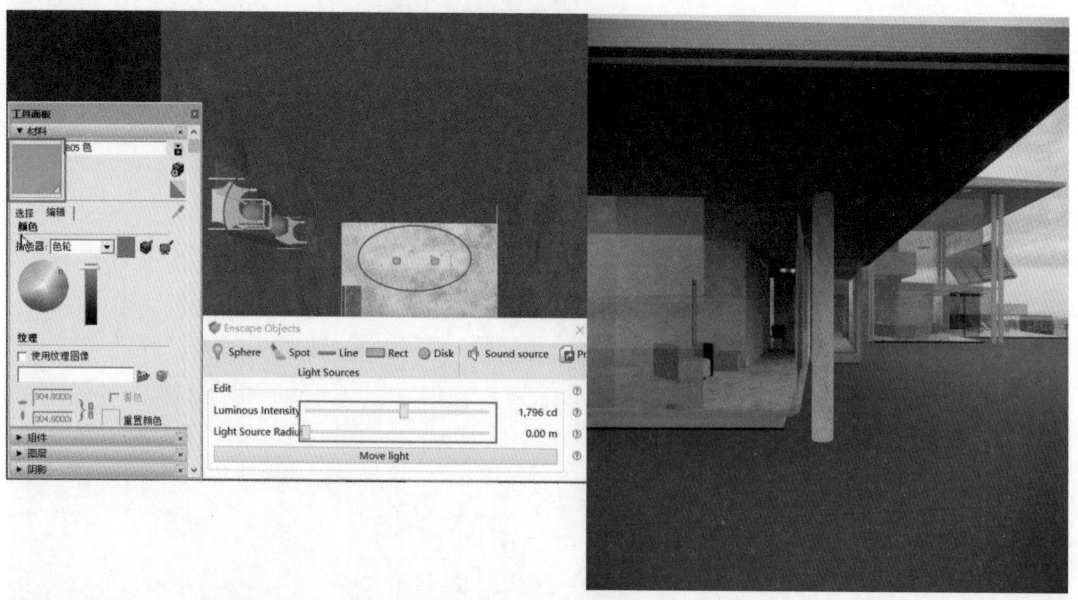


步骤 3 把灯光都设置好以后，走廊依然较暗，没有氛围。所以接下来使用面光源对其进行补光。

提示：笔者使用 SketchUp 的缩放模式对其进行了大小调整，所以在参数面板中，尺寸只有 0.27m。另外，场景中之所以用两个面光源，主要是为了增加其亮度，所有光源最终的亮度都需要通过灯光选项面板中的参数进行设置。

步骤 4 后方室内场景照明设置，在吊灯下方和二层的位置分别放置一个球形光源，参数设置如下图所示。

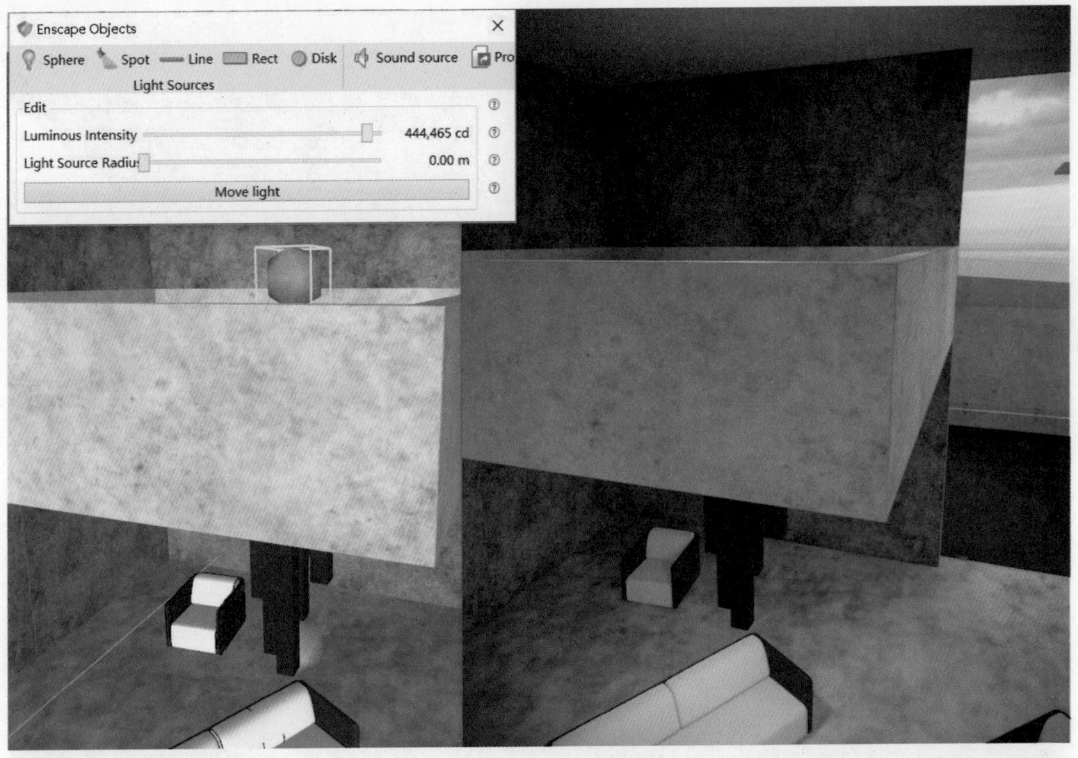


步骤 5 在右侧吊灯下方放置两个球形光源，效果如下图所示。

步骤 6 设置重点家具照明：单击 Spot（聚光灯）按钮，添加一盏聚光灯，将其先放置在最接近相机的沙发上方，然后调入光域网文件，参数设置以及效果如下图所示。

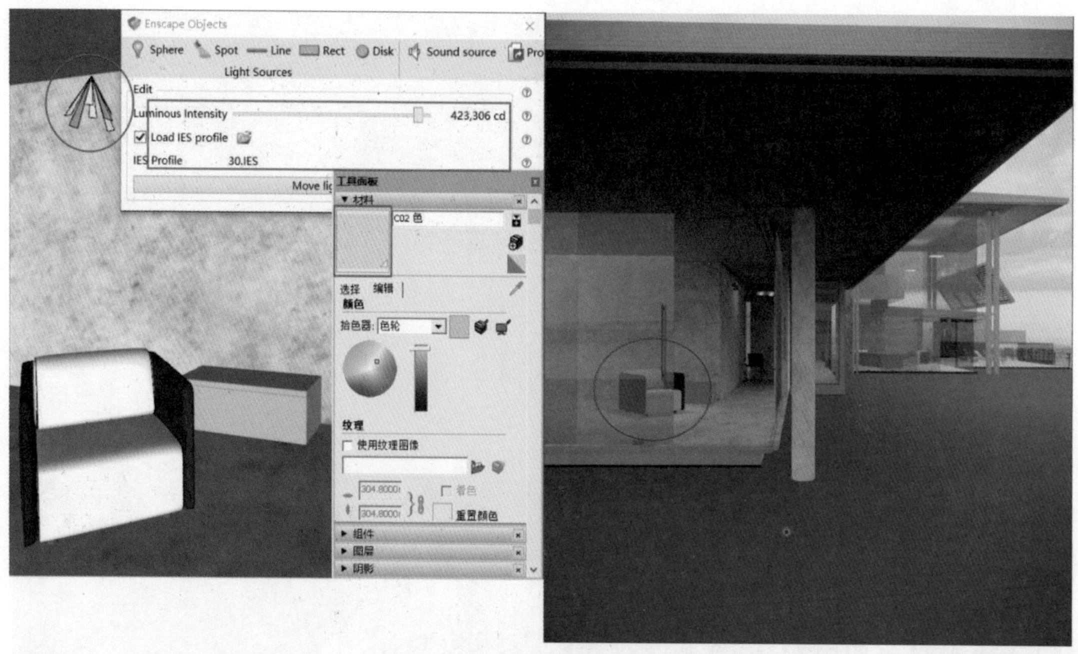


步骤 7 按照同样的方法，为前面的箱子及走廊的椅子添加灯光照明，如下图所示。

下面整体回顾一下这个案例的灯光：设置简单明了，以 HDR 图像的亮度参数为主导，室内空间的补光和重点家具的光线共同烘托出了建筑的通透感。

空间补光
家具补光
走廊补光

灯具光线
空间补光

# 11.5 材质的设置

## 11.5.1 水面材质的调整

在 SketchUp 中用“吸管工具”拾取代表水面的颜色，在 SketchUp 的“材料”面板中添加 Water 关键字。

然后在 Enscape 的材质编辑器中调整参数。由于本案例要突出别墅的静谧感觉，水平面宜静不宜动，所以波浪高度和波浪缓急的参数值都比较小。具体参数设置以及效果如右图所示。

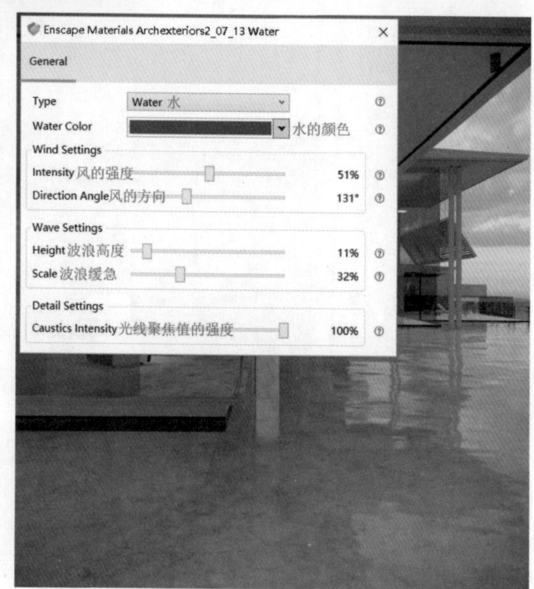

### 11.5.2 玻璃材质的调整

由于 SketchUp 模型只要有透明的材质，Enscape 会自动设置其为玻璃效果，接下来只需要精细地调整参数就可以了，参数设置以及效果如下图所示。

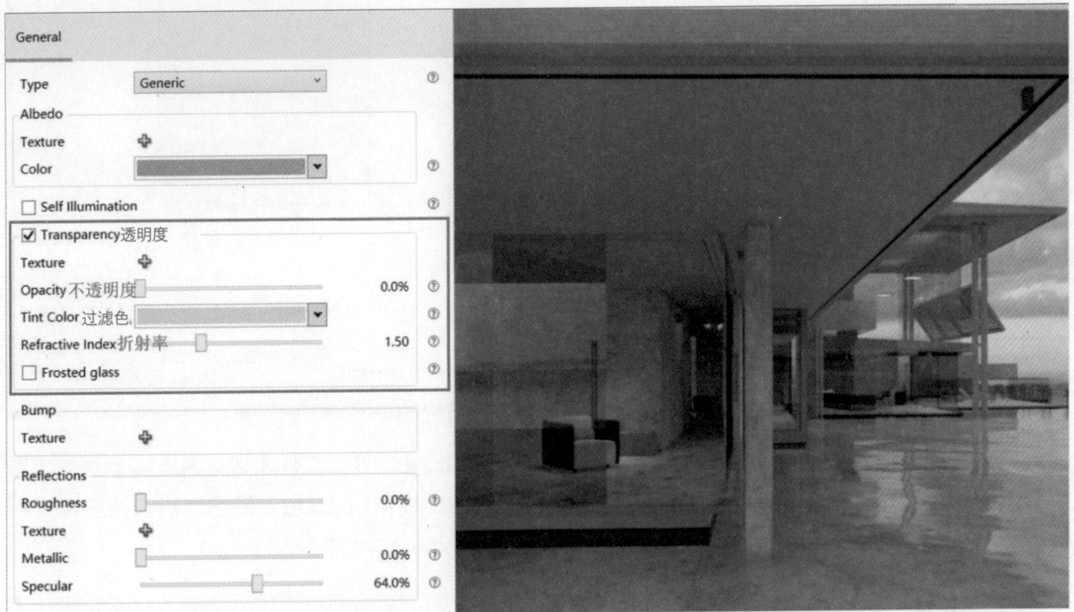


### 11.5.3 墙面混凝土材质的调整

墙面主要以微弱的模糊反射和凹凸效果为主，如下图所示。

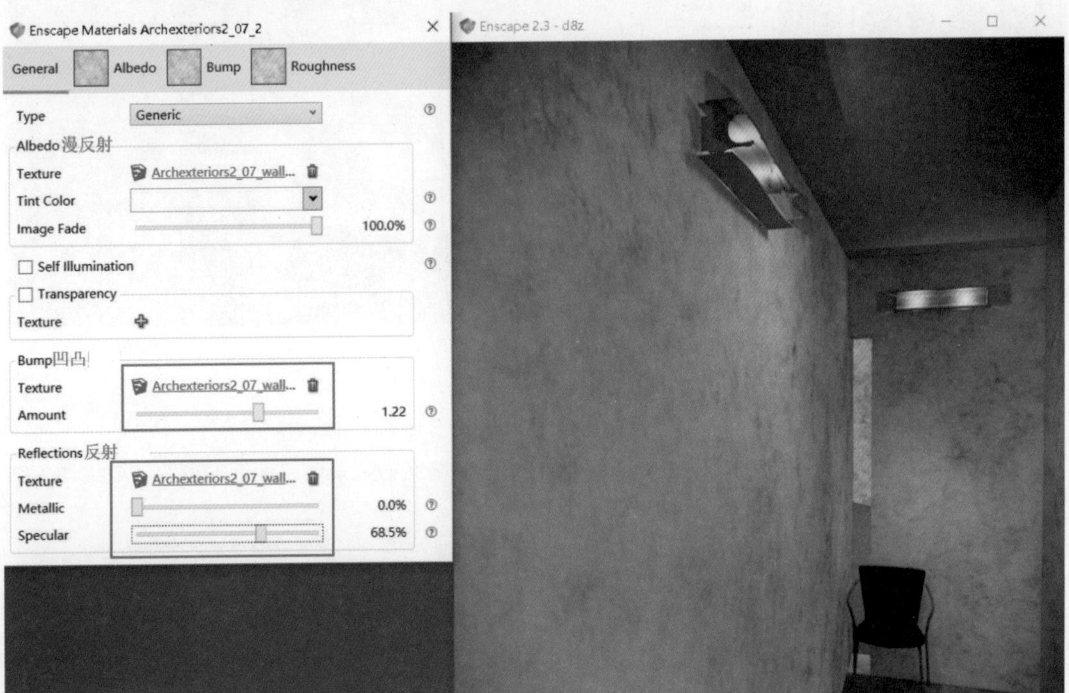

把漫反射、凹凸、反射贴图都设置为同一张贴图，然后在贴图参数对话框中把纹理大小设置成相同的数值，如右图所示。

接着，在背景的墙面上也做一下设置，这个设置和刚刚墙面的设置有区别。因为这个混凝土墙面贴图比较深，为了更好地和前景墙面协调，把 Image Fade（图像褪色）的不透明参数值设置为 72%。这样就会把白颜色的底色给显示出来，其渲染结果就会比较漂亮。

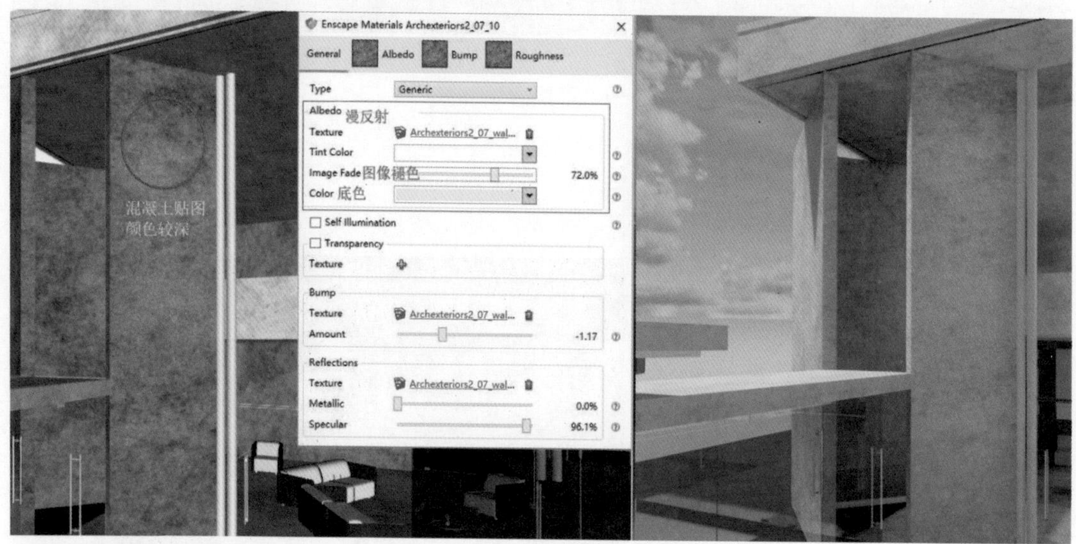


## 11.5.4 地面材质的调整

地面和墙面的材质在调节上是非常相似的，所以根据墙面的效果调整地面的参数，效果如下图所示。

## 11.5.5 金属材质的调整

这里没有添加关键词，而是直接使用材质编辑器进行调节，依然很快便可以完成且有不错的效果，如下图所示。

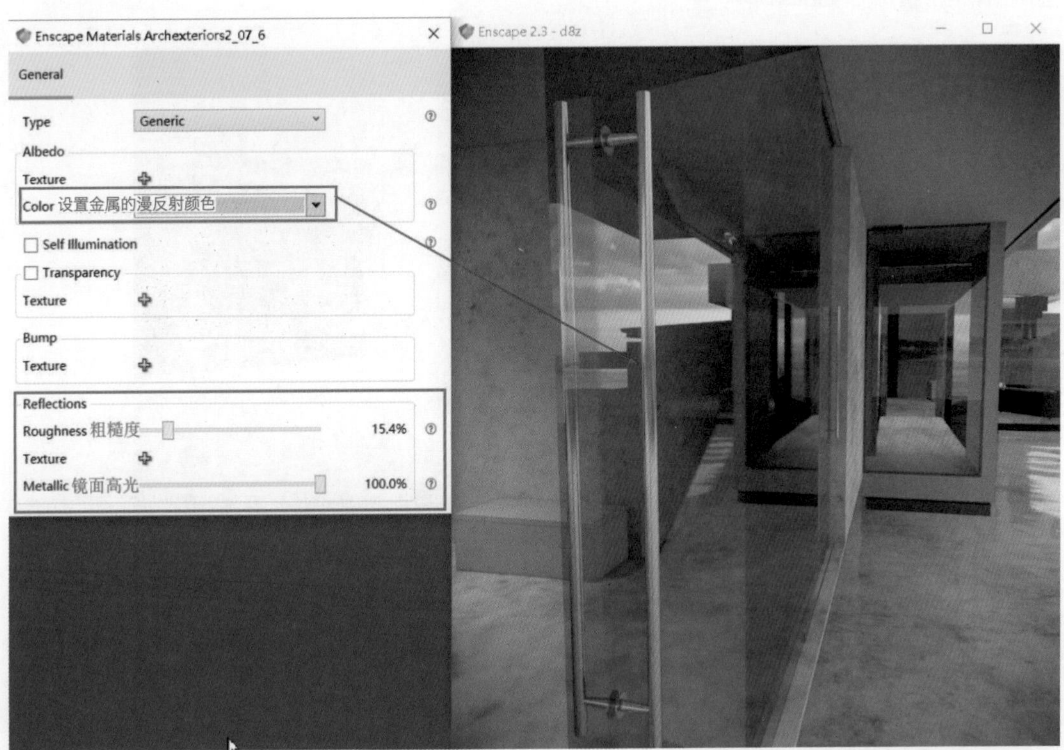

### 11.5.6 家具材质的调整

家具是室内空间中非常重要的一部分。家具质感的好坏会直接影响空间的档次。但家具材质也可以用简单的方式表现出效果。如本案例的单人沙发，其黑色扶手部分就只使用了黑颜色，其细腻的皮革质感就表现出来了。

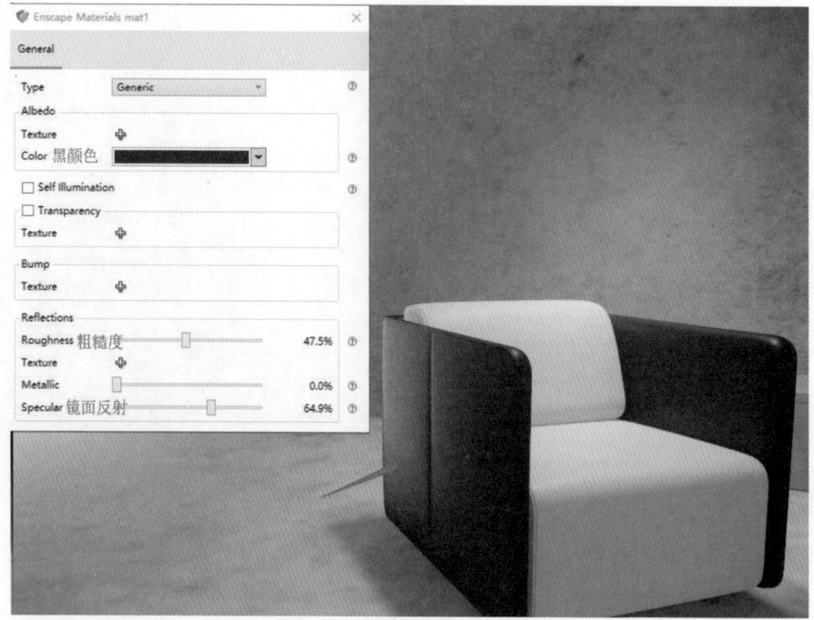


沙发坐垫和靠背的布衣质感与皮质扶手需要有对比，所以这里增加了一张噪点贴图，用于漫反射贴图和凹凸贴图，如下图所示。

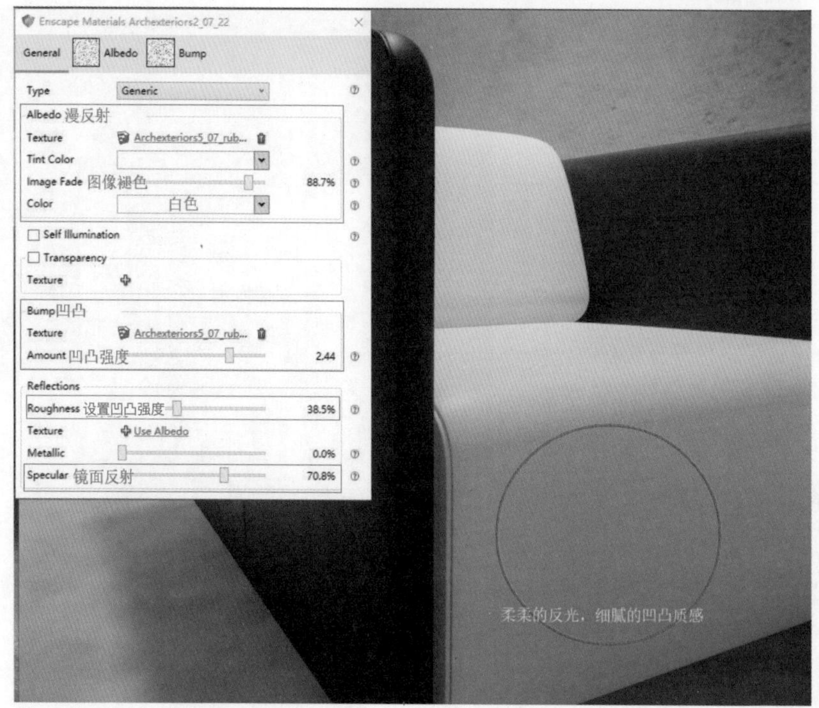

其材质贴图的尺寸参数如下图所示。

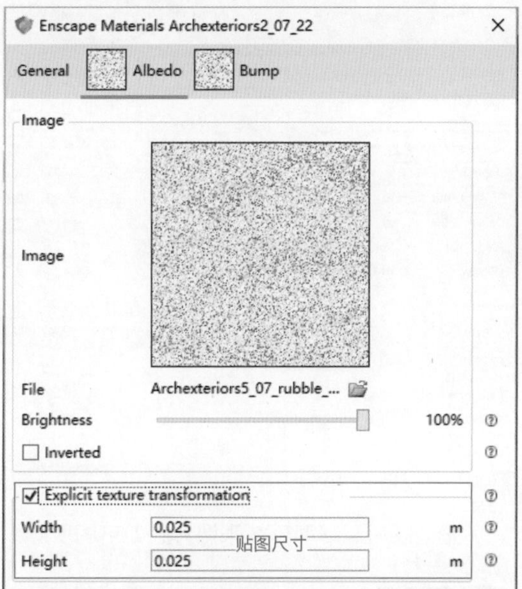


场景中其他物品的材质，用户可以根据需要配合实时渲染的效果反馈，很快完成参数设置。还可以直接参考本书提供的源文件，所有材质调整完毕后，效果如下图所示。

## 11.5.7 导入代理物件丰富场景

首先，打开 Enscape Objects（Enscape 对象）对话框，单击 Proxy（代理）按钮，如下图所示。

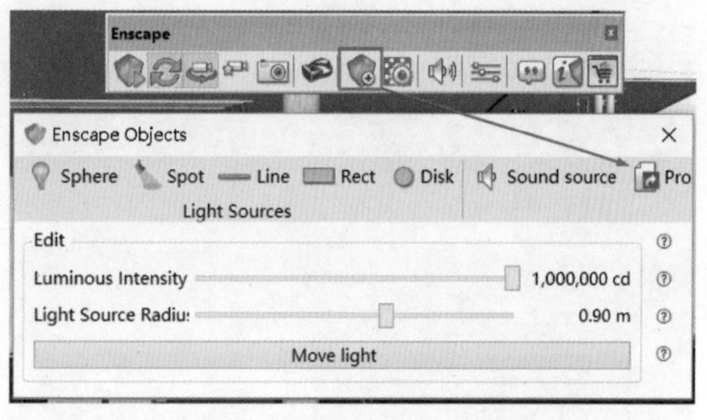


选择事先准备好的代理植物文件，调入到场景中，如下图所示。

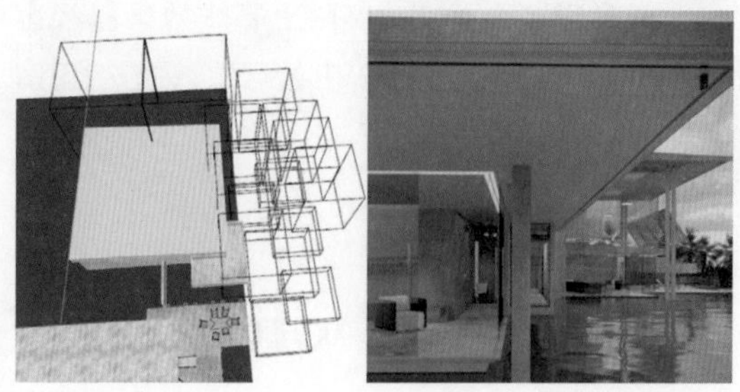

## 11.5.8 细节调整及出图

打开 Enscape 全局设置对话框，切换至 Advanced（进阶）选项卡，将 Light Brightness（灯光亮度）值设置为 63% 左右。切换至 Atmosphere（大气）选项卡，由于加载了 HDRI 文件，所以要降低 Brightness（环境亮度）值，调整到 300Lux 左右。执行完这两步以后，就会发现整个场景的室内光线亮了，而室外光线降低了。再次切换到 Image（图像）选项卡，将 Color Temperature（色温）参数滑块向左方调整，以增加其暖色调的比例，最终效果如下图所示。

调整到这个程度，实际上基本效果已经出现了。接下来设置出图的相关参数，进行效果图输出工作。

渲染以后最终得到 3 张图片，如下图所示。

d8z.png

d8z_depth.png

d8z_materialId.png

# 11.6 使用 Photoshop 进行后期处理

步骤 1 使用 Photoshop 打开渲染完成的图像，复制“背景”图层，同时在两个图层之间加入材质 ID 通道图像，如下图所示。

步骤2 选择"滤镜→Camera Raw"命令，在"基本"参数选项卡中，设置相关参数，如下图所示。

步骤3 切换至"锐化"选项卡，调整相关参数，如下图所示。

步骤 4 切换至“HSL 调整”选项卡，调整“色相”及“饱和度”参数，如下图所示。

步骤 5 单击“确定”按钮，完成操作。单击“图层”面板中的“创建新的填充或调整图层”按钮，选择“自然饱和度”选项，轻微降低其自然饱和度，如下图所示。

步骤 6 至此，此案例的最终效果图制作完成，最终效果如下图所示。

## 总结

本案例笔者使用了双显示器来调整参数，建议这样工作的用户一定要时常在两个显示器之间进行切换显示，这样可以避免颜色有过大的误差。在使用代理物体的时候，切记不要出现任何中文名称以及路径。

由下图可见，Enscape 的只能反射自己的默认环境和 HDR 贴图，无论是面、代理物件还是标准的 SketchUp 模型，都会出现反射显示的 Bug。因此，在制作大面积玻璃或者水面效果的时候，选择一张高质量的 HDR 贴图就显得尤为重要了。

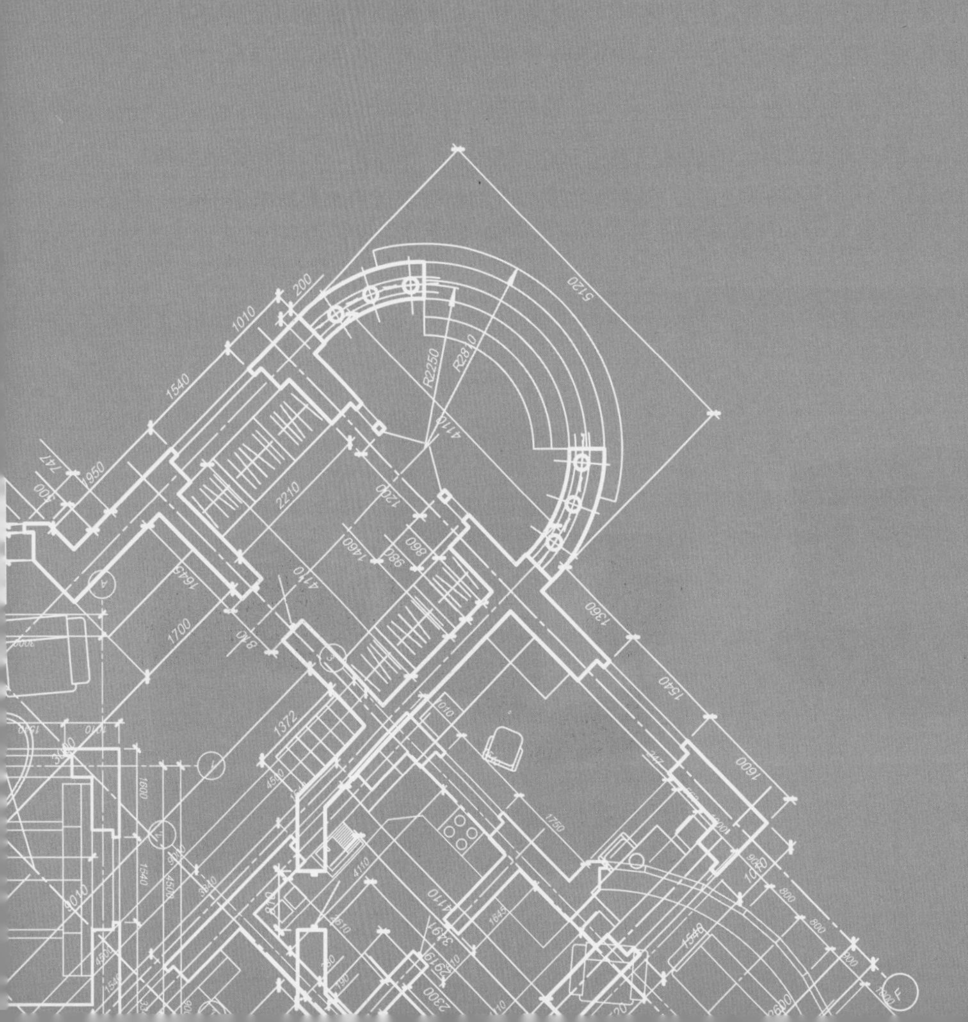

第 12 章

# 室外案例——室外大场景渲染案例

# 12.1 案例概述

众所周知，Enscape 是一款 GPU 加速软件，和 VRay 这样的传统渲染软件相比，它的模型处理能力大大提升了，这样在渲染大模型场景的时候绝对会有意想不到的优异表现。

本案例使用一个大型室外场景模型，本模型的存储容量为 377MB（不包含树木等配景），如下图所示。

下面为大家演示此模型所有的渲染及后期处理流程。

# 12.2 模型检查

## 12.2.1 模型数量与质量的控制

步骤 1 室外场景的建模是重点，所以对于模型的制作，要尽量反映出更多的细节内容。例如，本模型中的石板部分，在制作的时候并不是使用一张贴图应付了事，而是采用了多个单独模型拼接而成。

当然，如果不考虑硬件承受问题，很多设计者会给石板模型做出轻微的起伏，效果会更出众，但是与之相对应的计算机硬件也会受到严峻的考验。

步骤 2 由于本案没有考虑全景图和动画，所以镜头可见部分将是重点表现的区域，而镜头之外可以忽略或者简单呈现，如下图所示。

提示：有些配景或者参与反射的模型可以使用低面数模型配合特殊贴图，这样既能满足渲染需求，同时又能节省计算机资源，如右图所示。

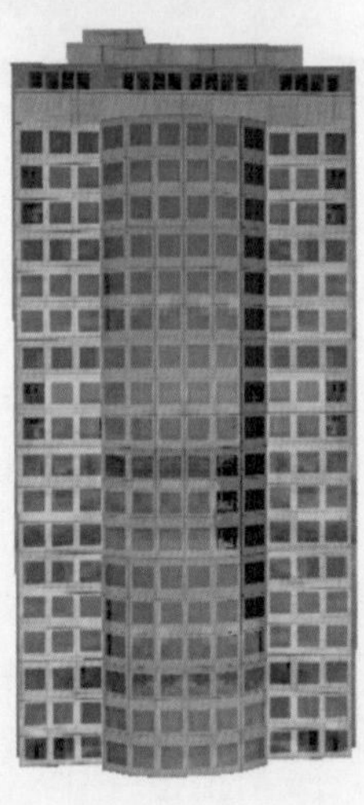

### 12.2.2 配景准备

要表现建筑，必须将所有用到的配景提前制作好。当然，需要注意的是，在优化模型的同时，建议将本章用到景观素材的材质参数也设置好，方便后期直接调用。

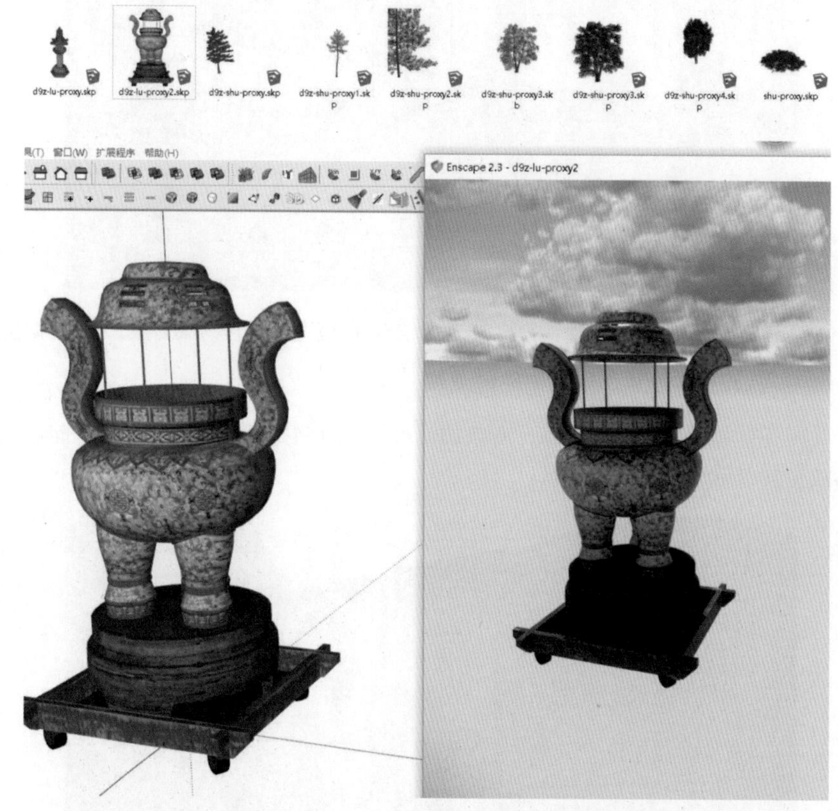


当把所有模型的优化及准备工作完成后，接下来就要进入下一个阶段的工作流程——建筑重点材质的调节。

## 12.3 重点材质调节

### 12.3.1 建筑主体木材材质设置

本案例的主体是一个寺庙建筑，所以建筑的材质是重点表现的地方。先从木材开始。单击 SketchUp 软件中的“材质工具”按钮，用“吸管工具”吸取“木纹”材质。然后单击 Enscape 的“材质编辑器”按钮，调出 Enscape 材质编辑器，单击 Bump（凹凸）选项区域中 Texture（贴图）后方的 ，自动把漫反射纹理复制为凹凸贴图纹理，参数保持不变；在 Reflections（反射）选项区域中，将 Roughness（粗糙度）参数值调整到 40% 左右，将 Specular（镜面反射）参数值设置为 60% 左右，最终参数设置及效果如下页图所示。

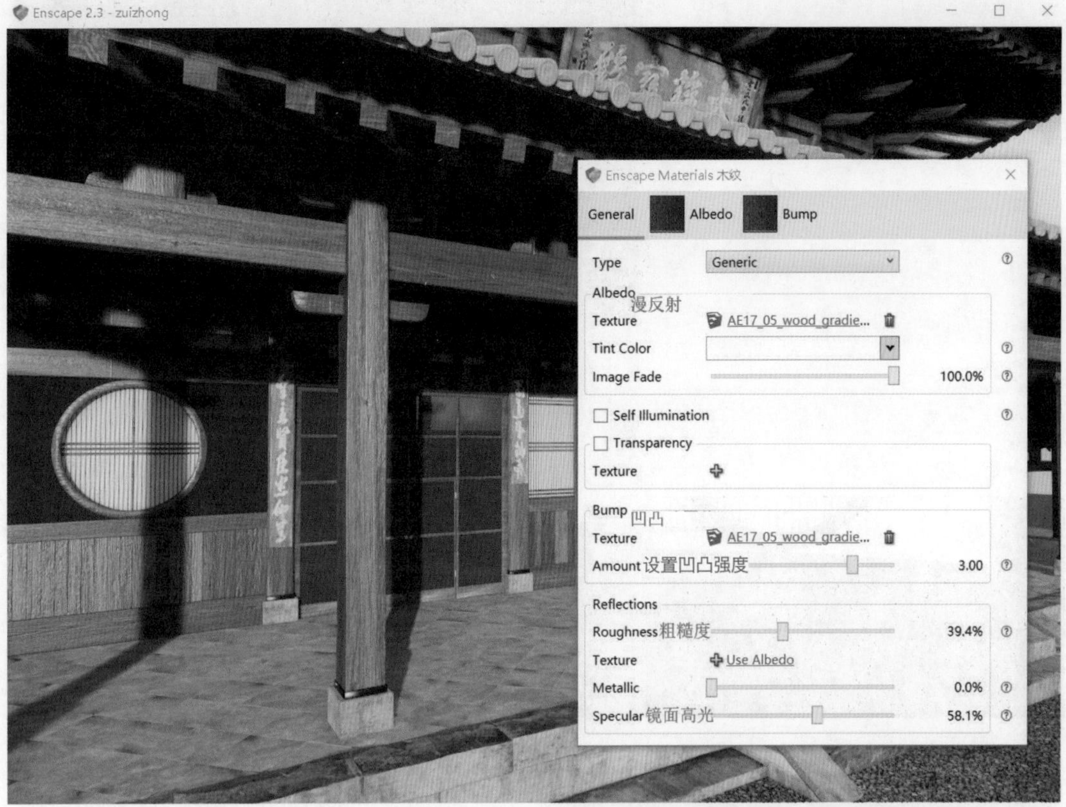


贴图大小的设置如下图所示。

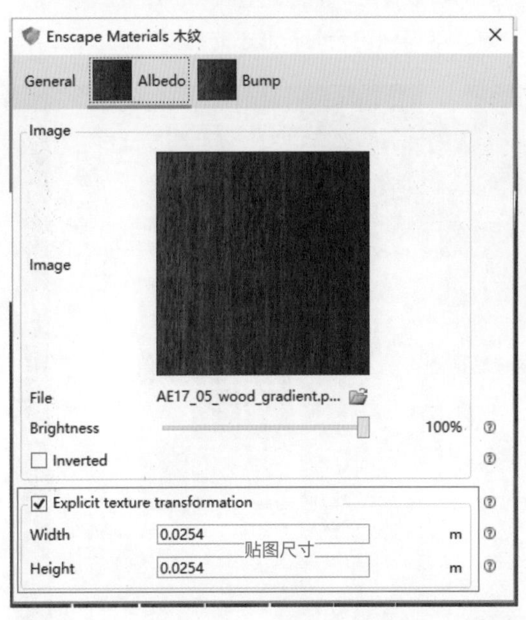


为了更好地反映木材的原始质感，根据尺寸把墙裙设置为一根根的木条，中间有 1cm 左右的间隙。

## 12.3.2 墙面白乳胶漆材质设置

此处的白墙材质不是重点表现的地方，所以材质比较简单，仅仅调整粗糙度值即可，如下页图所示。

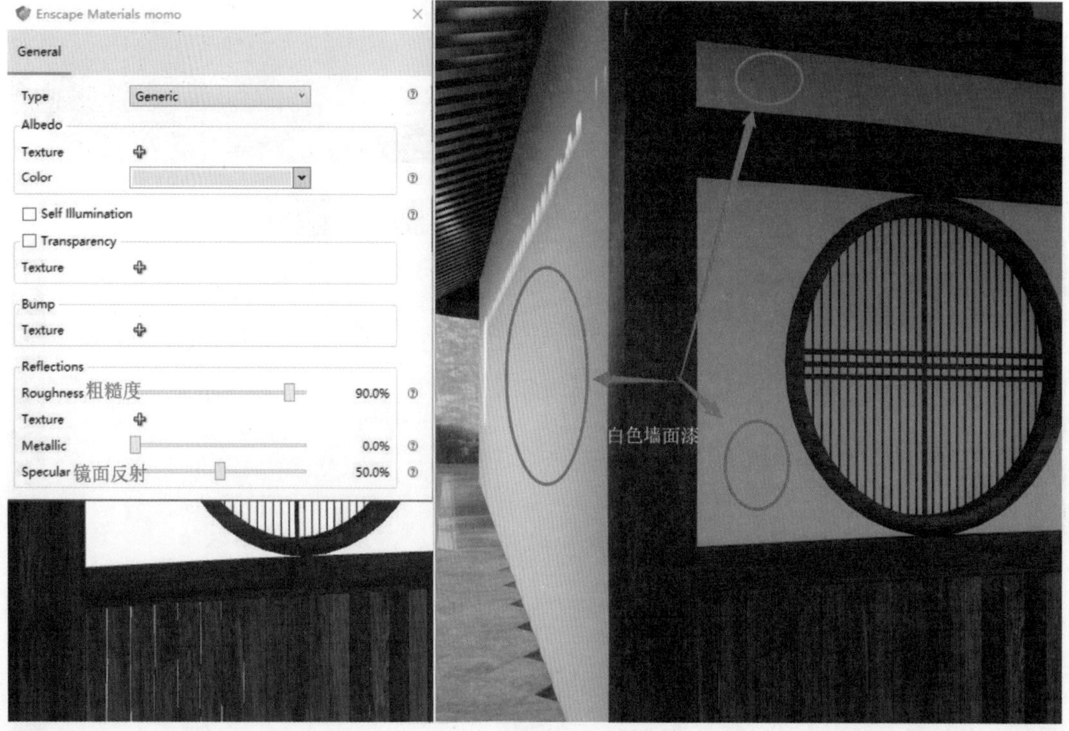


## 12.3.3 地面石板材质设置

在 SketchUp 视图框中，用“吸管工具”吸取台阶的石板材质，然后在 SketchUp 的“材料”面板中，在石材材质名称后添加“Marble”关键字，这样就得到了大理石形态的初步效果。

从图中可以感受到整个台阶上的石头效果并不好，反射过强且没有纹理的粗糙感，所以，可以

再次调出 Enscape 的材质编辑器对其进行进一步调整，参数设置如下图所示。

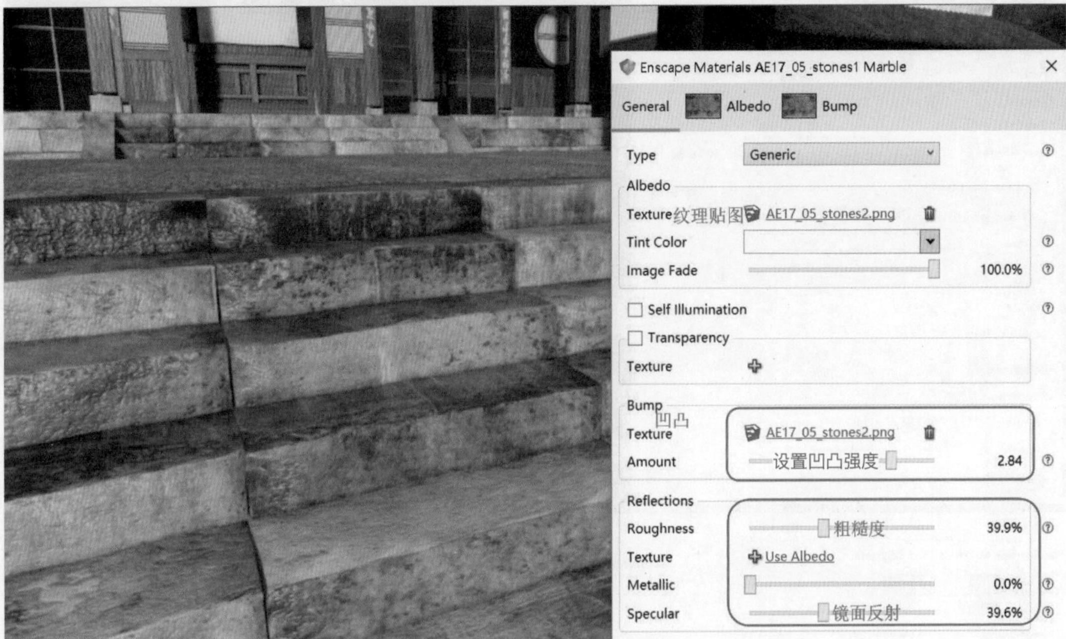


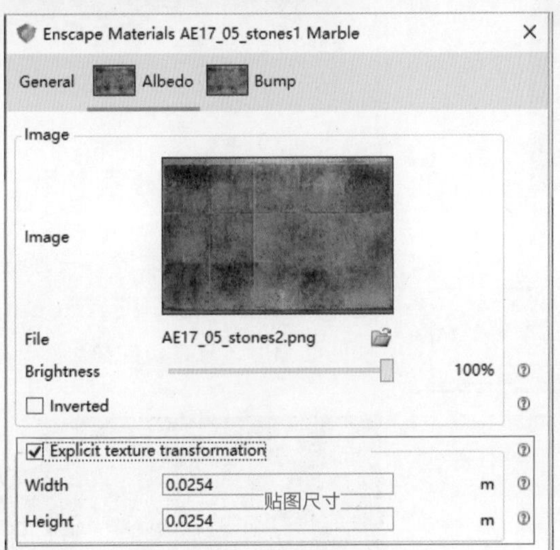


其他地面的材质参数设置如下页图所示。

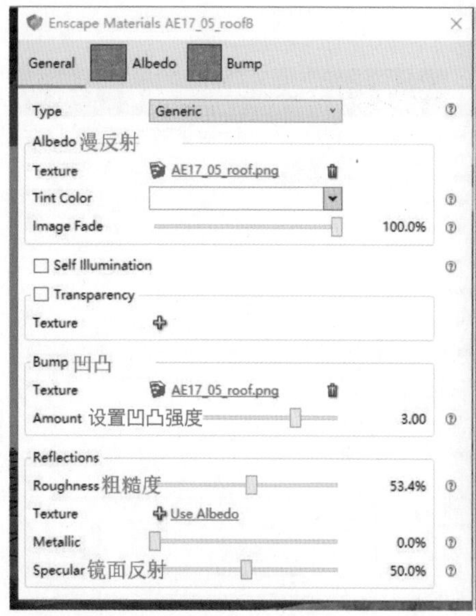

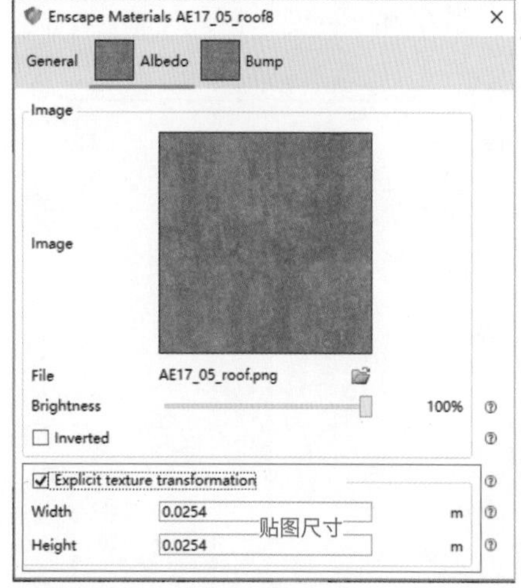


## 12.3.4 石子和沙砾材质设置

拾取建筑最前方的石子，设置其材质参数。由于沙砾是非常粗糙的，所以把 Amount（数量）设置为最高，增加凹凸强度，且是负向参数。

两侧的石板贴图参数设置如下图所示。

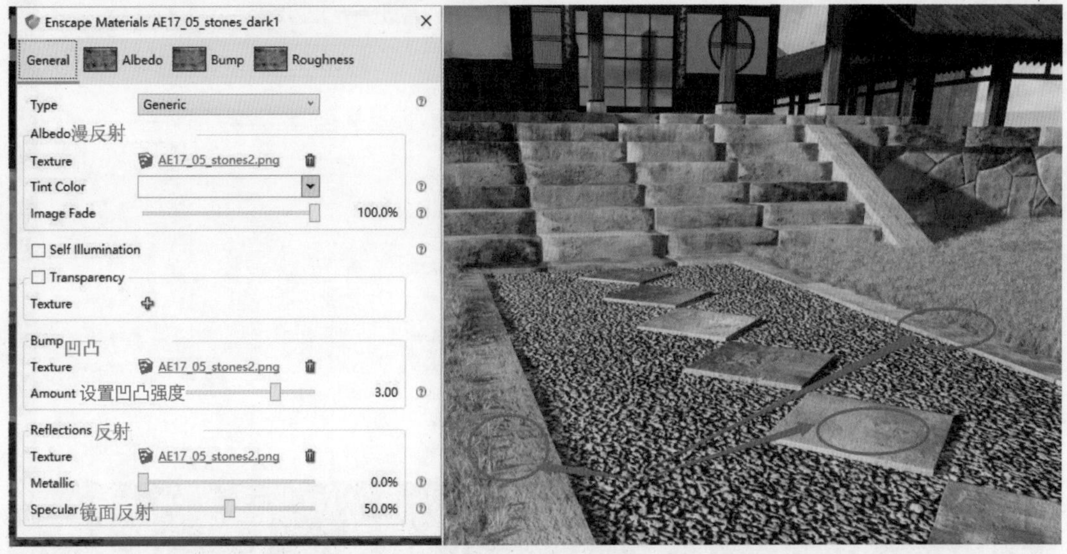


两侧沙砾的参数调整如下图所示。

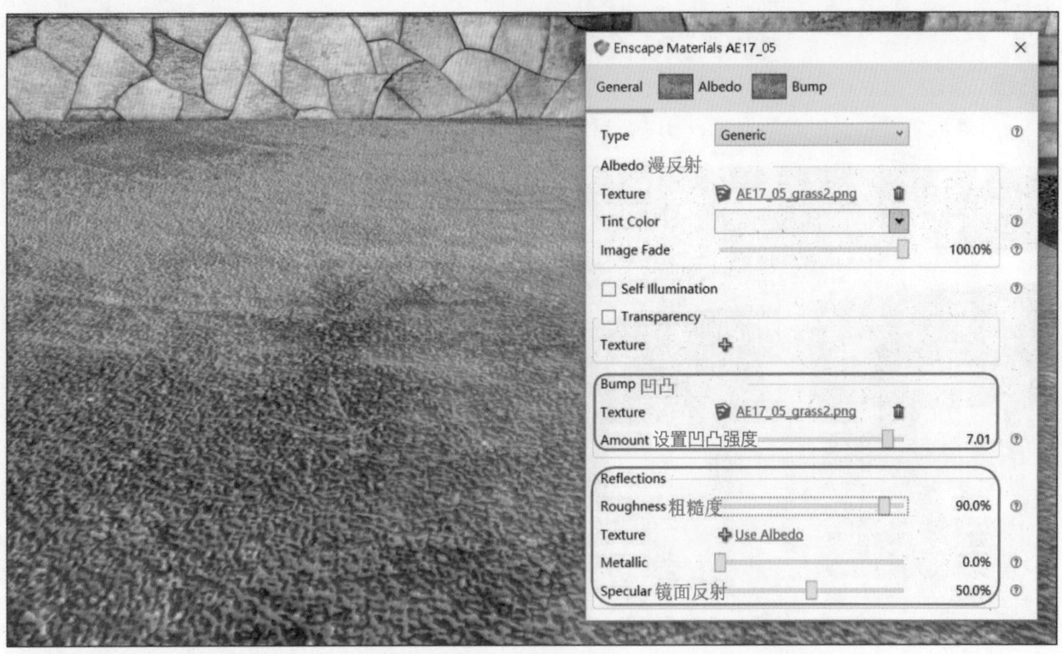


提示：本案例的沙砾中有部分草地的效果，因为 Enscape 没有像 VRay 一样的置换材质系统，所以简单的材质是不容易表现的；如果直接给整个材质定义“Grass”关键字，就会出现沙子也变为草地的问题，所以后面会使用其他方法对其进行设置。

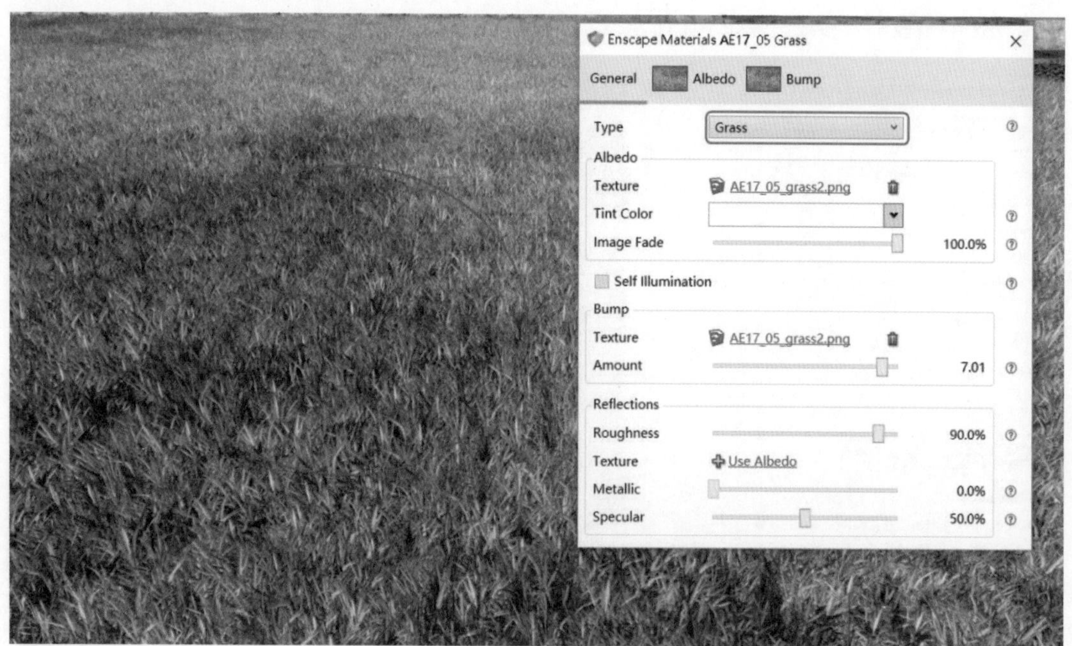


## 12.3.5 玻璃、牌匾和瓦材质设置

步骤 1 玻璃材质。首先，为原有材质增加“Glass”关键字，再设置其具体属性。由于本案例中的玻璃主要以反射属性为主，所以适当调整其不透明度，然后设置反射参数，效果就会比较好。

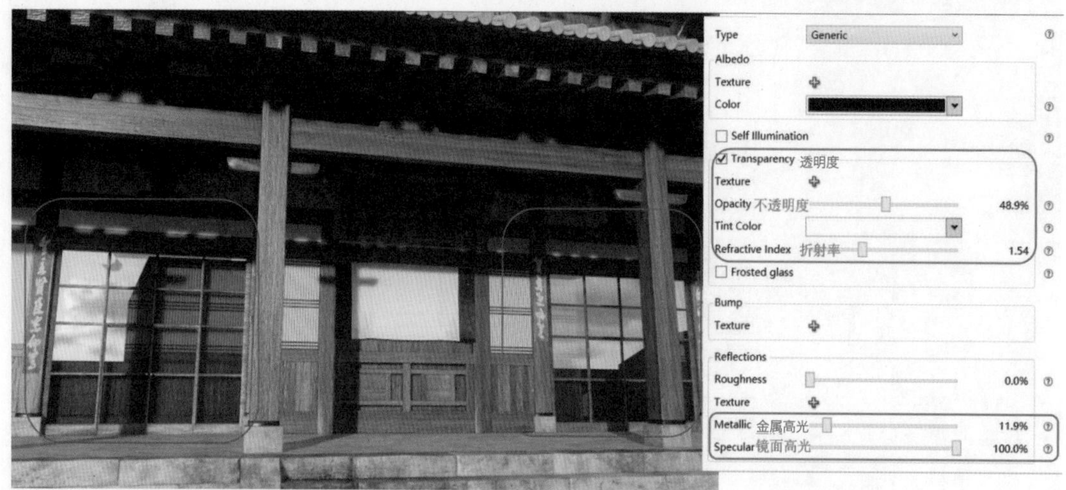


步骤 2 牌匾主要体现出文字凸出的特点和材质的年代感。这里除了增强凹凸的效果之外，还可以在Reflections（反射）选项区域复制反射纹理贴图，单击 Texture 后面的 ✚ ，添加一张粗糙度贴图，效果如下页图所示。

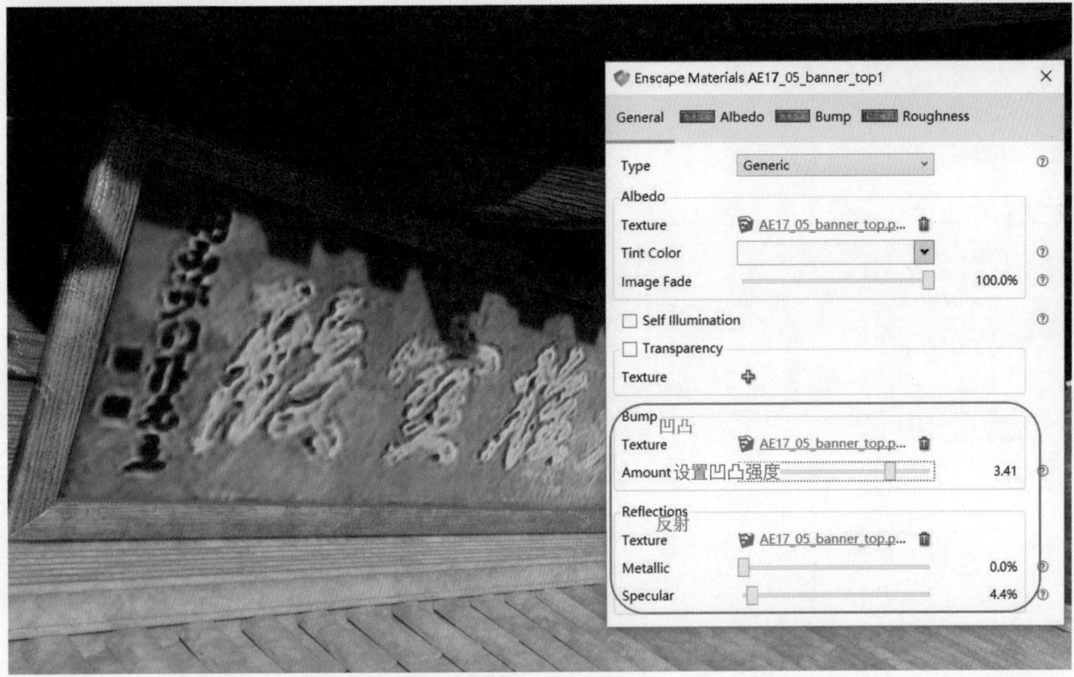


步骤 3 按照这个操作流程，再将其他牌匾的参数调整一遍。

步骤 4 瓦片面积较大，但是由于是用模型表现出来的，因此材质调节就轻松许多了，参数设置及效果如下图所示。

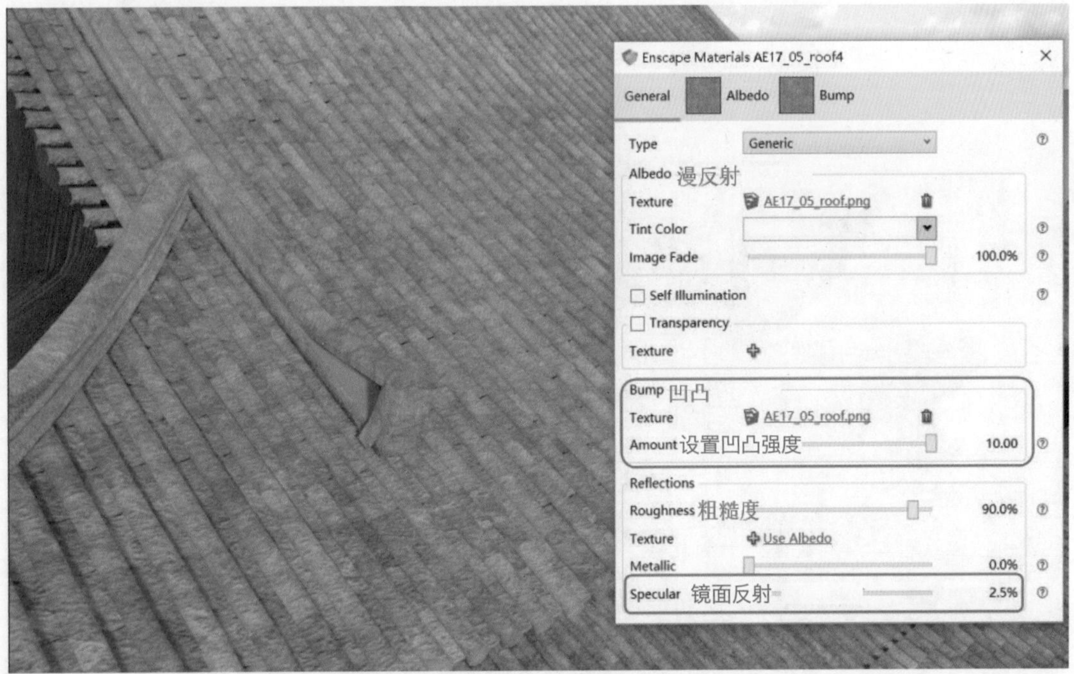


步骤 5 根据实际情况，将其他材质全部设置完毕。

## 12.4 自然光设置

本案例全部采用自然光进行照明，同时还要配合曝光、环境光等参数设置。

步骤 1 单击 Enscape 中的“全局设置”按钮 ，打开“全局设置”对话框，选择 Genera（常规）选项卡，选中 Auto Exposure（自动曝光）复选框。

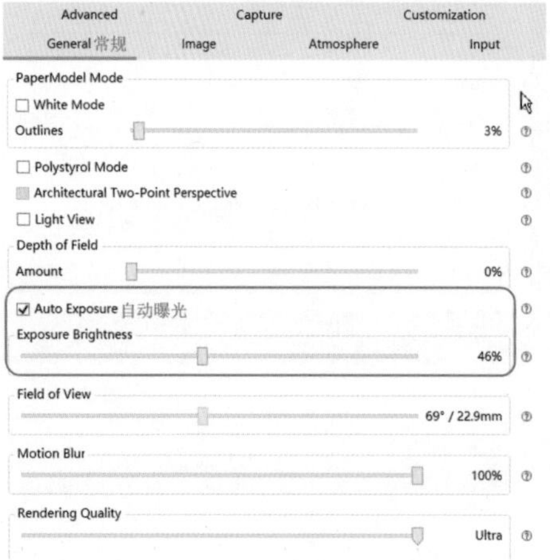

Advanced　Capture　Customization
General 常规　Image　Atmosphere　Input
PaperModel Mode
White Mode
Outlines　3%
Polystyrol Mode
Architectural Two-Point Perspective
Light View
Depth of Field
Amount　0%
Auto Exposure 自动曝光
Exposure Brightness　46%
Field of View　69° / 22.9mm
Motion Blur　100%
Rendering Quality　Ultra

步骤 2 切换至 Atmosphere（大气）选项卡，设置相关参数。

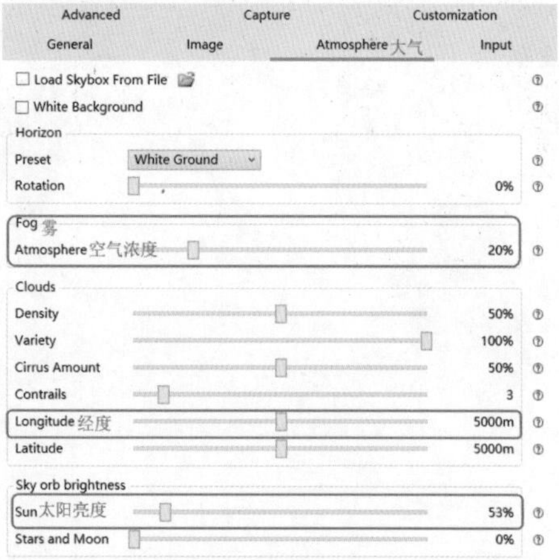

Advanced　Capture　Customization
General　Image　Atmosphere 大气　Input
Load Skybox From File
White Background
Horizon
Preset　White Ground
Rotation　0%
Fog 雾
Atmosphere 空气浓度　20%
Clouds
Density　50%
Variety　100%
Cirrus Amount　50%
Contrails　3
Longitude 经度　5000m
Latitude　5000m
Sky orb brightness
Sun 太阳亮度　53%
Stars and Moon　0%

步骤 3 此时在 Enscape 的视图里，配合键盘上的 U 和 I 键，调整时间，直到满意为止，效果如下图所示。

# 12.5 代理模型丰富场景

## 12.5.1 草地的制作

前面提及了关于草地的问题，接下来将配合 Skatter 插件进行设置。

步骤 1 在 SketchUp 视图中双击，进入地面模型的组件内部，使用“手绘线”命令，在地面上根据图片上的草地区域绘制出闭合的路径。

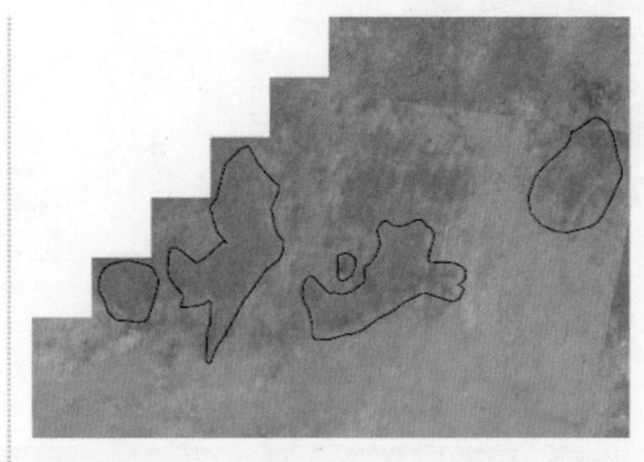

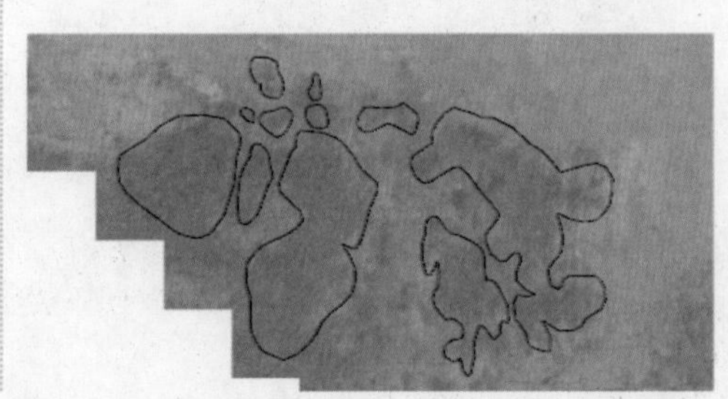

步骤 2 当所有草地区域绘制完毕后，配合键盘上的 Shift 键选中全部草地区域，执行“成组”命令，然后执行“剪切”命令，最后退回到场景中，选择“编辑→原位粘贴”命令。

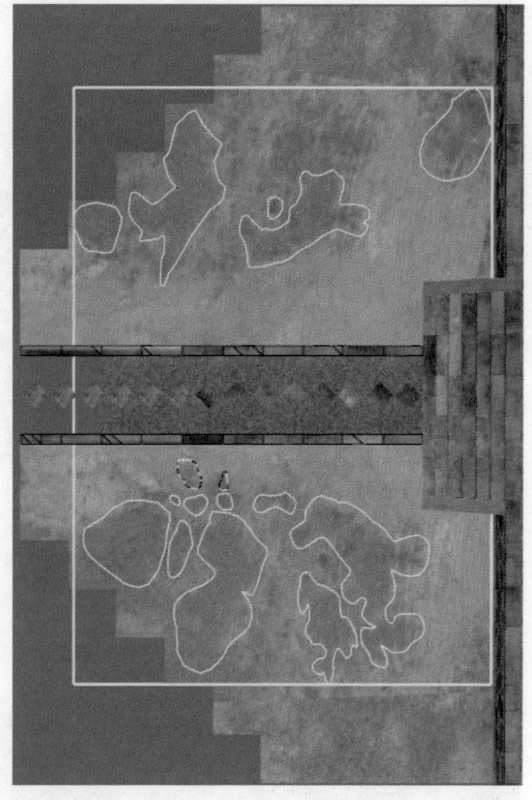

步骤 3 调出 Skatter 面板，单击“打开 Skatter 库”按钮，选择库中的草地代理，如下图所示。

步骤 4 此时，软件会自动调出 Skatter 的主面板，使用鼠标单击刚才粘贴到外面的草地区域组对象。

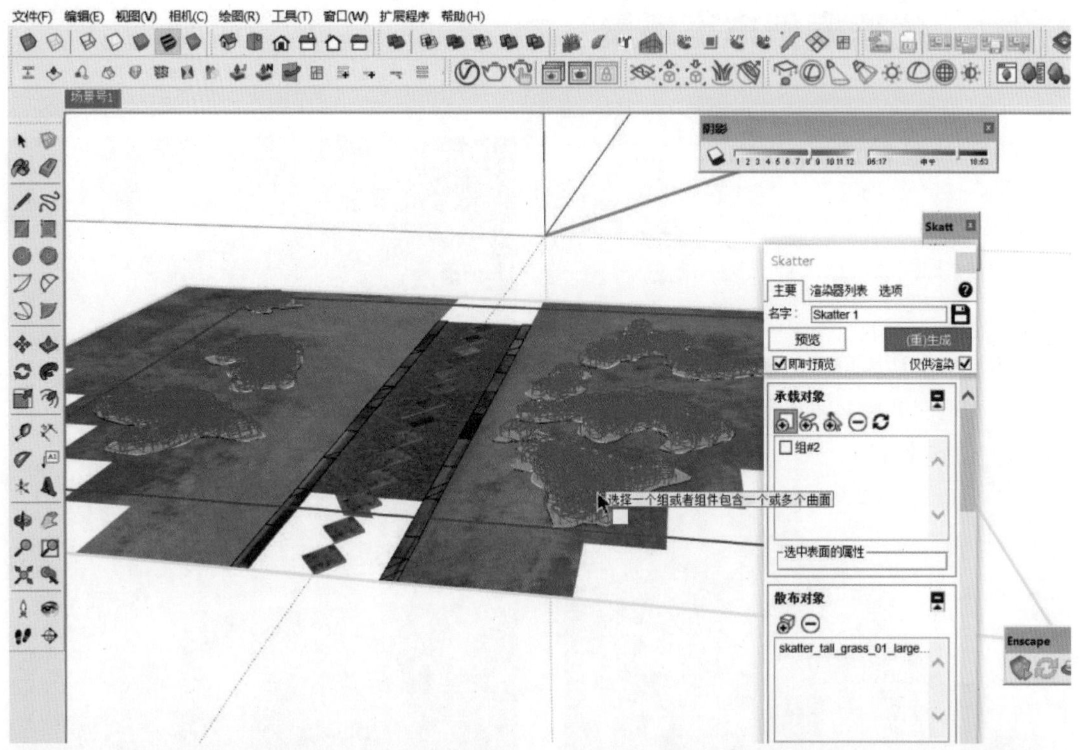


Enscape 视窗中会实时显示出最终效果。

提示：

1. 由于模型非常大，所以在进行此项操作的时候，建议用户先隐藏场景中多余的模型，并且注意随时保存文档。另外，虽然 Skatter 插件支持以笔刷的形式进行区域的涂抹，但是在尝试此项操作的时候，计算机多次出现严重的卡顿现象，因此采用了上述先做特定组合对象，再进行散布的操作。

2．用户可以先简单地调整内部的参数。

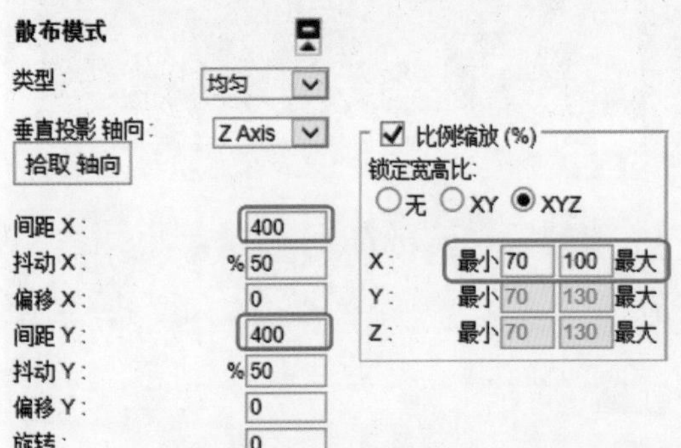


3．在调整参数的过程中，用户可以随时单击软件上方的“（重）生成”按钮；如果计算机的配置确实不高，用户可以暂时关闭 Enscape 软件，全部调整完毕后，再打开 Enscape。关于 Skatter 的具体使用方法，用户可以到 www.SketchUpvray.com 网站上学习。

载入草地的最终效果如下图所示。

## 12.5.2 载入景观、树木素材

步骤 1 单击 Enscape 面板中的按钮，调出 Enscape 对象对话框，单击 Proxy（代理）按钮，在弹出的对话框中选择石灯，载入到场景中。载入后查看代理物体和建筑比例是否协调，可对代理物体进行适当的缩放。然后镜像一份代理物体，放在另一侧。

步骤 2 载入建筑中心的香炉素材。

步骤 3 载入树木素材，如下页图所示，调入树木以后再复制若干树木，然后按照等比例大小进行缩放。

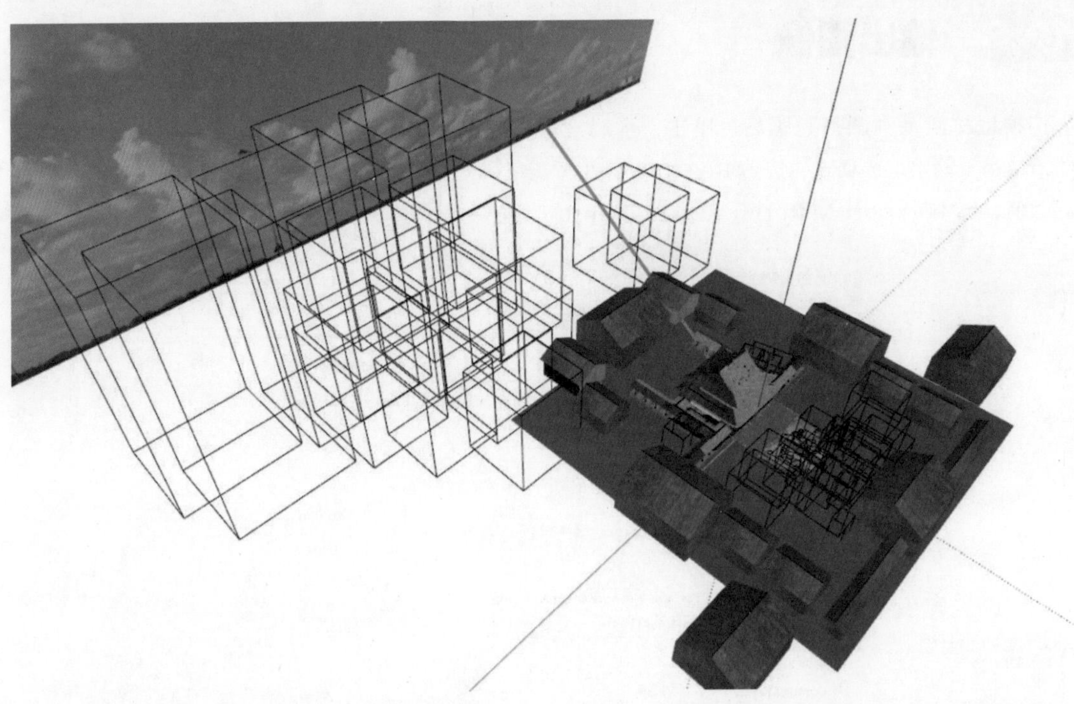

提示：在布置大量树木的过程中，借助 Enscape 的实时渲染和自动匹配视角功能，随时进行查看，不断调整树木的大小和位置，配合相机中的阴影，直到满意为止，最终相机视图效果如下图所示。

# 12.6 输出图像

模型材质基本调整完毕后，单击“全局设置”按钮，打开“全局设置”对话框，切换至 Capture（输出）选项卡，设置 Resolution（分辨率）为 Custom（自定义），输入要输出的宽、高数值，选中 Export Material-ID and Depth（导出材质和景深通道图）复选框。

按下键盘上的 Shift+F11 组合键，导出最终图像，如下图所示。

d9z.png

d9z_depth.png

d9z_materialId.png

# 12.7 使用 Photoshop 进行后期处理

步骤 1 将刚渲染完成的图像拖至 Photoshop 软件中，并将材质通道贴图放在一起，复制原图像至新图层。

步骤 2 选择“魔术棒工具”，配合材质通道图层，选择前端草地所代表的颜色，使用 Ctrl+J 组合键将草地模型提取到新图层，然后使用 Ctrl+B 组合键调出“色彩平衡”对话框，调整草地的颜色，使得其颜色更有融入感。

步骤 3 利用同样的方法，选取并提取出建筑的木质结构区域，同样运用“色彩平衡”对话框对其进行设置，使其颜色稍偏黄一些。

步骤 4 按下 Ctrl+A 组合键，再按 Ctrl+Shift+C 组合键，执行合并复制操作，得到新图层，然后在整个图层的最上方按下 Ctrl+V 组合键进行粘贴。

步骤 5 使用 Nik Collection 插件，运行 Color Efex Pro 4 命令，调出工具面板。

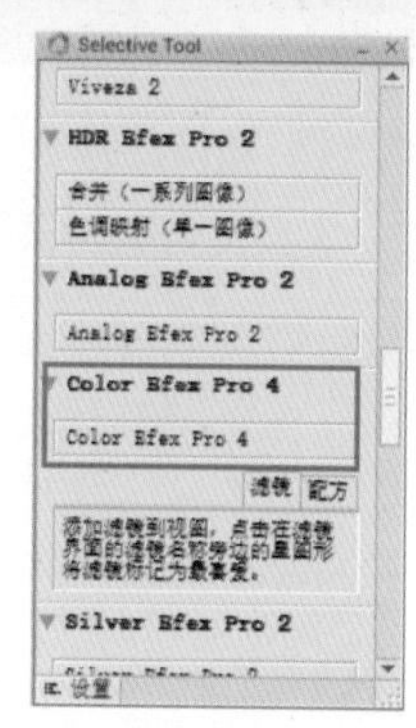

步骤 6 选择左上角的“分类建筑”选项，然后选择“阳光”滤镜。

步骤 7 在右侧单击 添加控制点，在预览视口中单击左上方树木附近的区域，这样可以使得当前命令以选择的点为中心进行衰减式的影响。

步骤 8 用户可以根据需要对控制点的范围及影响透明度进行调整。此时，将光温参数调整到冷色调区域，并将亮度调高一些，来模拟天空光对树木的影响。

步骤 9 此时按下键盘上的 Alt 键，配合“选择工具”拖动这个控制点，复制得到一个新的控制点，放置在右侧树木部分，适当调整参数。

步骤 10 单击右侧的“添加滤镜”按钮 + 添加滤镜 ，然后在左侧选择景观面板中的“黑角：镜头”选项，调整参数，效果如下页图所示。

步骤 11 单击“确定”按钮以后，再次执行 Ctrl+L 组合键打开“色阶”对话框，调整参数。

到此为止，这个案例的后期处理工作就基本完成了，最终效果如下页图所示。

## 总结

此次使用的模型非常大，笔者的计算机配置属于中高端，运行整个模型还是比较流畅的，而且流畅程度远超 VRay，出图速度依然没有受到任何影响，大概 5 秒就可以完成出图。最可贵的是，加入了很多代理文件以及相关的参数设置，文件只比原模型增加了 2MB。综上所述，Enscape 在处理大型模型的时候绝对有着得天独厚的优势。

第 13 章

# 将 3ds Max 模型转为 SketchUp 模型的技巧及插件说明

## 13.1 转模说明

众所周知，SketchUp 软件能够直接面向设计过程，可以使设计师进行设计构思，随着构思的不断深入、细节的不断增加，不断地接近最终成果，设计师可以最大限度地控制设计成果的准确性。但是这样做也有弊端，尤为突出的就是家具模型精度不够，画面展示效果不好。这也是很多室内设计师弃用 SketchUp 做方案的主要原因，为此本书特别增加了本章内容。

将 3ds Max 模型转为 SketchUp 模型的常见问题如下：

（1）3ds Max 模型面数太大，导致导出的 SketchUp 模型文件量过大，软件出错或者运行异常缓慢。

（2）贴图离奇丢失：进行常规减面修改后，打开生成的 SketchUp 模型显示为素模，无贴图，反复修改均不见 / 不能同步被导出。

（3）贴图变形：在 3ds Max 视口中贴图大小方向显示正常，打开生成的 SketchUp 模型后，显示贴图变形。

（4）坐标错乱：在 3ds Max 中，坐标显示正常，打开生成的 SketchUp 模型后，模型不在坐标点或者在远离坐标点的异常方位。

## 13.2 转模流程概述

转模顺序比较简单，分为 3 个步骤，分别用不同的工具完成。

**第一步：在 3ds Max 中调整优化**

（1）打开需要转换的 3ds Max 模型，检查删减多余的物体（在 3ds Max 软件中手动操作）。

（2）检查并修改模型内部的组件名称、贴图名称和材质名称。主要是查看相关字段是否为非中文字符或特殊符号。

（3）如果是场景文件，直接删除灯光和相机，因为 3ds Max 中的灯光和相机在 SketchUp 中是没有用的。

（4）将相同的材质塌陷在一起，目的是为了后期修改模型材质或者场景。

**第二步：减面**

这里的减面没有固定标准，大的原则就是保证物体的整体轮廓和形状，尽可能地减少面数，如果有对应的法线贴图，可以适当多减一些面数（法线贴图可添加在凹凸贴图中）。

**第三步：导出生成**

使用插件工具导出 .skp 文件，完成转模。

## 13.3 转模流程分项说明及操作

### 13.3.1 在 3ds Max 中调整优化

“MAX-SU 转换插件 _DUC”是数联自主开发的一款插件，它是集场景清理、重命名、一键删除灯光相机、塌陷以及 VRay 材质转标准材质等功能于一体的，使用非常简单和易掌握。由于之前在将 3ds Max 模型转为 SketchUp 模型的过程中遇到诸多不明原因的问题，导致不能成功地导出模型，经过反复实践，最后开发出了这个适合转模的插件。

**注意：此插件版权属于浙江数联云集团有限公司，仅限读者自己学习使用，切勿用于商业目的。**

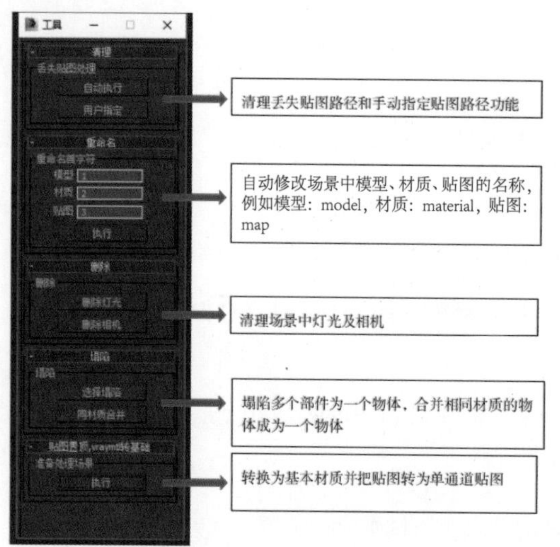


插件的安装方法：复制插件到 3ds Max 的插件库文件夹中即可，3ds Max 的默认路径是：C:\Program Files\Autodesk\3ds Max 2014\scripts。

具体操作步骤如下：

步骤 1 运行 3ds Max，打开“单人沙发”模型，按数字键 7，显示点、面数统计。为了方便地知道选择物体的面数，还需要选中选择物体面数的复选框。

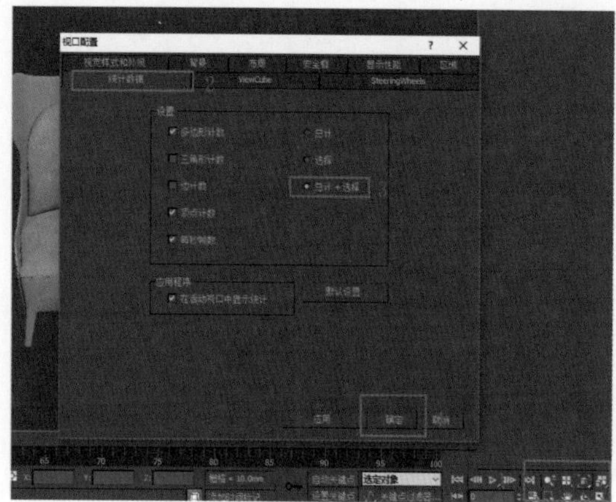

（1）在 3ds Max 视口界面单击鼠标右键，弹出视口配置窗口。

（2）选择“统计数据”选项卡。

（3）选择“总计 + 选择”复选框。

（4）单击“确定”按钮。

提示：在转换之前，还需要检查场景是否存在多余物体或者重复物体。

在本案例的这个场景中有两个一样的单人沙发，那么可以直接删除其中之一，后面在 SketchUp 中复制一个即可。

步骤 2 运行“MAX-SU 转换插件 _DUC”插件，如下图所示。

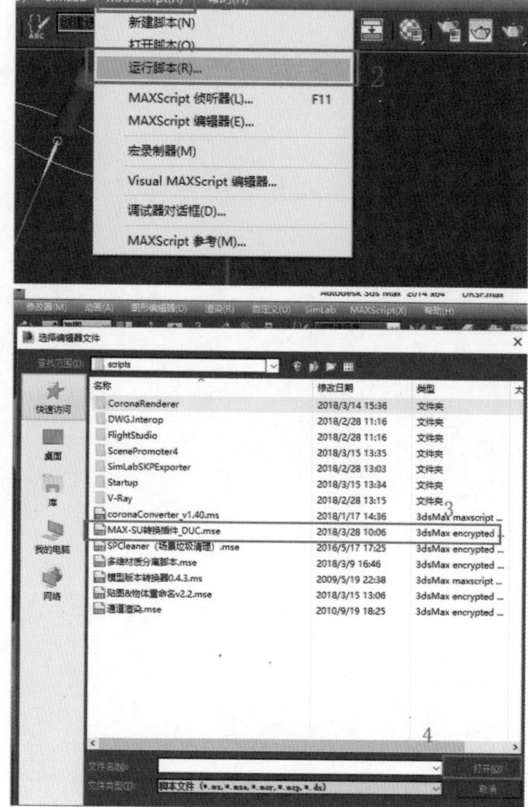

步骤 3 全选所有物体，按照插件中的选择项目，依次进行单击操作。

（1）自动执行。

（2）重命名（英文 / 数字）。

（3）删除灯光及场景中的相机。

（4）塌陷（手动选择和自动选择两种，视情况而定）。

（5）材质转换贴图显示。

## 13.3.2 减面

### 1. 插件介绍及安装

3ds Max 的减面插件有很多，同时也有内置减面功能，这里介绍一种常见的插件 Mootools Polygon Cruncher v10.85。这款插件减面运转快，能及时显示减面后的效果，使用者能非常明显地看到最终结果，对减面工作非常有帮助。

### 2. 插件的使用方法

选中需要减面的组件或物体，单击插件按钮，单击 Optimize selection（优化选择）按钮。

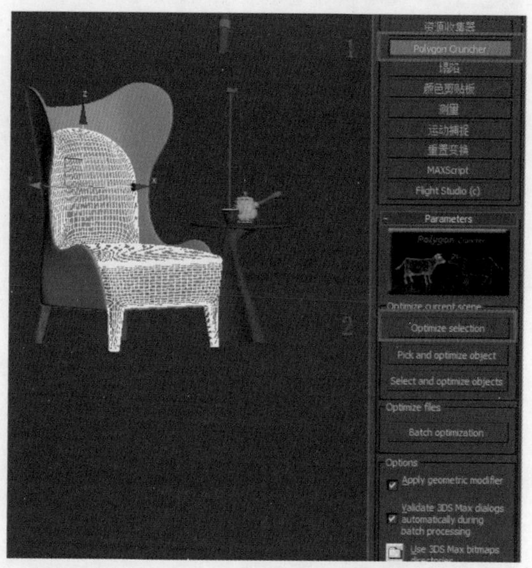


弹出 Polygon Cruncher 操作界面，选中 ep UVtextures 复选框，然后进行计算。

单击 Compute Optimization 按钮，进行计算，弹出面数控制滑块，拖动滑块可同步在右侧观察效果，由右往左，面数由多变少，达到需要的效果后，单击 Apply 按钮，完成减面操作。

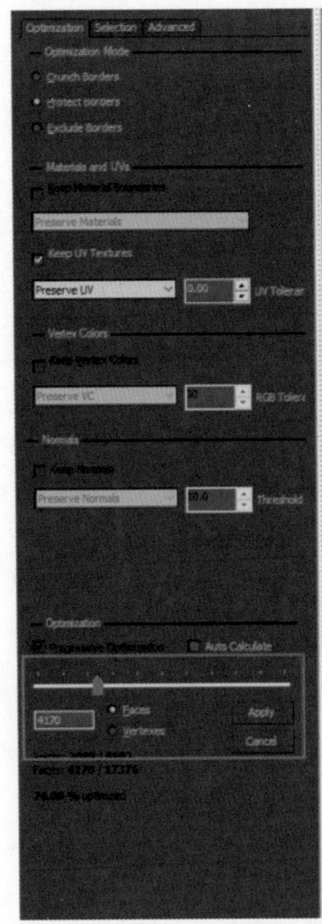

提示：减面没有标准，大家可以根据具体实物进行减面，直到对效果满意，且模型未破面即可。

依次完成以上步骤后，如果还是感觉面数比较多，那么可以观察模型，在模型结构上做一些优化。该模型是左右对称的，可以执行以下操作：

步骤 1 选择模型，选择“组”命令，使其成组，方便整体操作。

步骤 2 重置坐标轴，选择“编辑→层次→轴”命令，单击“仅影响轴→居中到对象”按钮。

步骤 3 将其对切，删除对称的另一半。

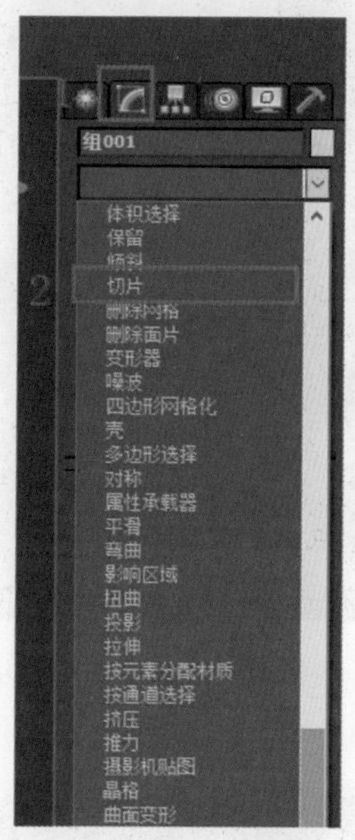


步骤 4 选中模型，进入“修改”编辑栏，在“修改”下拉列表中找到“切片”选项，选择切片平面选项，选中模型，单击鼠标右键，选择“旋转”命令。

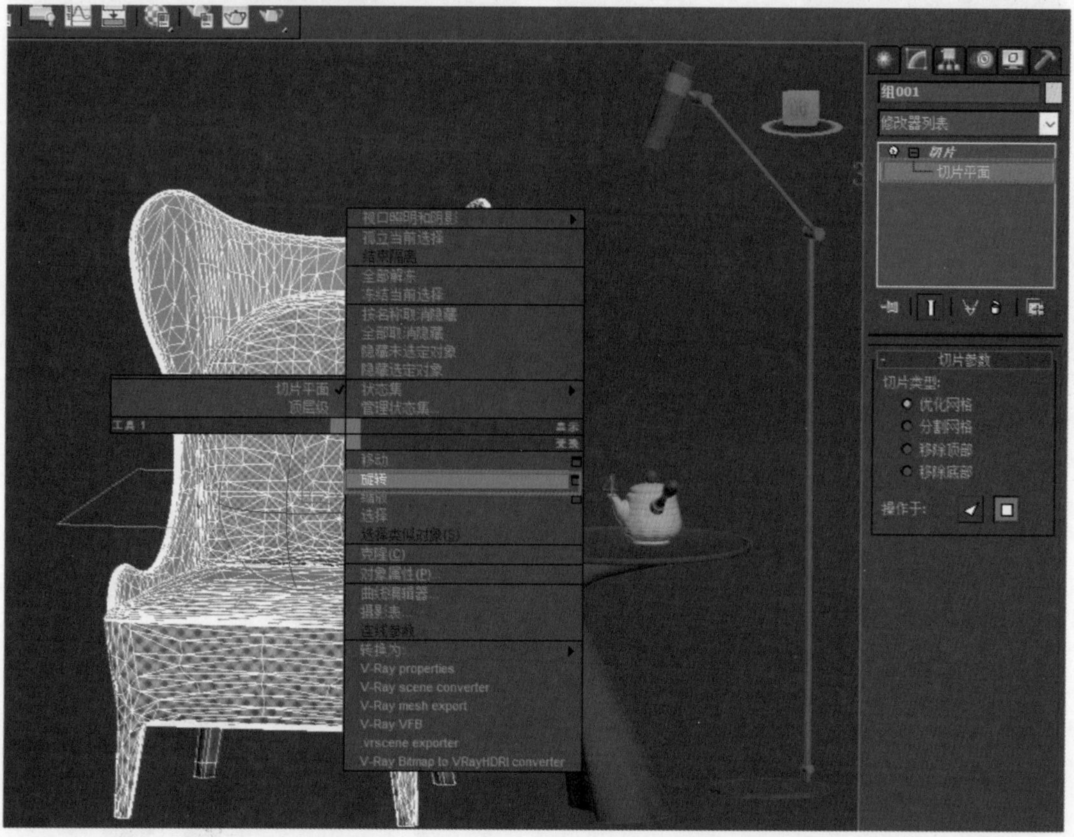

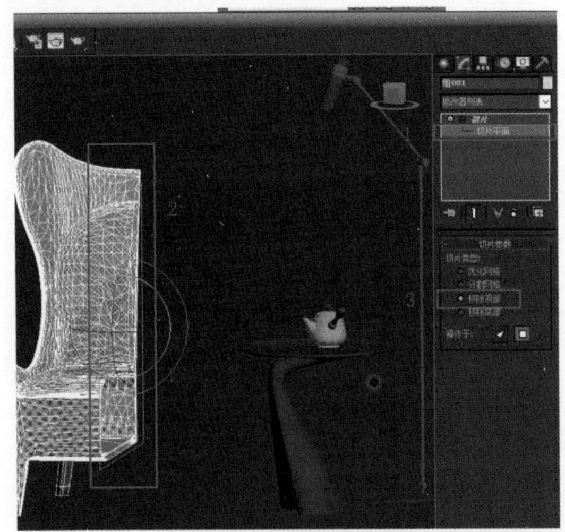

步骤 5 将模型解组，依次将单个组件进行塌陷，全选模型，此时面数已减少近一半。

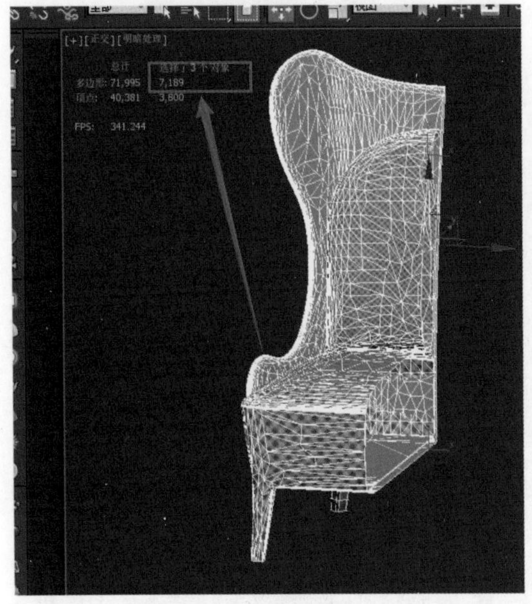

## 13.3.3 导出生成 .skp 文件

SketchUp exporter for 3ds Max 是 3ds Max 中的一款插件，能直接将 3ds Max 文件导出生成 .skp 文件，且带贴图，保持基础坐标。

在 3ds Max 中，依次选择 SimLab → SketchUp Exporter → Export SketchUp File 命令。

分别选中图中的 3 个复选框，确认后，选择路径并保存命名，即可完成最终的 SketchUp 格式文件的导出。

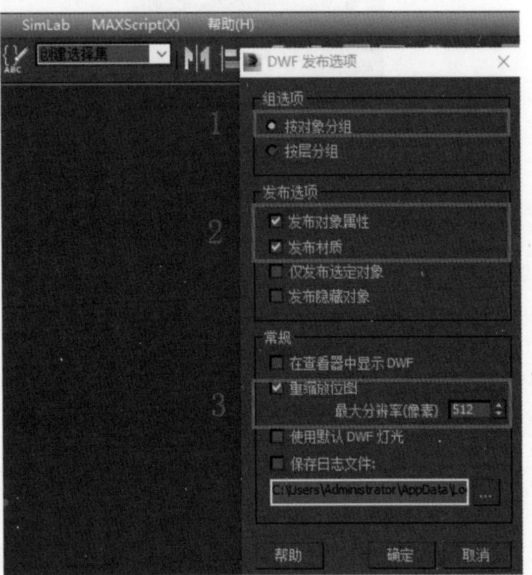


## 13.3.4 检查及优化生成的 SketchUp 模型

打开 SketchUp 的“单人沙发 _ 修改前”文件，跟 3ds Max 中的是一致的，如果不一致则需要重新调整再导出，如果是小问题，可以直接在 SketchUp 中调整。

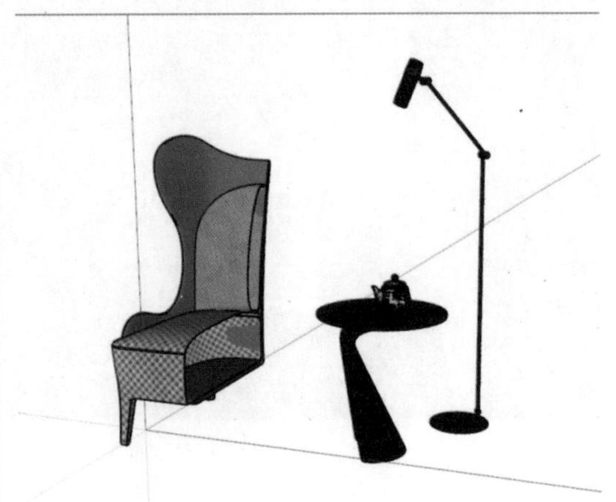

### 1. 视觉调整

打开文件后，线框轮廓线非常抢眼，此时可以做一些优化，使其更美观。单击“风格”面板，单击“编辑”按钮，再单击“边线”按钮，选中“边线”复选框和“轮廓线”。

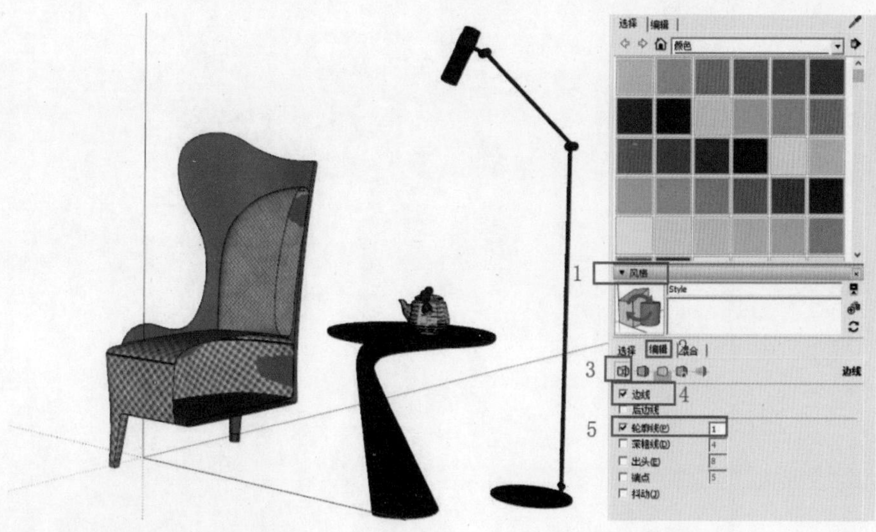


### 2. 恢复模型位置和修复完整模型

步骤 1 选中模型组件，将其创建成组。

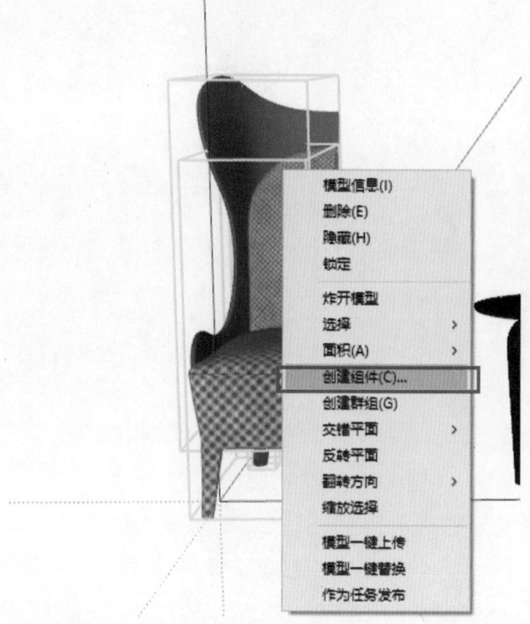


步骤 2 完成组的创建后，复制模型，然后原位粘贴，再对模型进行镜像操作。选中模型，进行缩放，选中中心点反向拖动，输入数值 -1，完成镜像。

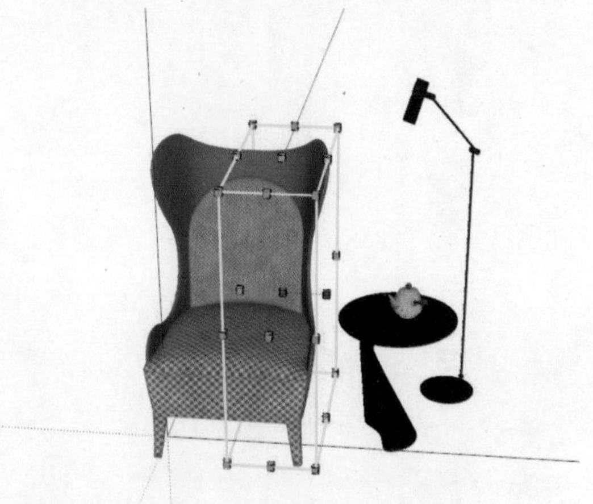

步骤 3 完成镜像后保存文件，对比之前的效果，也如预期一样，只是文件变大了一些。

第 14 章

# SketchUp 高级建模技巧

为了提高工作效率，可以充分利用各种插件工具。SketchUp 软件自身带了一个扩展插件商店 Extension Warehouse。用户直接在“窗口”菜单下选择 Extension Warehouse 命令即可。

在 SketchUp 自学网站上也有很多插件可以分享，而且自学网站站长经常推出免费的插件使用教程，方便读者学习使用（网址是：www.sketchupvray.com）。下面介绍该网站站长分享的技巧。

## 14.1 封面插件使用技巧

封面插件有很多，建议读者使用一款名为 Wikii 的自动封面的插件。这款插件也是目前非常好用的工具，兼容性也非常高。

要安装这个插件，可以在“扩展程序”菜单选择“工具栏”命令，工具栏中有 9 个功能，分别为：“自动封面”“尝试封面”“延长边线”“删除短线”“自动交错”“Z 轴翻转”“压扁图形”“闭合图形”“删除断线”等，基本上封面用到的功能都包含其中。

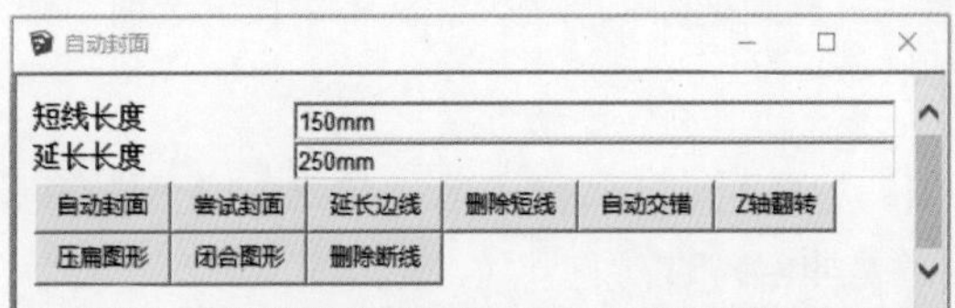


- **自动封面**：这个是全自动处理，但有些没有整理好的 CAD 如果使用这个功能可能会造成一些错误，所以这个功能一般不要使用。也正是这个原因让很多人觉得这个插件不太好用。
- **尝试封面**：该功能是把可以封上的面进行自动处理，智能程度没有“自动封面”高，但这个功能能有效地解决问题。
- **延长边线**：通过设置“延长长度”来设置延长边线的参数，能有效地将线框进行闭合操作。
- **删除短线**：通过设置“短线长度”来设置删除短线的参数，这样在清理绘图区一些无用的废线时就比较方便了。
- **自动交错**：在 SketchUp 早期的版本中，两条线相交是不会自动打断的，要打断还要进行模型交错处理，非常不方便。现在的新版本都是自带这个功能的。在封面的时候一些 CAD 文件还是不能自动打断，甚至用模型交错也不能打断，这时使用这个功能会非常方便。
- **Z 轴翻转**：这个功能主要解决的是“正反面”的问题。
- **压扁图形**：这个功能主要解决的是“Z 轴归零”的问题，有些图形不在一个平面上，造成无法封面，这个功能可以解决这个问题。
- **闭合图形**：对有开口的图形进行自动闭合，非常方便。
- **删除断线**：这个功能起到清理的作用，它与“删除短线”不同，不需要设置被清理线的长度，凡是被选择的对象，只要有单独的线条就会被删除。

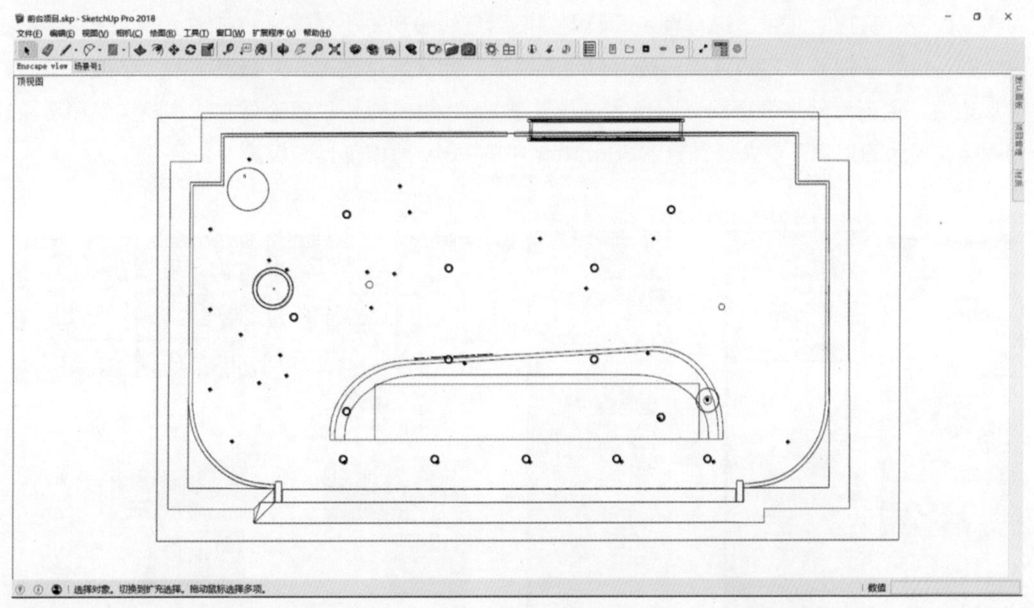

那么，Wikii 的自动封面插件到底如何使用呢？其实非常简单，虽然它提供了“自动封面”功能，但是不建议大家使用，可以使用“尝试封面”。先框选一部分要进行封面的线框，然后单击“尝试封面”按钮，封完面以后，再框选下一部分进行“尝试封面”，直到把面都封完为止。不建议全选所有线框去封面，因为 SketchUp 有可能因计算量过大造成卡死。

在单击“尝试封面”按钮之前，也可以先单击“自动交错”“闭合图形”等按钮，把一些交错打断或者线框闭合后再单击“尝试封面”按钮，成功率是非常高的。

## 14.2 室内 Poly 建模技法

对于很多没有接触过 3ds Max 这类软件的读者，可能并不知道 Poly 建模为何物，所以首先探讨一下 Poly 建模是指什么。Poly 建模其实就是“多边形建模”。它也是一种建模方法，建模方法简单、编辑灵活，对硬件的要求也不高，几乎没有什么模型不能通过 Poly 来创建，Poly 建模在建模领域是非常强大的。

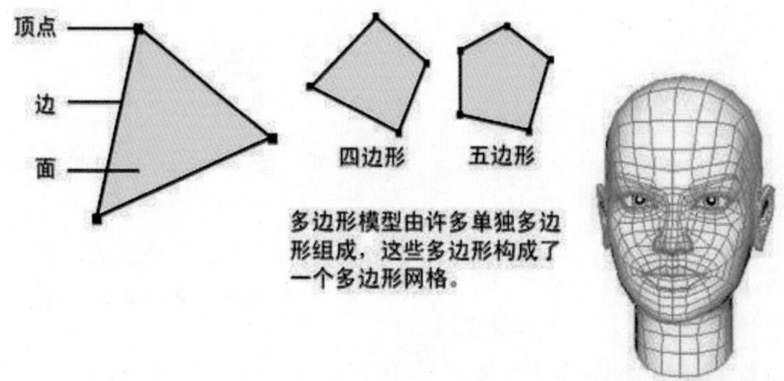


Poly 建模的对象用多边形小平面组成的网或者网格来近似地表示。为什么说是近似地表示呢？因为在里面没有真正的曲线，只有直线。如果想要用直线表现一个圆形比较困难，但能让它看起来像一个圆。也就是把多个短的直线连接为封闭的图形，使其近似圆形。从最基本的 3 条边开始，逐步增加边数，直到看起来像个圆形。当然这些只是 Poly 建模的一些理论与方法。要实现和解决这个问题需要强大的工具，首先来看一下 3ds Max 中的 Poly 建模工具面板。

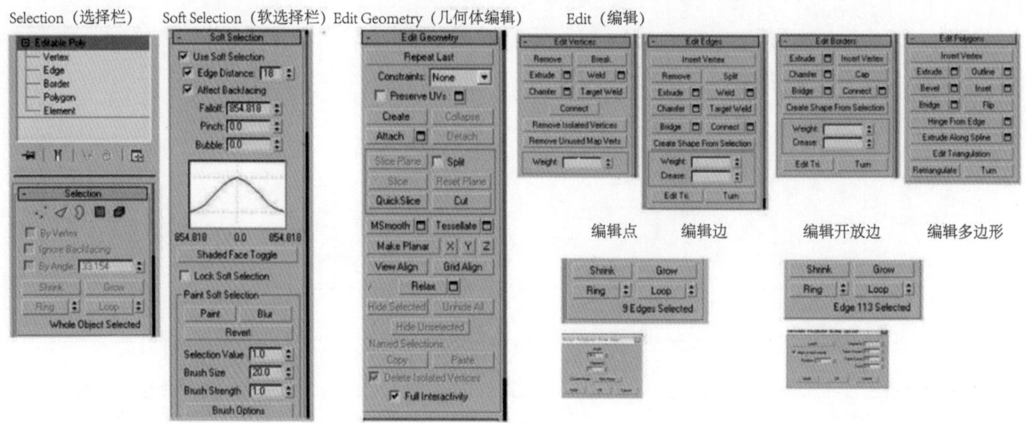

Poly 是 3ds Max 一个很强大的工具，用它来建模有利于修改，很多模型都是利用 Poly 来完成的。3ds Max 中与 Poly 有关的面板有 4 大类。分别为："Selection（选择）"面板、"Soft Selection（软选择）"面板、"Edit Geometry（几何体编辑）"面板、"Edit（编辑）"面板，还有一些小的二级选项面板等，相对来说 SketchUp 可能就望尘莫及了。

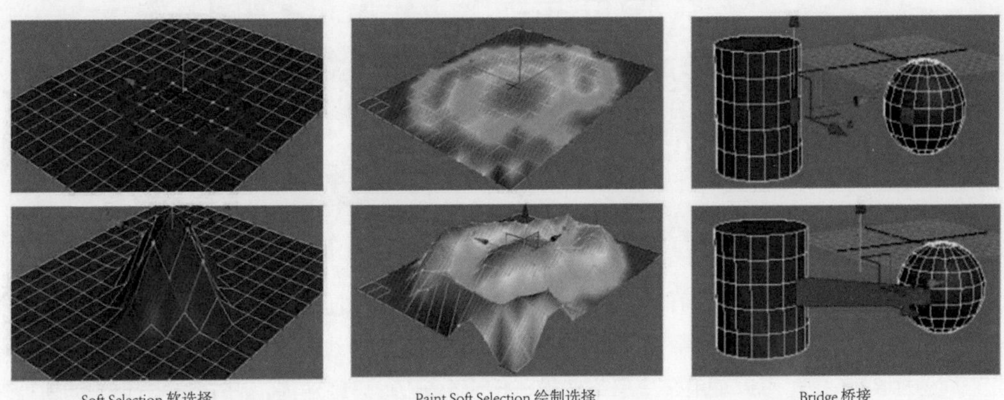

Soft Selection 软选择　　Paint Soft Selection 绘制选择　　Bridge 桥接

这里只列举了 Soft Selection（软选择）、Paint Soft Selection（绘制选择）、Bridge（桥接）等功能，但相比 SketchUp 简单的原生工具来说近乎神技。

在这些高级建模软件中，Poly 建模是非常强大的，3ds Max 的 Poly 建模功能甚至可以说完胜 SketchUp。当然，一个软件不能这样只进行纵向的功能对比，这样对比软件是没有任何意义的。所以现在要考虑的是：在 SketchUp 中有没有可能实现 Poly 建模?

要实现 Poly 建模，首先要分析最重要的要素是什么。其实，在 SketchUp 中实现 Poly 建模是可能的，因为底层结构只有直线和平面。它做出来的曲面只是利用近似法创建出高精度的曲面。因此，SketchUp 的 Poly 建模只是需要一个"近似法创建曲面"的功能。当然这个近似的精度决定着模型的相似程度。那么，SketchUp 的 Poly 建模精度是靠什么实现呢？答案是网格密度。网格密度实际上是由多边形的边形成的，通常纵横的连续边形成网格。边的长度决定了网格密度，边长越短，网格就会越密。

以 SketchUp 自身的功能实现 Poly 建模是不太现实的。其实，SketchUp 自 4.0 版本以后推出了 Ruby 接口（插件），这样，"线面编辑""线面控制""近似算法"等功能都可以在 SketchUp 里面被开发出来。当然，也正是 Ruby 接口赋予了 SketchUp 全新的生命。

SketchUp 的功能已经今非昔比。如下图所示这种顶编辑与控制在早期基本上只有 3ds Max 这类软件才能做到。而现在 SketchUp 也可以做到，那么哪些 SketchUp 的 Ruby 工具可以实现 Poly 建模呢?

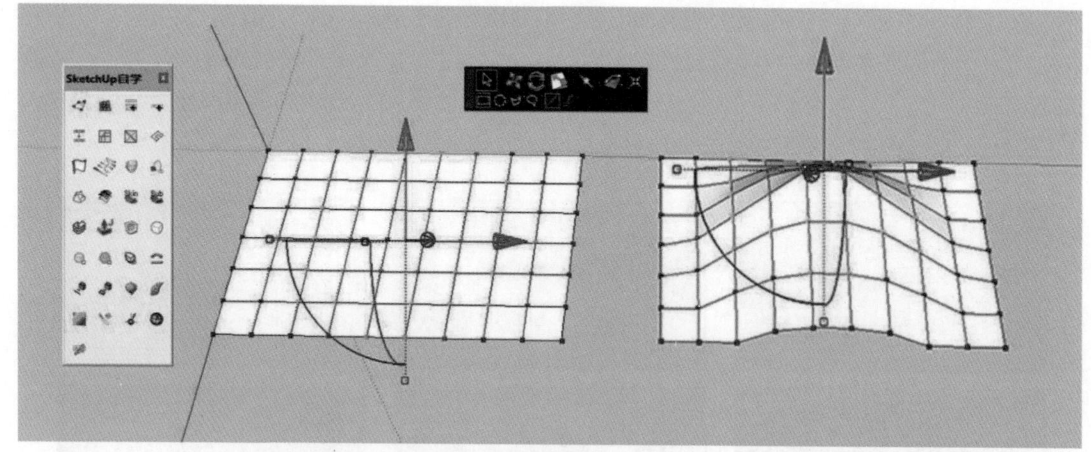


Ruby 的 tt_vertex 顶点编辑器的强大之处，就是在 SketchUp 里面实现点的编辑操作。“点”的操作在 SketchUp 建模工作流中有很大的作用。“点成线”“线成面”“面成体”是 SketchUp 建模工作流的核心问题，不管是用布线思路建模，还是用多边形思路建模，都离不开对点的编辑处理。

tt_vertex 可以实现对点的编辑处理，还可以利用 Artisan 工具。Artisan 其实更倾向于软选择（包括编辑处理），也就是类似于 3ds Max 下的 Soft Selection 命令。Artisan 含有 subdivide and smooth 工具、Sculpting Tools、Vertex Tools、Polygon Reduction 工具。比如，Sculpting Tools 就有造型刷、选择刷、油漆刷、对称造型、锁定工作面等功能。当然，Artisan 工具也有近似算法功能，也就是人们常说的细分功能。创建出多边形后，就可以利用 Artisan 生成模型了。

当然，仅靠这两三个工具是不足以实现 Poly 建模操作的，如 Quick Slice、Cut、Edit Edges、Msmooth 等功能自然需要借助其他的 Ruby 工具。一个比较重要的工具，也是实现 Poly 操作的一个关键，那就是 QuadFaceTools。

QuadFaceTools（四边面工具）是 thomthom 开发的一个优秀的工具，具有良好的拓扑结构及较强的可编辑性，因此在一些高级的三维建模软件中，都将四边面作为一种常见的编辑模式。但是 SketchUp 本身成面的最小单位是三角面，也就是说，构成体是由三角面组成的。如何将三角面转换成四边面呢？ QuadFaceTools 工具就可以解决这一问题，再结合 tt_vertex、Subd 等工具，理论上说能比较好地将 Maya、Blender 等高级 3D APP 的角色建模理念引入 SketchUp。

## 14.2.1 Poly 建模操作流程

第一步主要就是布线，利用 tt_vertex 把各个形体调整好。调整完成后就可以利用 QuadFaceTools、Subd 这两个工具进行处理，整个思路其实是很简单的。当然，仅仅是看一看还不够，如果能打开 SketchUp 操作一次应该会有比较好的效果。

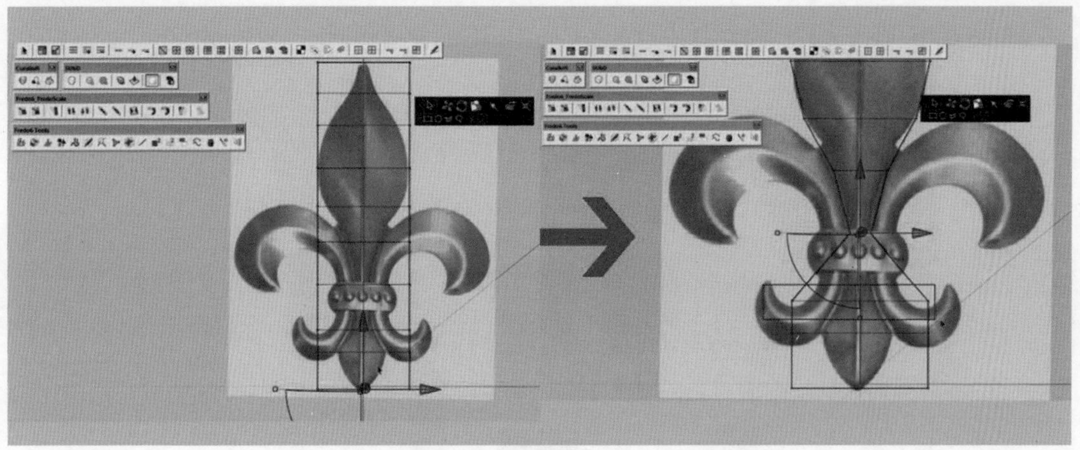

到这一步其实就是通过形成的多边形，利用近似算法的工具（如 Subdivide）把多边形变成一个曲面。整个过程其实只有两步：第一步是创建多边形，第二步是利用近似算法把多边形变形成曲面。

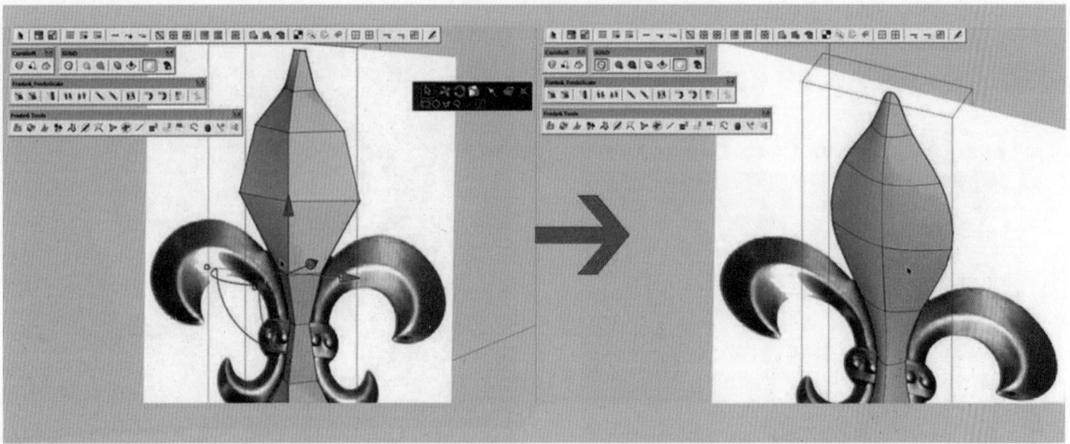

最后附一张完整的截图，可以看到整体的效果是非常不错的，利用这个思路可以制作难度非常大的模型。

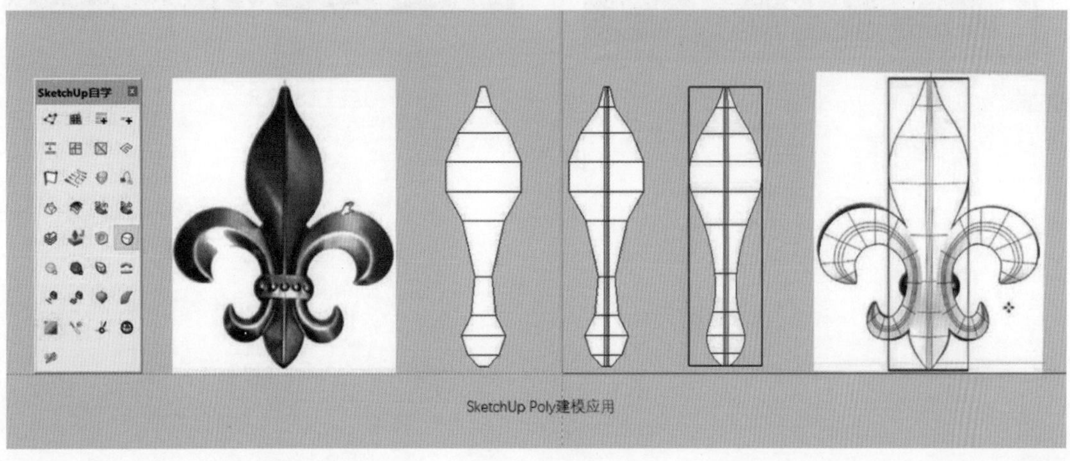

### 14.2.2 附赠案例的正确打开方式

本书附赠的文件如下：

1 个 SKP 源文件、1 个 IES 光域网文件、2 张凹凸贴图文件、1 个 XML 参数文件、2 张截屏图片、1 张 4k 成品图和 EXE 全景文件。

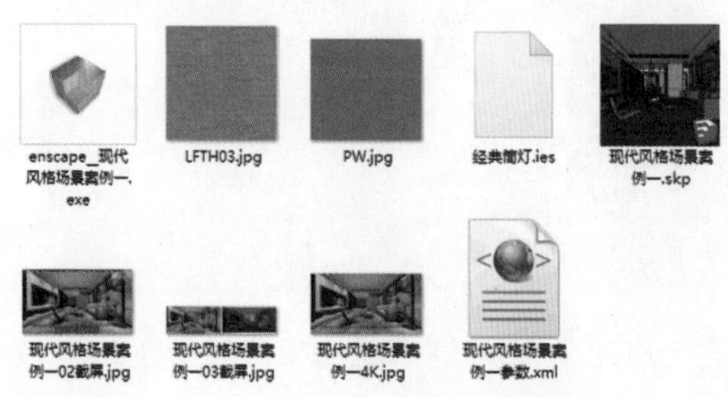


当要使用案例时，请按照下列方式操作：

步骤 1 打开“现代风格场景案例一 .skp”文件。

步骤 2 启动 Enscape 软件，此时可以看到场景环境非常暗。

步骤 3 选择射灯，单击 Load IES profile 按钮重新加载 IES 文件。

步骤 4 在 SketchUp 中使用“油漆桶工具”选择有凹凸参数的材质。

步骤 5 检查是否有丢失的凹凸贴图。

步骤 6 若发现凹凸贴图上有橘色图标就说明贴图丢失了。

步骤 7 单击橘色图标，查看并记下凹凸贴图的尺寸参数。

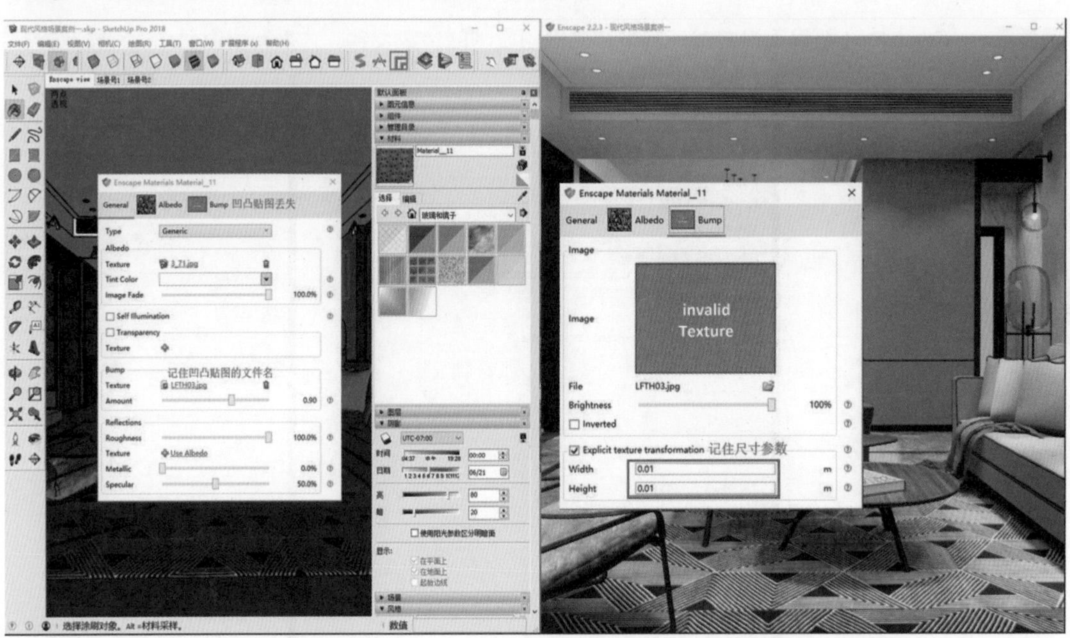


步骤 8 再单击文件夹图标，重新加载贴图文件，重新设置贴图尺寸即可。

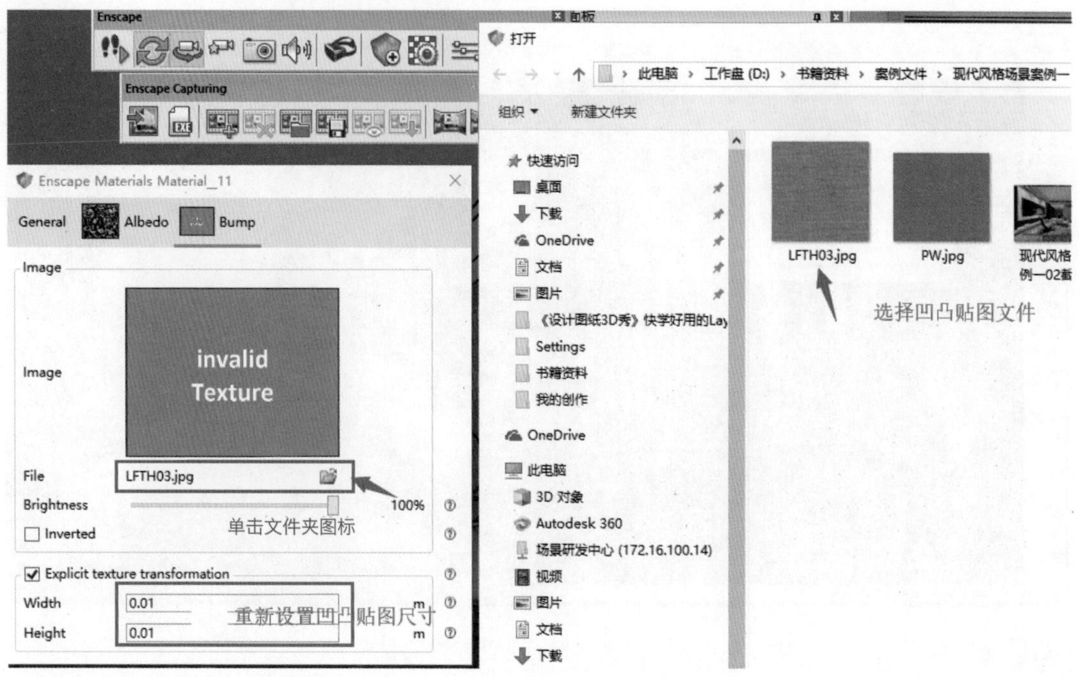


步骤9 把所有材质检查完毕。

步骤10 把“现代风格场景案例一参数.xml”文件复制到 C:\Users\Administrator\Documents\Enscape\Settings 文件夹下。

步骤11 在 Enscape（全局）设置对话框中选择刚刚复制的参数文件。

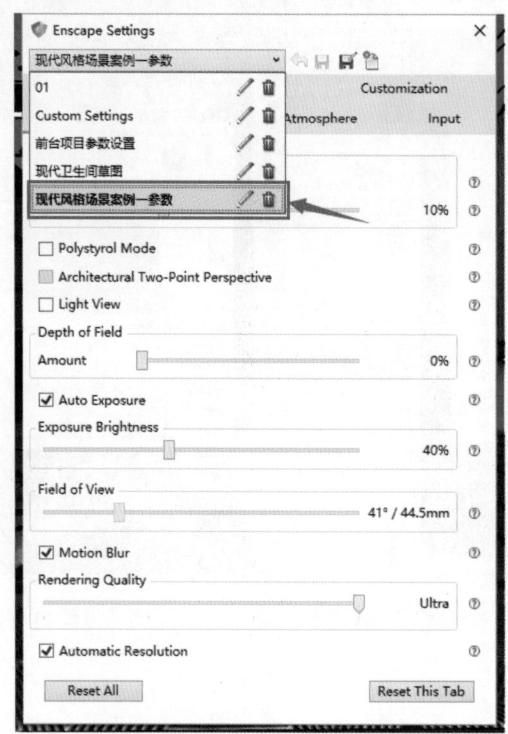


步骤12 这样就可以按照事先设置好的参数，直接导出效果图了。